纸还有未来吗？ INTERACTING WITH PRINT

一部印刷文化史

Elements of Reading in the Era of Print Saturation

组论小组 著 The Multigraph Collective［Tom Mole，Richard Taws，etc.］ 傅力 译

北京联合出版公司
Beijing United Publishing Co.,Ltd.

— The Multigraph Collective —

组论小组

马克·阿尔吉-休伊特（Mark Algee-Hewitt）

迈克尔·麦克维斯基（Michael Macovski）

安吉拉·波切特（Angela Borchert）

尼古拉斯·梅森（Nicholas Mason）

大卫·布鲁尔（David Brewer）

汤姆·摩尔（Tom Mole）

托拉·布莱罗伊（Thora Brylowe）

安德鲁·派珀（Andrew Piper）

朱莉娅·卡尔森（Julia Carlson）

戴利娅·波特（Dahlia Porter）

布莱恩·考恩（Brian Cowan）

乔纳森·萨克斯（Jonathan Sachs）

苏珊·道尔顿（Susan Dalton）

戴安娜·所罗门（Diana Solomon）

玛丽-克劳德・费尔顿（Marie-Claude Felton）

安德鲁・斯塔夫（Andrew Stauffer）

迈克尔・盖穆尔（Michael Gamer）

理查德・陶瓦（Richard Taws）

保罗・基恩（Paul Keen）

尼古拉・冯默费尔特（Nikola von Merveldt）

米歇尔・利维（Michelle Levy）

查德・威尔曼（Chad Wellmon）

— Preface: or, What Is a Multigraph? —

序言：何谓组论？

组论是指由许多作者共同撰写一本书，是一种新的学术载体。组论代表了多种声音和观点，它超越了常规书稿的合作模式。它跟一位作者（或两三位合著者）撰写的专著不同，它表达着不同的观点。它也不同于编著，由一个人（或两到三人）组织多个作者的声音。编著所传达的观点并未真正凝聚成一个有意义的整体，而在组论中，这些声音聚在一起，共同讲述一个统一的故事。它的内容之间组织成一种交响乐的形式，其中的表演者也身兼指挥家的角色。

该项目始于2011年时“印刷交互研究小组”会议的最初成员之间，包括苏珊·道尔顿、汤姆·摩尔、安德鲁·派珀、尼古拉·冯默费尔特，以及后来加入的乔纳森·萨克斯。当时，关于学术专著的危机、死亡和未来，已经有了很多研究。组论这种形式是我们对这一问题的初步答案。我们的研究小组努力将这种协作性质的成果尽可能地付诸出版。我们的主题是交互性，这同时也是我们的方法论。为了研究过去的交互行为，我们在当下创造了新的交互方式。我们把合作者的知识整合在一起，提供了一种产生新知识的方法。旧知识的整合和新知识的生成从一开始就彼此依存。我们的目标不是一本指南或手册，也不是现有知识的总结，而是一个可以形成新思想、产生新论点的过程，并用于更广泛地思考印刷和媒介的历史。

为了促进这一发展，我们花费了两年多的时间完成了整个项目。我们将项目成果分享给读者，希望这不仅能让读者知道我们思考和生产的内容，而且希望能对其他研究人员和其他项目产生可复制的效用。我们非常感谢加拿大社会科学和人文科学研究委员会以及魁北克法国文化研究基金会，如果没有它们的资助，该项目就无法实现。当我们进入“大人文学科”时代，这只不过是对过去被遗忘已久的人文实践的重现，这样的项目对于思考当今如何利用公共投资进行人文研究，以实现对激增的专门研究进行整合至关重要。

这本书的写作分为三个阶段，我们从起源开始，用了一套有机的隐喻来命名。首先，第一步是播种。在这个阶段，我们邀请参与者就他们自己研究领域的关键概念提供简短的文稿（通常是出版章节长度的三分之一到一半）。这些作者主要来自过去几年里参与研究小组活动的人，他们已经为这个理论框架的发展做出了贡献。他们可以在“苗床”中进行关键词的选择或提出自己的建议作为种源。种源具有与生俱来的可生性，能够激励其他贡献者进一步补充。有的种源成为章节，有的进行了合并，有的则无法发芽。“筛选”成为该过程中非常重要的内容。

第二阶段是嫁接。在这一阶段，作者需要编辑和发展彼此的种源。为此，我们使用了由马克·阿尔吉-休伊特管理的在线维基系统，它允许我们跟踪版本的更新并恢复更改。所有作者的修改都被记录下来，维基界面中允许在评论部分讨论章节修改的意见。就像在一座宜人的花园里，嫁接的意义在于它必须考虑到其他人的想法，并试图与非己的想法建立联系。为了使嫁接物存活并促进之后的再次嫁接，它必须与原始种源结合，允许朝新的方向发展，并提供再次结合的能力。

在项目的这一阶段，我们发现自己很大程度上重新思考了许多章节，它们的发展远远超出了最初种源的模样。我们还发现，面对面的会议对这一发展至关重要。在第一次年度研讨会中，我们创建了一个种源编辑轮作制。每个作者需在不同的内容中轮转，他们将与新的种源建立联系，或者和其他种源的作者进行交流（使用非常笨拙的算法来生成配对）。在前两日的研讨会结束后，每个作者至少编辑了一半的种源，并与至少一半作者进行了面对面的交流。这种全体参与的会议有助于形成一种集体的视角。

每个作者自愿尽其所能提供更多的种源，每个种源都有新的视角和新的方向，每个作者都自愿添加新内容或重新加工旧的内容。每个种源都有一个被分配的系列行动计划，它会根据行动路线被进一步编辑和扩充。在接下来的一年中，我们及时为第二次研讨会的议程做了修改，使其目标不再是创造，而是聚焦于项目的完成。

第三个阶段是压制，也是最后一个阶段。我们试图把这个项目从网络上鲜活的状态转变为一种标本形式，如一本压制花卉的标本集。在这个阶段，我们举办了另一次编辑轮作研讨会。在这次研讨会上，我们为每一章节指定了一位不是该章种源作者的编辑。编辑的工作不是撰写章节，而是管理协作过程，以确保该章节能够及时以高标准完成。在这个过程的任何时候，任何作者都可以编辑这本书的任何部分，包括这篇前言。作者和编辑之间没有等级制度。本书有二十二位作者，就意味着有二十二位编辑。一旦完成的种源最终确定，它们就被聚合成一本书稿。这时，它被送回到项目发起人那里完成扫尾工作，提交给同行评审。

反思我们写这本书时使用的各种媒介和在学术探讨过程中进行的交互十分有意义。艾伦·刘（Alan Liu）曾建议："社交计算鼓励文学学者铭记社会写作、出版、阅读和口译的悠久历史并进行重新定义。"毫无疑问，如果没有维基系统和电子邮件支持的即时通信，这个项目不可能完成。与此同时，同样真实的是，如果没有面对面的交流和这种人际交互的机会，这个项目也不可能实现。在某种程度上，这是因为没有一个虚拟环境（至少还没有被发明出来）能够完全模拟人们见面时可能发生的那种自发性和参与性。我们怀疑仅仅依靠网络社交是否能够培养和维持对这个项目的承诺所必需的社交能力。我们不禁注意到，我们所从事的许多实践，如记录、注释和修订，正如艾伦·刘所说，与写作本身的历史一样古老，而网络环境确实可以促进这些活动。但我们也坚信，要继续发扬“社会写作、出版、阅读和口译的悠久历史”，就需要继续寻找机会，亲自与他人以及与我们合作的实物资料进行交互。

为什么最终成品会是一本书？考虑到我们是在数字环境中推进这个项目的，并且在线维基系统对其构成至关重要，最符合逻辑的成果应该是某种在线产品：一个交互式网站、一个超文本存储库或者一个公共可访问的维基站点。这样的结果有其自身的优点：用户可以用非线性的方式浏览章节，内容可以包含无限数量的插图，可以生成动态可视化的材料，并且可以无限制地更新文本，甚至可以开放编辑，以维基百科的方式向读者展示。我们选择放弃这些可能性而选择出版一本书，因为我们相信，在媒介史所处的当下这个时刻，印刷仍然可以做数字媒介做不到的事情。

我们认为，印刷作为人文交流的中心媒介，仍然具有重要的作用。印刷书籍的相对稳定性反映了人文科学研究的耐久性和可参考性等相关价值。数字产品为交互功能提供了不同的可能性，但在写作时，它们仍然很难集成学术体系中的接收和评估，而且它们往往难以长期维持一个稳定状态。我们选择基于新技术的在线合作来进行整个产品的塑造过程，但依旧决定使用基于旧技术的印刷书籍作为产品。新技术使我们能够挑战当代学术界已经确立的印刷生产模式。我们强调过程、生态和合作的价值观，而不是学术上的封闭主义、等级制度和个人天赋。我们强调恢复整个团体的协作模式，使过程变得可见，这正是长期以来人文合作研究的特征，但常常被我们的出版模式所掩盖。

与此同时，协作编写的组论可以作为一种有用的工具来解决当今学术领域的一个核心问题——信息过剩。随着如此多的新书和期刊文章不断涌现（更不用说会议论文、在线资源、博客文章和推特），要对任何特定的研究领域产生影响变得越来越困难。组论的目的是解决规模和一致性的双重问题，它汇集了广泛的学者，结合了编著的多面性和专著的统一视野，以这样一种方式使工作综合化而不是分化。我们认为印刷媒介和数字媒介的融合最终将为学者的思考和交流方式提供实质性的贡献。

我们让读者来判断我们的目标是否成功。但对于我们中许多共同撰写这本书的人来说，这段经历改变了我们对如何进行人文学科学术研究的理解。以这种方式一起写作，我们在经历中感受到了合作者非凡的慷慨，并且第一次意识到，为知识总和进行付出是一种基于合作的努力。我们所有人的职业生涯都处于一个充满竞争的环境，这种环境往往隐含敌意。我们经常要为资助、工作和认可而竞争。我们被要求对研究生和同事进行排名，即使跨学科合作常常被人挂在嘴边，但学院内（尤其是人文学科）仍坚持独树一帜的单人学者模式。写这本书可以让我们以一种不同的方式走到一起：不去展示已经基本完成（并单独进行）的研究成果或让别人来评价它们，而要共同努力，创造出一种新的东西，没有人拥有所有权，但所有人都会为此承担责任。

这个项目有一个问题，由于这是由多个作者一起产出的一件印刷制品，所有人对其所有内容都负有相同的责任，无法将任何一部分的责任分配给任何一个作者。这是对学术界日益过度依赖问责制措施的一个小小抵制。我们无法真正去衡量每个人在其中的价值，这为消除学术工作的可测量性提供了一种方式，使人们不再过分依赖在学习和科研中的量化评估模式。在人们对量化进行不懈努力的同时，我们认为现在也是时候开发新的思维模式了，让这些创造性的模式不容易被纳入会计的黑魔法中。这个项目旨在证实这样一个论点：当涉及思想时，整体总是大于各部分的总和。

目　录

— Introduction —

引　言

这本书提出了一个基于交互概念的创新方法来研究印刷文化。这种方法本身就是以一种新颖的交互方式来构想、开发和提出的。印刷交互研究小组的二十二名合作者使用在线平台和老式的年度研讨会共同撰写了这本书，并共同负责其中的所有内容。在这本书中，我们研究了人们如何与印刷品交互，人们如何使用印刷媒介与他人交互，以及印刷文本和图像如何在复杂的媒介生态中彼此交互。交互是一个经常与数字技术联系在一起的词，但我们认为，一个历史层面上的细致入微的交互概念是引发我们对印刷文化更深层次理解的关键。正是如此，印刷术在18和19世纪成为欧洲主要的交流技术。

这本书的十八个章节是一份按字母顺序排列的指南，介绍了这一时期印刷文化中的关键概念。有些章节涉及印刷术所改变的文化实践，另一些章节涉及了反映这些文化实践或文化实践自身所产生的印刷制品。这些章节并没有涵盖所有的主题，也不打算成为这一时期印刷文化的入门指南或全面概述。相反，每一章节的目的是提出我们的理论方法，并通过选择来自18和19世纪（以及这一时期前后）英国、法国和德国的例子（一些例子来自北美、奥地利和意大利）来展示其如何工作。章节按字母顺序排列，但可以按任何顺序阅读。每章的关键词以及它们之间的交叉引用可以让读者以各种方式浏览本书。本书的结语尝试构想出一种非书籍的、基于新的计算式导引的方式来表达章节之间的联系。

印刷业饱和的时代

印刷品在18和19世纪前后无疑是非常重要的，欧洲文化在这两个世纪中可以最充分地被描述为一种“印刷文化”。自从《安娜法令》[1]将英国印刷商从政府控制中解放出来，到1897年的技术革新使得照片能被印刷上报纸，在这一时期，各种形式的印刷品进入文化生活的中心。这一时期的创新包括新的印刷技术（铁印刷机、蒸汽印刷机、立体印刷）、新的

1《安娜法令》是1709年英国议会通过的世界上第一部版权法。《安娜法令》废除了皇家颁发许可证制度，承认作者是版权保护的主体，对作者实行有限制的保护，这在版权史上是一次飞跃，是版权概念近代化的一个突出标志，对世界各国后来的版权立法产生了重大影响。——译者

图像复制技术（钢凹版术、网版印刷、彩色蚀刻法）、新的基础设施（道路、运河、铁路）以及因对知识产权的新理解所产生的版权法。与其他传播媒介的冲突、竞争和协同发展使得印刷业为人们创造了新的聚集空间（图书馆、读书会、版画商展览和艺术院校）、新的多元化产业（印刷、出版和零售业开始分离）和新的类型写作（如评论、摘要、儿童文学和礼品书）。虽然在不同的国家背景之间存在着显著差异，但这些相似之处足以支持一种广泛适用的印刷文化。

这是一个泛读的时期，不仅是因为有更多的人在阅读，也因为有更多的东西可供人们阅读。大众教育的兴起确保了这个时代中整个欧洲的读写能力：1700年，天主教欧洲国家只有20%—30%的成年人能够阅读，而在新教欧洲国家，只有35%—45%的成年人能够阅读。到了1900年，这两个数字都达到了90%。从18世纪70年代开始，随着流通的印刷品总量呈指数增长，这一批真正的大众阅读者有了充足的读物。他们利用印刷和其他媒介来传播思想、影响力和形成意见，随之定义与重新定义所处的社会。

印刷品的流通总量和识字率一直持续上升到20世纪。但随着声音和屏幕媒介被发明，印刷品的文化中心地位逐渐被取代。然而，留声机和电影的发明，以及通过缩微胶片对印刷品进行储存，印刷品并没有被消灭，就像印刷品没有消灭手稿或口传文化一样，尽管这两个时期都有许多与之相关的哀叹。事实上，印刷品传播了关于这些新媒介的信息，并帮助构建了文化消费者与它们之间的交互。但随着时间的推移，声音和屏幕媒介将挑战印刷业在信息流通、教育结构、公众辩论形式和追求快乐方面的主导地位。因此，我们可以想象自己正处于一个包含了出现、饱和、分化三部分价值结构的启发式时期。

无论如何，在1900年后传播媒介的历史很明显不能将印刷业作为主要研究对象。剩下的问题是，当前取代印刷的潮流是否带来了一个备受争议的第四时代（所谓的印刷晚期或印刷死亡时代）。这是数字媒介影响的结果，还是仅仅出现了更多的差异化呢？而我们关注的重点是，在某一时刻，一种基于不同技术和体制组成的单一媒介开始通过与其他媒介渠道交互而取得文化主导地位。在这方面，我们希望提供一种有洞见的历史观，以了解我们目前的时刻，把数字威胁纳入所有其他形式的交互之中。

书籍历史和印刷历史

在过去的二十年里，书籍历史已经成为一个迅速扩展的国际跨学科研究领域。在达恩顿（Darnton）、柯南（Kernan）、魏特曼（Wittmann）、费夫尔（Febvre）和马丁（Martin）的开创性研究之后，近来又有了具有开创性的宗教福音研究，以及关于性别和阶级在如今被称为印刷文化的形成过程中所起作用的专门研究。在结合和振兴现有的分析目录学、出版史、文本编辑和文学研究的基础上，该领域开始提出更高程度的复杂性理论并付诸实践。

然而，我们写这本书的目的不仅是加入辩论，而且是改变其某些前提。以该领域中理论自觉的新高度为出发点，旨在重新思考人们对于书籍历史的习惯性叙述，以便在更广泛的媒介生态中重新定位印刷。我们的目标是这一时期关于印刷文化的三个经久不衰的谬见：

1. 印刷取代了其他媒介。现有研究往往认为印刷业在18世纪的“崛起”，全面且快速地取代了其他媒介。相反，我们关注非印刷领域（如手稿、书信和沙龙对话集）一直以来的重要性，以及与口头、表演和社交相关的文化实践（如在家庭环境中大声朗读和公共讲座）。这些媒介与印刷业一起蓬勃发展，并不是作为“不合时宜的”“防御性的”或“反社会的”而被抵制。它们通过与印刷业的交互进行竞争或促进印刷业，并创造出新的媒介、文化和社会交互形式。这些交互作用也同时迫使我们重新思考围绕着默读和私人观看的兴起而被认为是我们这个时代特征的非社交属性。

2. 印刷等于凸版（或雕版）印刷。现有研究通常只将“印刷”与“写作”或视觉艺术的再现联系起来。相反，我们关注文本和图像相互作用这一平面空间，如礼品书籍、钞票、漫画、目录和巨幅海报，并探索印刷与其他视觉实践领域（如绘画、油画、建筑和雕塑）之间的关系。这些交互作用使人们对文学和视觉文化之间的叙述变得复杂化，而不是通过对其他媒介的表现来折射印刷的意义。

3. 印刷文化代表了民族文化。遵循本尼迪克特·安德森（Benedict Anderson）提出的颇具影响力的方法学，现有研究往往将印刷文化与民族文化联系起来。阿德里安·约翰斯（Adrian Johns）和威廉·圣克莱尔（William St. Clair）的研究也肯定了欧洲印刷文化之间的民族差异。考虑到印刷文化在很大程度上是由人、文本和图像的国际流通所定义，我们考察了民族文化之间的相似性和彼此交流。这些交互表明，印刷文化不仅出现在民族热情的熔炉中，而且出现在翻译、模仿、转载和文化交叉融合的国际语境中。

印刷文化的研究往往依赖于相互独立的“球形”模型来理解其影响。无论是公共或私人，生产者或消费者，男性或女性，父母或子女，国内或国际，甚至现代或前现代，这种球形思维可以追溯到尤尔根·哈贝马斯（Jürgen Habermas）对公共领域的政治影响和随后大量文学批评的研究。然而，这些研究低估了印刷的交互形式，比如文学、礼品书、翻译和儿童读物是如何推动不同领域，使得各种媒介来适应它们的不同内在属性。正如我们所认为的，印刷媒介的历史得益于对印刷方式的理解，即印刷允许印刷品在社会领域之间流动，也就是我们所说的媒介行为。

印刷媒介的历史

这些关于印刷文化的谬见将印刷与其他媒介隔离开来，切断了它在媒介和个体之间创造的联系。相比之下，我们的方法更重视国际间、跨学科和不同媒介中的交互，以分析18和19世纪时媒介的文化实践。这些文化实践很普遍，例如：孩子们描摹印在书上的图像【纸张】；雕刻师复制革命场面的彩绘舞台集【舞台】；出版商从事多媒介广告活动【广告】；沙龙把谈话做成出版物，并用这些出版物来鼓动人们聊天【会话】；读者用从其他书中剪下的插图或偶像的亲笔签名来充实他们的书籍【增厚】；观众们把各式公共画廊印刷的目录带走，或者把它们保存起来，以备日后回想【编目】；拜伦勋爵的粉丝对他的喜爱从诗歌转向了形象【卷首画】；歌德的崇拜者们从他的印刷文本中抄写了一些段落，并将其转述为通俗读物【手稿】；档案保管员们忙着争论何种印刷品积累了足够的价值，能够在日益增多的资料中被保存下来【易逝】。

在本书中，我们确定了三种不同的交互方式：人们与印刷品的交互、印刷品与非印刷品媒介的交互以及人们通过印刷品媒介彼此交互。我们希望其他人能识别出更多的模式并扩展我们的分类法。

印刷世界中的人们

乍一看，人们似乎根本不会与印刷品交互。印刷文本类似于苏格拉底对写作的抱怨，无论你多么强烈地反对它们，或者你多么有说服力地反驳它们的论点，它们都会继续说着同样的话。但事实上，人们在18和19世纪以各种各样的方式与印刷品进行了交互——他们用裁纸刀把书切成一片一片【纸张】；他们手里拿着笔和墨水，在书上写标明所有权的铭文、旁注和更正【标记】；他们在纸上写诗【手稿】；他们按照自己选择的风格装订书籍，有时会以意想不到的方式收集文本【装帧】；他们把书拆开，加上插图，贴上自己的手稿；他们收集、装裱和展示印刷图像【雕版】；他们通过折叠和刺缝活页来制作自己的书；他们从杂志上剪下文本和图像，然后将它们粘贴到剪贴簿上【纸张】；在活字印刷时代，作者和出版商也经常在随后的版本中修改自己的作品，印刷品很少有固定和统一的形式，会受到作者和读者的不断介入【泛滥】。

我们以1768年出版于格拉斯哥的托马斯·格雷（Thomas Gray）的诗集为例，该诗集保存在摩根图书馆的戈登·雷收藏室中，是我们讨论的交互性的一个典型例子（图0.1，彩图1）。在这本书中，我们看到一个部分被切了下来，创造出一个窗户般的位置，里面放着一些小树枝。窗口下面的标题表明“这些枝树枝来自‘格雷的《挽歌》’第四节提到的‘紫杉树’”，

图0.1 托马斯·格雷诗集（1768年）中的《挽歌》，夹着紫杉树的小树枝。来源：皮尔庞特·摩根图书馆。戈登·雷1987年遗赠

后面的注释继续说明，这些树枝是1848年10月由霍华德·爱德华兹所放。书的下面粘贴了一张乡村墓地的剪图，展示了格雷在相关诗节中所提到的“挽歌”主题。纸上另一端有1804年购买这本书时拍卖目录的细节。总的来说，这些剪接

和粘贴讲述了一个故事，即书的主人欣赏格雷的《挽歌》，也通过欣赏诗歌本身来讲述书的主人自己的故事。我们在这里看到了插图、信笺、手稿和装订，展现了这些对象是如何彼此交互，从而将这本书与特定的时间和地点联系了起来：书的原主人最初与格雷诗歌中的墓地相遇，后来与该书的下一任接受者在1848年交换了礼物。最终，它被列入摩根图书馆的特别藏书中。这本书记录了个体、社会和媒介的交互作用，赋予了它作为世界上的一个物件的意义。

正如这个例子所表明的那样，书籍（更普遍地说是印刷品）是生活在这一时期的男性、女性和儿童日常生活的一部分。书籍会被带到户外或海外，并因此受到各种因素的影响。它们在人们茶余饭后和睡前被阅读，并受其影响，产生磨损的迹象。书籍流通于图书馆和图书俱乐部，通过赠予、继承以及收集和拍卖的方式，从一手传到另一手。但书籍并不总是通过这种正规化的渠道传播，而且阅读本身也不总是（也许不经常）被认为是有组织的、有秩序的、孤独的活动。查尔斯·兰姆（Charles Lamb）举了两个例子，说明了人们与印刷品交互的多种方式：晚上走入一家旅馆，点了晚饭。他问道："有什么比坐在靠窗的座位上，看着之前粗心的客人遗留下的两三本《城镇与乡村杂志》（*Town and Country Magazine*）然后忘却了时间更令人愉快的？"兰姆在1822年描写的这本专门刊登丑闻和小道新闻的杂志其实于1796年就已经停止出版。

兰姆认为，即使是最短暂的印刷作品也可以存活下来，并被欣赏，即使传播的是陈腐且过时的八卦。阅读的乐趣可能是偶然发现的，但也可以通过“令人不安的片段”来实现。兰姆举例道：“那些没有钱买或租一本书的人，可以在露天摊上偷学点东西。”兰姆声称，一名街头读者通过每天阅读一些片段，以这种方式读完了两卷《克拉丽莎》（*Clarissa*），之后，他的行为最终被摊贩制止。所以，人们不仅在私人房间、图书馆、沙龙和家庭客厅的社交空间阅读，而且会在客栈、街道、剧院和商店的公共空间与印刷品进行交互。

媒介生态中的印刷

很多关于印刷文化的研究已经解释了在15世纪30年代到1900年之间印刷在人类社会如何上升到了文化统治的地位，以及它是怎样帮助人类构建新的机构、新的社会组织模式、新的政治意识形态、新的宗教运动、新的社会学知识和对自我新的理解。但是，如果印刷文化给人的印象是它取代了早期的媒介，或者它是独立于其他媒介运作，或者是排斥其他媒介，那就意味着人们对它的概念的理解存在缺陷。从口头文化到文本文化的转变，不能忽略对话、演讲、布道和公共阅读在印刷时代的持续，以及它们与印刷文化之间的交互关系。同样，从手抄文化到印刷文化的转变，不能忽略了手稿、注释书籍、手抄乐谱、摘录簿和手写信件在印刷时代的继续流通【手稿、标记】。从视觉文化转向文字文化（就像基督教敦促普通信徒远离偶像，转向《圣经》和祈祷书一样），不能忽略了印刷图像的重要性，以及印刷图像和文本之间的复杂关系【卷首画、雕版、干扰】。

因此，我们需要的是将对于印刷文化的理解放到媒介生态的语境之下，因为印刷文化是深嵌在历史中的。媒介生态的概念允许我们把文化看作是一个空间，在这个空间里，多种媒介相互作用。任何一种媒介的变化都会引起其他媒介的变化，正如新媒介的引入或迅速发展会引起其他媒介的变化。我们从尼尔·波兹曼（Neil Postman）那里借用了“生态”这个术语，他认为“技术变革既不是加法，也不是减法。它是生态的，一个显著的变化会产生整体的变化”。但我们并没有像波兹曼那样用它来哀叹新的通信技术对公共话语的影响，而是用它来模拟媒介变革的历史复杂性。从媒介生态的角度进行思考，提供了一种方法来替代通常描述媒介变化“衰退”的论调，正如保罗·杜吉德（Paul Duguid）所说：“每一种新技术类型都会征服和包含其前身。”生态思考使媒介的相互作用变得可见，并将人们的注意力吸引到它们之间互相渗透的边界上。我们试图理解媒介之间的关系，每种媒介被其他媒介塑造的方式，以及这些关系随着时间而改变的方式。

但不要认为我们在其他媒介中寻找印刷的内容是放弃了

印刷文化。相反，我们试图在我们的时代创造出新的方式来理解印刷的中心地位。一旦不再说印刷取代或边缘化了其他媒介，我们就可以开始思考印刷是如何通过促进与其他媒介的接触而上升到文化中心地位。歌剧演员根据剧本进行表演；展览的观众在目录册中做笔记或画草图；剧院观众一边看演出一边阅读评论、细读剧本或观看演员的照片；速记员为了发布内容而记录对话。所有这些人都参与了媒介的文化实践。在这类文化实践中，印刷通过与其他媒介互补而进一步发展。换句话说，印刷是文化的溶剂，是其他媒介的载体，也是自己的媒介。

人际间的印刷

18和19世纪的人们是如何利用印刷品来组织和协调彼此之间的相互作用的？在我们这个时代，印刷使人们彼此建立起新的关系，改变了现有的社会关系，塑造了新的社会图景。拜伦在诗集《贝珀》（*Beppo*）的封面上加了一个脚注，霍夫曼（E.T.A. Hoffmann）在《堂兄的角窗》（*My Cousin's Corner Window*）中对借阅图书馆的匿名功能进行了反思，又或者是查尔斯·诺迪尔（Charles Nodier）在小说《波西米亚国王和他的七个城堡的故事》（*Histoire du roi de Bohême et de ses sept chateaux*）运用了排版规律……这些作者以他们自己的方式，传达了印刷包含了视觉化、文字化、社交化以及个人化的必然复杂性。这些都展示了印刷在世界上构建和调解人际关系的方式。这种作用不仅仅存在于大规模的公众、观众或社会群体中，而且在较小规模的群体、家庭、社区和朋友中亦是如此。

研究人际之间的印刷可以使学者们常用于研究印刷文化的两种方法变得复杂。第一种方法是假设。在印刷中，最重要的关系是读者和书的关系，或者说是读者和作者的关系。这种方法可能会强调阅读从历史角度来看是非常短暂的，将阅读呈现为一种孤独、沉默或疏远的活动。而在大多数情况下，阅读并没有留下任何历史痕迹。这种方法可能会探索将书籍作为朋友的方式，或者将阅读想象成与作者之间关系的方式。在这类方法中，阅读基本上是双边的，是读者和书之间的一种接触。这种行为也可能是间接的，但主基调仍然是双边的，是读者和书中所描述的人或世界之间的接触。这种方法忽略了印刷可以在很大程度上达到一种三角化的人际关系。在印刷世界中，人们不仅与书籍或作者有关，还可以以书籍为媒介相互联系。印刷不仅制造了一种大多数读者永远不会当面见到作者的关系，它还能在读者之间的关系中真实地产生影响。

第二种方法是将印刷与大规模的社会形态联系起来，如国家和宗教派别。本尼迪克特·安德森有一句著名的论断：印刷文化对民族主义的发展至关重要，因为它使人们有可能设想要效忠于地理层面的“想象共同体”，这个“想象共同体”可以通过新闻和其他种类的印刷品进行调控。这个论点假设，首先，你与你个人遇到的人的关系，比如你的家人和社交圈里的人，这些关系在某种意义上是“自然的”。而你个人没有遇到的人的关系则是“想象的”，需要通过调控而构建。但它也假定，印刷的功能是沉浸式的，或者是忠实正确的。在这样的叙述中，印刷本身是可靠的。我们想要在生活所在地、家庭，甚至是亲密关系的层面上引起人们的注意，通过印刷来调节人际关系。当然，这种调节有时候也可能具备干扰性【干扰】。印刷品的大量出现意味着，关于轻信印刷品或印刷品的可靠性的争论总会成为焦点【泛滥、索引】。

关注人际互动中被忽视的中间地带，以及干扰性或不可靠的交互，将不可避免地改变我们对印刷品和社会关系的理解。在这个中间地带，印刷参与构成、调解了社会和人际交互，它们构成了印刷文化中社会生活的结构。我们发现，印刷品以各种各样的方式在人际关系中进行着表达。一起读书的情侣；家长或老师为孩子朗读；记者们在信中推荐和讨论书籍；读书俱乐部和读书社团把他们的资源集中起来购买那些难以获得的书，然后一起读，或者在他们之间传阅。沙龙、座谈会和女性学者聚会使用印刷文本来激发他们的讨论，还会经常将这些讨论再转化为印刷文本。最后，甚至会有作者和

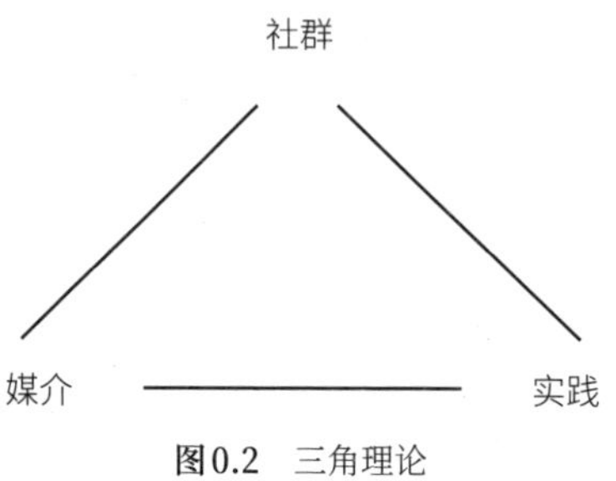

图0.2 三角理论

不可靠的印刷商和金钱文化之间产生斗争。所有这些都提供了人际交互的例子，这些人际交互是由印刷品构建和调控的，有一些促进了亲密联系，另一些则突出了印刷品作为不稳定因素的刺激性。

上图是我们提出的三角理论，用于描述一种特定形态的媒介与历史上特定的实践相关联如何产生新的社会形态。下面的每一章都以不同的方式强调了这三个要素中的一个或几个，但我们的总体目标是阐述一种兼顾这三个要素的方法。这种方法有助于理解在不同的时间和地点以及在不同的技术条件下伴随社会媒介产生的协作，并通过这种协作为我们提供一个塑造了印刷历史的交互领域。

— Advertising —

广　告

关于印刷文化的繁荣，有一个很少被人提及的事实，那就是印刷广告的快速增长。大量的统计数据和逸事都说明了18和19世纪广告是如何从零售经济的边缘转移到了中心地带。这一时期出现了以各种创新形式开展的多媒介广告活动，令人印象非常深刻，其中大多数随着时间的推移变得更加多样化和富有创造性。当我们追溯17世纪刊登在书籍和报纸上的印刷广告【易逝】，商业广告和印刷之间的联系提供了历史媒介属性。到了17世纪晚期，随着期刊和小册子上大量出现贸易信息，“广告”（advertising）一词的意思从表示“警告”和“建议”转变为现代商业中的含义。随着商业活动的发展，利用广告作为促进销售和声誉的手段也随之发展。

在拜伦笔下的伦敦和巴尔扎克笔下的巴黎，被丢弃的传单散落在街道上，海报几乎覆盖了每一堵空白的墙，品牌名称用一英尺高的字体写在墙上。到了19世纪20年代，货车或手推车上的宣传标语以及有组织的游行队伍已经成为大城市街道的一个显著特征。流动广告的概念可能起源于步行自我推销，例如英国牙医马丁·冯·乌切尔（Martin von Utchell），他“习惯骑一匹白色小马，有时全身涂成紫色，有时全身涂上斑点”，以此来宣传自己和自己的医术。公共汽车最早于1829年在伦敦出现，其车体上就涂有广告。到1844年，《钱伯斯的爱丁堡期刊》（*Chambers's Edinburgh Journal*）中刊登了《广告被视为一种艺术》（*Advertising Considered as an Art*）一文，里面写道：“男人看起来像动画里的三明治，挤在两块板子中间，上面醒目地写着巨大的广告词：‘尝尝波茨的药片。’”广告除了这些“直接”的宣传形式，还有“间接”的宣传形式，比如在有影响力的报纸上吹嘘，获得名人或其他公众人物的支持，以及让人进行口碑推荐。

这些宣传策略的复杂性、创新性和多样性，一定程度上是1712年通过《英国印花税法案》（British Stamp Act）对报纸广告征收高额税收的结果，该法案促使广告客户寻找更便宜的方式来传递他们的信息。尽管如此，印刷品快速和广泛的流通使其成为人们首选的媒介，18世纪印刷广告的指数增长就可以证明这一点。根据邮政印花税的税收记录，每年被征税的广告数量从1713年的18 220条增加到1750年的12.5万条，然后在1800年增加到50万条。大量的广告收入，使长期以来一直依赖政府补贴的英国报纸变得越来越独立，盈利能力也越来越强。在欧洲大陆，也有一些类似的成功案例，比如德国的《时代报》(*Vossische Zeitung*)，它在1795年就能够从广告收入中支付印刷成本、编辑工资和审查员费用了。

18和19世纪早期，印刷书籍和专利药品竞相成为广告做得最多的消费品。在此之前很久，欧洲出版商就利用他们对出版社的控制，为自己的书印刷广告。一般认为，英国历史上第一个印刷广告是威廉·卡克斯顿(William Caxton)在1477年为《索尔兹伯里的国王》(*The Pyes of Salisbury*)印制的广告，这本书由他印刷出版并在自己的店里出售。这种文学广告提供了一个有趣的例子，让人目睹了“与印刷交互”的物体有时正是印刷品本身。大多数报纸上都有详细的图书广告，通常包括图书的大小、纸张、图片和装帧的描述。这些广告常常作为读者与新书“交互”的初始模式，从而使读者产生预期和期待【编目】。特别值得关注的书经常会有大规模的报纸广告宣传，比如拜伦的《唐璜》。它即将出版时，出现了一系列旨在刺激读者胃口的“预告片”广告。图书广告也出现在图书内部，因为许多书的结尾都有广告页，列出了同一作者或出版商的其他图书。还有一个特殊的例子，古代法国的审查文化在很大程度上无意识地产生了一种不同类型的文本内广告。由于审查员的报告是获得印刷权的先决条件，因此每一本精装书都包含了审查员报告的摘录。

广告的快速崛起对出版业产生了影响，但它对整个欧洲传统印刷文化的影响算不上巨大。工业时代早期，由于欧洲经济和政治制度的不平衡发展，广告在整个欧洲的公众阅读和图书业的崛起中扮演了截然不同的角色。正如我们所看到的，广告对18世纪英国新兴的印刷文化产生了重大影响，但法国的情况却截然不同。18世纪90年代以前，法国各工会的严格制度禁止了大多数通过传单、大幅广告或印刷广告进行的自我推销行为。17世纪的法国只有一个出版商，叫泰奥夫拉斯特·勒诺多（Theophraste Renaudot）。他拥有印刷广告的唯一特权，人们只能通过他的《地址表》（*Feuille du Bureau d'adresse*）来刊登广告。相反，英国诗人塞缪尔·约翰逊（Samuel Johnson）则抱怨说："18世纪50年代的伦敦广告太多了，以至于人们都是漫不经心地浏览。"在英吉利海峡对岸，人们试图在连接新闻之间的版面中推动法国报纸广告的发展。法国报纸尝试过几次广告投放，但都以失败告终。1789年，法国44个城镇有了自己的报纸，但平均发行量仅在200到750份之间，与英国主流报纸相比，这些报纸的广告读者数量实在太低了。

由于在18和19世纪，印刷广告不是一种稳定的通用类别，因此要概括广告与欧洲印刷文化的关系，需要明确哪种类型属于广告的范畴。当时被标记为"广告"的印刷品多种多样：单面的大字报和传单；在报纸上登的广告；最近在期刊上发表或被收录进图书馆的图书目录；作者或编辑对一本书的解释；甚至还有对订书匠的建议。

广告在不同国家特定背景下的发展和其多样性同时促成了我们这一章节的撰写。这一章节试图重新思考广告的工具性以及人们（出版商、书商、作者和读者）如何与这些材料进行交互。正如我们后面详细介绍的，广告试图通过简单的描述来掩饰它们直接的（通常是令人反感的）手段，通过富有想象力的跨媒介方式来吸引读者，借用看似无害的材料，并将其用于宣传目的。因此，广告通过在信息经济、消费经济和注意力经济这三个相关的系统中发挥作用，为生产者的经济目的服务。

在18和19世纪，这种三管齐下的手段是因为生产者以及产品之间的竞争加剧而导致的，这种情况随后转移到了读者或观众层面。正如我们所争论的，人们消费平面广告的方式可能会产生具有相似品位或信仰的群体，这些群体建立在其独特性之上。因此，他们开始将自己与那些不那么高雅、教育程度较低或道德水平较低的群体区分开来。参与这个系统中的作者、出版商和审稿人经常会让不同种类的广告相互竞争。其结果是，由广告塑造的集体常常会产生一个读者群体以及派系。因此，广告成了一个舞台，在这个舞台上，人们展开了关于印刷品可信度的辩论，那些因为相信自己在印刷品上读到的一切就是真实的被骗者成了一个被讽刺的特定群体。与此同时，随着广告成为新兴公共领域中公共体验的热点，广告本身也成为社会分化的另一种机制。

工具性

大多数印刷品都是“工具性的”，虽然这一性质经常会被隐藏起来，但这一性质对世界产生了巨大影响。比如宗教印刷品的目的是带来精神和行为上的改变（皈依、安慰、阻止退缩、平息怀疑）；文学作品试图取悦、说服、打动读者，让漫长的时间过得更快；政府和企业的空白表格和账簿是为了促进贸易、征税以及颁布和执行法律规则。然而，广告的工具性被隐藏了起来，这在很大程度上是因为它结合了具有说服力的花言巧语。因此，它非常低限度地展现了印刷的工具属性。

在18和19世纪，就像现在一样，读者通常更喜欢“软推销”，看似中性的描述更能吸引读者掏腰包。以18世纪60年代伦敦的一份传单为例，旨在吸引游客参观弗利特街上的萨蒙夫人皇家蜡像馆（图1.1）。传单的内容是一个简单的蜡像目录，表明人们可以在蜡像馆看到的展品。虽然传单上列满了各式的形容词，但它们大多描述所代表的历史或文学人物，而不是蜡像本身。比如，把安德洛墨达形容为“公平的”，把亨利七世和伊丽莎白·都铎的婚姻形容为“幸福的”，把普鲁士国王形容为“最优秀的”。到最后，赞美的语言才转移到萨蒙夫人自己身上，形容她制作蜡像的技巧“如占卜师一样神奇，能表现出真正的生命”。在这之后，广告才提及了关于门票的内容，仿佛这只是无关痛痒的部分，任何来展览中欣赏

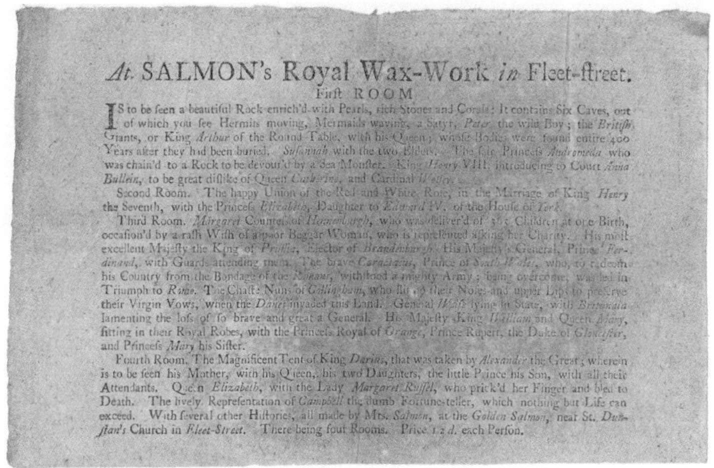

At SALMON's Royal Wax-Work *in* Fleet-ftreet.

Firft ROOM

IS to be feen a beautiful Rock enrich'd with Pearls, rich Stones and Corals: It contains Six Caves, out of which you fee Hermits moving, Mermaids waving, a Satyr, *Peter* the wild Boy; the *Britifh* Giants, or King *Arthur* of the Round Table, with his Queen; whofe Bodies were found entire 400 Years after they had been buried. *Sufannah* with the two Elders. The fair Princefs *Andromeda* who was chain'd to a Rock to be devour'd by a Sea Monfter. King *Henry* VIII. introducing to Court *Anna Bullein*, to be great diflike of Queen *Catherine*, and Cardinal *Wolfey*.

Second Room. The happy Union of the Red and White Rofe, in the Marriage of King *Henry* the Seventh, with the Princefs *Elizabeth*, Daughter to *Edward* IV. of the Houfe of *York*.

Third Room. *Margaret* Countefs of *Henneburgh*, who was deliver'd of 365 Children at one Birth, occafion'd by a rafh Wifh of a poor Beggar Woman, who is reprefented afking her Charity. His moft excellent Majefty the King of *Pruffia*, Elector of *Brandenburgh*. His Majefty's General, Prince *Ferdinand*, with Guards attending them. The brave *Caractacus*, Prince of *South Wales*, who, to redeem his Country from the Bondage of the *Romans*, withftood a mighty Army; being overcome, was led in Triumph to *Rome*. The Chafte Nuns of *Collingham*, who flit their Nofes and upper Lips to preferve their Virgin Vows, when the *Danes* invaded this Land. General *Wolfe* lying in State, with *Britannia* lamenting the lofs of fo brave and great a General. His Majefty King *William* and Queen *Mary*, fitting in their Royal Robes, with the Princefs Royal of *Orange*, Prince Rupert, the Duke of *Gloucefter*, and Princefs *Mary* his Sifter.

Fourth Room. The Magnificent Tent of King *Darius*, that was taken by *Alexander* the Great; wherein is to be feen his Mother, with his Queen, his two Daughters, the little Prince his Son, with all their Attendants. Queen *Elizabeth*, with the Lady *Margaret Ruffel*, who prick'd her Finger and bled to Death. The lively Reprefentation of *Campbell* the dumb Fortune-teller, which nothing but Life can exceed. With feveral other Hiftories, all made by Mrs. *Salmon*, at the *Golden Salmon*, near St. *Dunftan's* Church in *Fleet-Street*. There being four Rooms. Price [illegible] *d.* each Perfon.

图1.1　18世纪60年代的传单，吸引游客参观萨蒙夫人在弗利特街的蜡像馆

自己国家和宗教中偶像的人都不会在付款时产生任何犹豫。

与这张传单相比，德国期刊《奢华与时尚》（*Journal des Luxus und der Moden*）对一系列时尚和奢侈品领域的物品也有类似的功能性描述，其主要内容页面上还有详细的彩色插图。但在附赠的副刊小册子中采用了公告的形式，列出了这些产品的清单以及更为详尽的描述。内容还包括了在哪里以什么价格可以购买到这些产品。作为虚拟社区的一部分，它主要是给读者创造了一种消费欲望，引导了一种消费品位。这些产品要么是奢侈品（墙纸、装订用纸、装订产品、书写纸、画纸以及版画），要么是与时尚相关的东西（出版商的时尚日历、意大利时尚杂志，甚至这本杂志本身）。1786年的副刊主

要关注的是奢侈品或时尚配饰，很少提到印刷产品，后来内容转向了作品集的广告，然后又转向了各种印刷出版物的广告。对于德国期刊来说，将出版物的广告与特定市场的广告相结合是一种全新的模式，并由于当时对奢侈品的推崇而合法化。因此，出版商通过向广泛的跨区域公众提供有关自己产品的资料，加速了自己的商业发展。

整个18世纪，法国图书广告的工具性和商业性一直模糊不清。从理论上讲，这个时代法语书籍的广告只提供了标题、大小、纸张类型、装订和排版等信息。由于这些广告被认为是一种公共服务，它们免费出现在1763年至1789年的每周期刊《图书馆杂志》（*Journal de la Librairie*）上。但许多法国图书广告也提供了本质上是商业性质的信息，比如图书的价格以及在哪里可以买到。考虑到书商和作者使用《图书馆杂志》的方式，我们可以看出当时“信息”和“商业”广告之间的紧张关系。

随着工会制度对“竞争精神”的禁令在旧制末期的逐渐消失，书商开始采用各种创新的营销策略来刺激销售。查尔斯·约瑟夫·潘寇克（Charles Joseph Panckoucke）通常被认为是法国最早的“现代出版商”，他很快看到了广告的商业潜力，并率先向那些希望在他的报纸上做广告的人收费。然而，尽管潘寇克提供了这个机会，但大多数书商对广告的逻辑还不太习惯，他们没有把书的价格、特色和其他潜在卖点等细节包括进去。事实上，大多数广告的细节都很短，以至于有几位订阅者抱怨广告甚至连价格都没有提到。潘寇克本人也认为虚张声势或自我推销具有危险性，他在《文雅信使》（*Mercure de France*）一书中告诫未来的广告商："出版商和作家称赞自己的书是不体面的，我们必须让他们知道。"

潘寇克、他的读者以及那些希望在他的报纸上刊登广告的人，都在努力理解广告在他们的历史和国家环境中的模糊功能。而工具性的问题也困扰着英国印刷商，他们在思考如何应对这种带有修辞模式的媒介。就像18世纪的英国混搭版画，它们通过错视画的几何透视法复制各式的印刷图像和文字，宣传雕版师的技艺和印刷商的产品。广告的力量建立在销售对象和表现媒介之间的探索关系之上。

然而，在其他情况下，媒介是广告手段的核心。这一点在商店招牌的表现中尤为明显，这些招牌经常被作为名片复制、分发给顾客。在这一静态而又移动的状态中，这些图像在特定的时间和地点确定了商业场所的位置，成为商品、货币和人员流通的密码。此外，正如理查德·里格利（Richard Wrigley）所指出的，18世纪巴黎的标记绘画与学术艺术实践之间存在着张力，因为美术和广告经常重叠。18世纪的法国艺术家，包括夏尔丹（Chardin）、最有名的华托（Watteau）以及他在1720年至1721年创作的油画《圣日耳曼》（*L'enseigne de Gersaint*），商店的招牌经常出现在画作中。华托在《巴黎圣母院桥》（*Edme-François Gersaint*）中就画了顾客们在埃德梅·弗朗索瓦·格尔桑特（Edme Francois Gersaint）的店铺里欣赏各种画。这一举动模糊了广告和美术之间的界限，让人们注意到艺术作为另一种商品的地位。18世纪30年代，格尔桑特将他的生意从美术转向奢侈品。他是法国第一个意识到公开拍卖的潜力的人，也是印刷行业之外唯一一个在报纸上广泛做广告的商人。从18世纪40年代开始，他作为经销商中的先行者，主要宣传方式是使用销售目录，为鉴赏家提供商品资料，有效地为艺术购买群体和艺术批评者之间建立起了媒介【编目】。华托的作品登上了上流社会的阶梯（就像那些为店铺做广告的商人一样），很快被纳入了艺术经典之中。1732年，皮埃尔·艾夫林（Pierre Aveline）在一幅版画中复制了华托的作品，这幅画作为含有审美价值的广告而成功进入了市场。

在18世纪的大部分时间里，手绘招牌[1]是一个表达身份不断演变的符号，经常在关于手工和艺术实践之间异同的辩论中被引用。在英国，这种紧张关系在邦内尔·桑顿（Bonnell Thornton）和威廉·霍加斯（William Hogarth）于1762年举办的晚会“手绘招牌协会展览”上尤为突出。皇家绘画与雕塑

1 手绘招牌是指在建筑物、广告牌或招牌上进行绘画，以宣布或宣传产品、服务和活动的艺术。——译者

学院和圣吕克学院争论着版画在商业和艺术之间的兼容性，以及在视觉艺术中的地位。法国大革命后，这一辩论开始改变，手绘招牌成为反对官方和皇家艺术的一个标志。不过相反，手绘招牌也同样表达了艺术家对法国大革命未能达到内心目标的一种心情。然而，在19世纪早期，不同的艺术家，如韦尔内（Vernet）、热拉尔（Gérard）、夏尔莱（Charlet）、加瓦尔尼（Gavarni）和杰利柯（Gericault）都画过手绘招牌，它们以超出官方对它们的艺术预期的方式介入了公共空间。因此，广告代表了一个重要的阵地，用于形成和调和不同层次的流派和媒介。作为一个绘画和印刷可能在平等条件下相遇的领域，广告提供的交互可能性被视为塑造和超越专业、社会范畴的机会。

建立群体

正如标记画这个例子所表明的那样，即使广告试图伪装其工具性，但人们已经普遍认识到了它的用途。尽管广告试图将自己的产品与其竞争对手的产品区分开来，但作为一种文化和审美争论的隐性干预手段，广告也能被动员起来，形成一种集体效用。这方面的广告在图书贸易中尤为明显。在图书贸易中，作者、书商和评论家使用各种形式的广告，通过划分理想的读者群体来塑造自己的商业地位或自我身份。

《图书馆杂志》解答了出售自己书籍的作者如何利用印刷广告来维护自己的权威，并与读者建立联系。法国的书商在推销自己商品的方式上受到严格的限制，甚至商店招牌的大小都受到严格的监管。因此，在廉价的《图书馆杂志》之类的期刊上刊登免费广告，对作家来说是一个难得的可以接触到潜在读者的机会，并向读者表明自己在社会中作为“作者”的角色和地位。1777年以后，自费出版的所有作家中，61%的人在《图书馆杂志》上刊登了至少一则广告。由于这类广告为作家们提供了从人群中脱颖而出的机会，因此这些广告中充斥着对书籍的物质特征、新奇性和优于竞争对手的夸大描述。《图书馆杂志》中也展现了各式各样的营销策略，比如反复为同一本书做广告（有时这是不允许的），宣布有时限的折扣，以及为退货者和大宗购买者提供折扣。

除了在期刊上刊登广告，作者还通过说明书和副文本来宣传自己的作品。作为最终出版物的预览，书籍的说明书中经常强调实物的奢侈程度和工艺水平。例如，1849年出版的第二版《大都百科全书》（*Encyclopedia Metropolitana*）的说明书不仅重申了第一版的目标——提供“有序地消化所有伟大的人类知识点”——还承诺新版本“将用八开本印刷，适合摆在精美的书房中，如第14页和第15页上的样本所示”，并强调新版中包含“丰富的地图、木刻版画和雕刻品”。

说明书可能还会将潜在读者含蓄地定义为社会的特定人

群。比如，夏洛特·史密斯（Charlotte Smith）在1789年出版的《挽歌十四行诗》（*Elegiac Sonnets*）第五版中收录了预订者名单，明确展示了想象中读者的品位倾向。显然，这种策略在威廉·华兹华斯（William Wordsworth）身上起了作用，他发现自己的名字在订阅名单中被漏掉了，于是就把自己的名字写进了他自己那本的名单中。与史密斯和她的英国同行不同，法国作家和书商很少使用订阅列表来做广告，不过他们常常会提到一些关于书籍出版的赞助关系（有时会作为书名的一部分）。出于渴望在文学市场中找到自己位置并建立自己的读者群的目的，越来越多自费出版的作家也在他们的书中加入了其他作品的列表。书的扉页上写着"某某某所著"，然后把同一作者的其他作品清单放在后面，这与英国的做法大致相同。

作者前言中的"广告"也可以暗示阅读本书等于加入一个群体。例如，1778年匿名出版的《伊芙琳娜》（*Evelina*）的序言中，范妮·伯尼（Fanny Burney）将自己与上一代杰出男性作家中的知名人物联系在一起，包括塞缪尔·约翰逊、塞缪尔·理查德森（Samuel Richardson）、亨利·菲尔丁（Henry Fielding）和托拜厄斯·斯莫列特（Tobias Smollett）。通过这些人的背书，伯尼确立了她作为小说家的权威，并定义了读者将要阅读的小说类型。读者们被告知：这本书不会把他们带到"梦幻般的浪漫地带"，但会把他们安放于自然的王国中。

除此之外，伯尼还把她的读者定位为一类精通特定类型小说的人，他们具有文学史和小说发展流派的专业知识。小说的序言向读者展示了伯尼有一种特殊的文化资本，欢迎购买者进入一个高度被选择后的群体。

在德国迅速增长的图书市场，读者们也做出了类似的尝试，他们相信，购买一本特定的书，就能进入心仪的文学群体。弗里德里希·贾斯廷·贝尔图什（Friedrich Justin Bertuch）对自己的评论期刊《大众文学社》（*Allgemeine Literatur-Zeitung*）进行了积极的营销，包括在同一家报纸上反复刊登广告，在莱比锡贸易大会前向书商发送传单，发送个性化的邀请让知名学者订阅，并向德国、欧洲其他国家和美国的知名人士和机构发送说明书、样本文章和手写信件。由于这些手段非常及时且到位，这本期刊生存了非常久的时间。贝尔图什总结道："报纸上的报道发挥了作用。它们让公众关注和好奇……我们的广告开始引起轰动，很自然，公众会反复讨论、赞扬和批评，有人高兴有人愤怒，这取决于哪一方的利益受到了威胁。如果它们只是制造了噪音，对我们就更好了。"

成功之后，贝尔图什的注意力仍然集中在他的印刷产品上，包括与他的期刊同时发行的副刊。一直以来，他采用的策略都是把书放在目标读者的脑海中。在运营《奢华与时尚》时，他利用读者对版画的兴趣，向潜在订户发送了说明书和样稿。到1805年，他已经建立了一个庞大而忠实的追随者群体，他出版了一本16页的新杂志《印刷月刊》（*Typographische Monatsbericht*），这本杂志完全专注于他出版的产品。通过广告与消费者建立联系，他不仅对抗了市场的匿名性，还创造并维持了消费者群体。

英国19世纪早期的书商也试图通过广告形式的组合来定义特定的读者群体，包括报纸上的广告、期刊上的广告，以及出现在书后或随书附赠的出版物列表的册子。出版商约翰·默里（John Murray）和拜伦在1812年开始推广《恰尔德·哈罗尔德游记》（*Childe Harold's Pilgrimage*），他们结合了一系列不同的策略，有效打造了"拜伦"这一品牌。在接下来的几年里，默里继续利用这个品牌。为宣传塞缪尔·泰勒·柯勒律治（Samuel Taylor Coleridge）1816年出版的《克丽斯特贝尔》（*Christabel & c.*），默里在《早间纪事报》（*Morning Chronicle*）上刊登了一则广告，称这是一首"狂野、独特、新颖、优美的诗——拜伦勋爵"。默里补充说，拜伦的粉丝们一定也会喜欢柯勒律治1799年以来发表的哥特式诗歌。通过将这些作品联系起来，默里试图调动拜伦的狂热爱好者成为读者，同时也激发其他读者对拜伦认为"狂野、独特、新颖和优美"的作品的好奇心。

就像贝尔图什推销《大众文学社》的策略一样，默里为柯勒律治所做的宣传活动也招致了褒贬不一的评价，反对者甚至在该书出版之前就发表了几篇尖刻的评论。毫无疑问，默里大力宣传这本书，得益于其同名诗歌已经预印流传了16年，当时许多英国文学精英都读过或听过这首诗，其中包括拜伦、查尔斯·兰姆、约翰·斯托达德（John Stoddard）、沃尔特·斯科特（Walter Scott）、亨利·克拉布·鲁滨逊（Henry Crabb Robinson）、凯瑟琳·克拉克森（Catherine Clarkson）、珀西和玛丽·雪莱夫妇（Percy Shelley & Mary Shelley）以及威廉和多萝西·华兹华斯（William Wordsworth & Dorothy Wordsworth）夫妇。在书籍出版前的一篇评论中，柯勒律治忠实的朋友兰姆提到了“柯勒律治的很多朋友都知道这本书”，以及这首诗引发的“公众好奇心”，从而将预印读者和急切等待该书出版的好奇公众区分开来。

在这本书出版后的几周到几个月间，评论家们被排除在“那群狂热的崇拜者”之外，排着队贬低《克丽斯特贝尔》，认为它辜负了它的声誉。约西亚·康多（Josiah Condor）在1816年6月发表的《折衷学派评论》（*Eclectic Review*）中写道：他经常听说柯勒律治的诗稿，他很好奇这首诗是否与柯勒律治那卓越的报道相符，而隐藏了16年之后，正式出版时却是一个“残篇”，这让他感到非常失望。这首诗的不完整状态和它的长时间预印流通，既动员了它的支持者，也动员了它的批评者：这首诗要么是天才的非凡原创作品，因不完整的状况而更有价值，要么是不值得注意的垃圾。对柯勒律治诗歌的这些评论上演了一场文学派别之间的斗争：为《克丽斯特贝尔》

表明立场成为一种认同浪漫主义诗人这个特定文学圈子的方式，或者将自己置身于与现代文人群体对立的立场。

印刷的正确性和盲从性

如果广告成功地被用来想象、煽动甚至产生读者群体，那么它的策略就是排除和划定特定的人群。在广告伪装成善意文本的前提下，读者的归属感往往通过假设一个群体与一个更大、更分散的公众相对立而产生。其中，公众有时会在经济层面有所缺乏，比如没有经济能力负担订阅精美插图版的书籍期刊，但更多时候这种缺乏属于知识层面。正如《克丽斯特贝尔》这本诗集的评论所表明的那样，“好奇的公众”之所以好奇，只是因为不属于“知情者”。“知情者”是那些在这首诗出版前就读过它的特定群体。在这种情况下，仅仅获得印刷书籍就等同于成为一个局外人，是无定形的公众的一部分，他们渴望拥有这本书（或者相反，痛斥它），这一切都源于默里的广告和评论家表现出的排斥行为。但这个例子也反映了19世纪头几十年印刷品在社会中的地位，以及人们与它们之间进行交互作用时的文化理解。如果知道一种出版物的“未出版历史”，而这种出版物往往被精英文学圈子所接纳，那么好奇且容易上当受骗的公众就会非常相信这本印刷品的透明度和可信度。

然而，任何针对广告的仔细研究都清楚地表明：人们不能相信印刷出来的文字，因为越来越多双关语式的广告运用了一系列半真半假、夸夸其谈和直接针对消费者钱包的策略。到19世纪初，欧洲大部分地区的普通读者已经意识到广告商倾向于夸大他们产品的优点。当潘寇克要求书商和作家不要自我表扬时，他写道，这种做法“很少给公众留下对他们有利的印象”。这也许就是为什么一些书商和作家特别鼓励读者（或潜在的订阅者）到他们的书店或家里来，通过检查证据来判断书的质量。但即使是这样的宣传策略也依赖于一种理念，即印刷品也许是可靠和值得信赖的。而追溯到起源，这些印刷品则只不过是油印金属版和压制的纸张。广告不断通过它的物质性（也就是说，你可以用自己的眼睛看到它）来唤起印刷品的可靠性，同时又用一种半隐藏的推销方式来破坏这种信念。因此，广告呈现了一个舞台，在这个舞台上，人们展开了关于印刷品可信度的辩论。不仅如此，广告还揭示了印刷品固有的可信度是如何被调动起来，用于加强社会等级制度，甚至倡导政治改革等各种目的的。

1822年，威廉·哈兹利特（William Hazlitt）在他的论文《论赞助与吹捧》（*On Patronage and Puffing*）中写道：“有一种奇妙的力量存在于语言之中，形成了规则的命题，并以大写字母印刷，这些命题一直得到人们的赞同，直到我们找到它们谬误的证据。无知和懒惰的人相信他们读到的东西，就像苏格兰哲学家通过他们的感官证据来证明物质世界和其他学问命题的存在一样。”《威斯敏斯特评论》（*Westminster Review*）在1828年发表的文章对这一论文进行了评论，重申了这一观点，认为公众相信印刷品中三分之二的内容是为了向印刷术致敬。在这些叙述中，印刷术似乎对19世纪早期的读者有着巨大的影响力，以至于这些公众倾向于不追求专业知识和客观性，相信任何新闻和评论，直到他们被强制要求持有另一观点。显然，“强迫人们相信”的力量并不适用于所有种类的印刷品，这为一些评论留出了一定程度的讽刺空间。这些评论通过粗体或不寻常的排版吸引人们对其重要性的注意。哈兹利特认为，阅读全大写字母的单词的效果与经验观察是一样的，它们仿佛都为真理提供了物质保障。“吹捧”（puffing）一词的语境表明，人们往往会关注那些不吝于奢侈赞美的印刷品。这些对象旨在夸大人或物的声誉，以达到直接或间接的经济收益。即使没有人真正相信自己读到的内容，但在大写字母中，想象中的威胁仍然存在。简而言之，广告试图把科学和商业、真理和谎言混淆在一起，一起灌入消费者的头脑中。

也许这种混淆最令人不安（也是最持久）的例子出现在专利药品和庸医秘方的广告中。长期以来，秘方是英国最具侵略性和最广泛宣传的产品之一，这些广告有着非常不好的名声。在德国，这一情况跟英国很不一样，虚假广告、药品广告和色情广告都是不允许出现的，即便如此，也还是难以阻止广告在这些国家和其他国家的扩散，但这也确实为大量针对广告的精彩讽刺艺术打开了大门。比如，1785年出版的讽刺小说《跳蚤历险记》(*Adventures of a Flea*)中有一节非常精彩的描写：苏德思夫人（一个洗衣工）擤着鼻子说："这是罗莱牌的一款英国草药，药效非常强，我吃它一定能长寿（打喷嚏）。萨默塞特公爵夫人推荐说它不仅可以让人长寿，而且还能变得耳清目明（再次打喷嚏）。新闻报纸上可是登了这种药，那一定是真的，那些字都是印刷出来的。"在公爵夫人的广告词下，小说里的苏德思夫人对这种在1762年到1778年间做广告的"英国草本鼻药"深信不疑，但最终，这个药对她的鼻道产生了严重损害。

三十年后，托马斯·哈德逊（Thomas Hudson）在歌曲《因为报纸就是这样写的》(*Because' Tis in the Papers*，托马斯·哈德逊于1818年在伦敦创作的喜剧歌曲）的第三节也写到了印刷广告的魔力：

> 广告医生的账单献上了美好的嘱咐，只需两种小药丸就能治愈每一种疾病；
> 绝对可靠，也很简单，它们治愈了所有的精神疾病。
> 他们所说的一切都一定是正确的，
> 因为报纸就是这样写的。

尽管带有讽刺意味，但潜在的后果并不是那么有趣。正如著名的监狱改革家约翰·霍华德（John Howard）在1790年用詹姆斯医生的退烧粉（含砷、汞和其他精选成分的化合物）进行自我治疗，最后不幸死亡。相信印刷品的力量是非常危险的，当人拿身体去做实验时，可能会付出生命的代价。广告有助于扩大读者群，但也成了检验印刷品中的内容是否能永垂不朽的试金石。

— Anthologies —

选 集

选集（anthology），源自希腊语anthologion，意思是“一束花”。这个主题似乎很适合本书的书名，这本书本身就是一部选集，最初以种源的形式表达，然后培育成更为具体的形式。这种制作文卷的做法至少可以追溯到古典时代。所谓的希腊文选（早期希腊的警句）和拉丁语文选（帝国时代的短诗）都是具有里程碑意义的手稿汇编，为编纂者开创了先例，在近代早期和后启蒙时代的欧洲特别受欢迎。

18和19世纪，选集的类型没有像今天这样被很好地定义或一致地贴上标签。事实上，“选集”这个词很少出现在标题页上。相反，这个词在当时有着另外的广泛含义，比如一小箱子的宝石、花束，总之是收集的一些美丽事物。选集的用途和受众群体在之后逐渐发生了变化。随着学校教学大纲越来越多地囊括本土文学，选集逐渐融入了教育语境，旨在创造经久不衰的民族经典。它们为背诵和演讲练习提供了材料，不仅用于给他人阅读的目的，也用于自我修养的提升和消遣。它们甚至变成了一种时尚物品，用于展示，而不用太在意里面的文字。自此，选集开始以多种形式出现，从便宜的十二开本到昂贵的、包装精美的礼品书或豪华版书籍。里面的内容可以是以某一主题（如“宽容”“宽恕”和“坚韧”）为核心的短语集，也可以由编者组织多卷作品，其中包含大量不同的作者。

在这一章，我们通过整理，重点讨论了选集在那个时代所能达到的三种功能。首先，选集通过选择和重印过去“最好”的作品，帮助创造了文学经典，并在这个过程中塑造了人们对这一形式的接受。其次，选集为读者提供了最新的优秀作品和再次开始流行的诗歌。再次，选集作为一种既适合展示又与新的社会实践相联系的实物，开始变得越来越重要。

两个世纪间，文学选集是一种重要的印刷载体。它拥有多种复杂的混合和再利用方法，产生了不同类型且相互重叠的读者和社交群体：读者们因为喜欢经典和时尚而走到一起。另一方面，文学选集促使人群中形成了一个个小集团，它们了解当下最为华丽但又短暂的文化知识，并将在第二年被一些同样具有典范意义，且并不会更持久的知识所取代。正如歌德（Goethe）所说，某些热带鱼只有在死亡时才会显露出最鲜艳的颜色，选集也有着同样的命运。但选集也是印刷材料被编织成不同媒介和社会环境进行交互的一种主要展示方式，这些环境可以从教室到家庭客厅，在不同的社会空间之间移动。

奉为圣典

选集是社会和物质实践中收集、再版的一种实践，以新的方式控制阅读实践和读者之间的社会交互。选集，尤其是其中的“诗集”，作为一种重要的工具，通过一个经典化的过程来调节人们的文学品位，随时间的推移来保存精选作品。这种类似花卉集的意义在于转变成某种类似于标本书的东西：它们不会枯萎，但可以被塞入教学服务中。

在英国，从托马斯·珀西（Thomas Percy）于1765年出版的《古英语诗经》（*Reliques of Ancient English Poetry*）到1900年阿瑟·奎勒·库奇（Arthur Quiller Couch）出版的《牛津英语诗经》（*Oxford Book of English Verse*），这段时间是诗集发展的关键时期。弗朗西丝·帕格雷夫（Francis Palgrave）的畅销书《英诗金库》（*Golden Treasury of the Best Songs and Lyrical Poems in the English Language*，1861年）收录了英国最优秀的歌曲和抒情诗歌，展现了整个维多利亚时代的选集标准。在德国，西奥多·埃克特迈耶（Theodor Echtermeyer）于1836年出版的《德国诗选》（*Auswahl deutscher Gedichte*）是这一时期的选集标准，至19世纪末共重版了34次。18世纪

晚期，古物主义、藏书热潮和现代编辑实践的兴起为这种文学收藏文化奠定了基础。这种文化将在接下来的一个世纪里深刻影响读者与诗歌的关系。珀西出版的这类作品，不仅引发了人们对民间歌谣本身的兴趣，而且在更广泛的范围内引发了人们对民族文学创作的一种复兴。珀西之后的许多作品，从沃尔特·司各特（Walter Scott）的《苏格兰边境吟游诗人》（*Minstrelsy of the Scottish Border*，1802—1803）到约翰·戈特弗里德·赫尔德（Johann Gottfried Herder）多卷本的《人民的声音》（*Stimmen der Völker*，1778年），再到查尔斯·诺迪埃（Charles Nodier）的《随身小文》（*Essais d'un jeune barde*，1806年），都试图记录那些逝去的、高度本土化的关于文化起源的文字。尽管这些作品最初的目的是促进文学创新，超越古典诗学的局限，但随着时间的推移，它们将逐渐为民族经典的复兴提供模板。到19世纪末，尤其是在统一战争之后的德国，选集成了最具民族主义色彩的印刷品形式。歌德、席勒（Schiller）和荷尔德林（Holderlin）的经典著作渐渐被那些“爱国主义的诗歌”排斥在外。正如《埃赫特米尔选集》第三十二版的编辑费迪南德·贝克尔（Ferdinand Becker）所言：“强大的时代和领导这个时代的人——我们伟大、善良的老恺撒和他伟大的儿子，我们的弗里茨（Fritz）、俾斯麦（Bismarck）、毛奇（Moltke）——我们一定能在这本书中找到对他们的称颂……我们的青年渴望看到诗歌闪耀着歌颂英雄人物和他们的著名事迹的光芒。”

然而，作为已经在公众视野中具有影响力的作品，选集往往带有一种秋收的意味。除了作为民族热情的集合，选集也迎合了人们对于特定主题的需求。这似乎特别适用于19世纪后期的主题选集。美国的出版物如威廉·布莱恩特（William Bryant）的《新图书馆的诗歌》（*New Library of Poetry and Song*，1870年）和托马斯·汉福德（Thomas Handford）的《家乡诗歌集》（*Home Book of Poetry and Song*，1884年），以及德国的出版物《回家的心》（*Für Haus und Herz*，1881年）、《在壁炉前》（*Am eigenen Herd*，1887年），都有着细分的主题，如“悲伤与死亡的诗歌”“爱的诗歌”“家与世界”“责任与行为”，或季节性的分类，如“冬天”或“晚上”（图2.1，彩图2）。

埃赫特米尔最初的选集是根据阅读难度来组织诗歌的（一种浮士德式的上升阅读方式），但在后来的版本中，他把这些诗用更为均匀的方式排列在选集中。这些经常重印的巨著提供了根据主题和情感基调组织起来的诗歌，供读者在家中欣赏。就它们的标题所暗示的那样，这种阅读场景最好是在壁炉前，需要读者投入情感去阅读。这些书的目的是为读者自己的情感生活提供共鸣。这种方式改变了之前的传统。选集不再强调作者、日期和民族起源，而是对读者进行精神指导，倾向于让读者产生共鸣和反思。这些诗集诞生于欧洲书籍文化的鼎盛时期，证明了诗歌传统之丰富，同时也表明诗

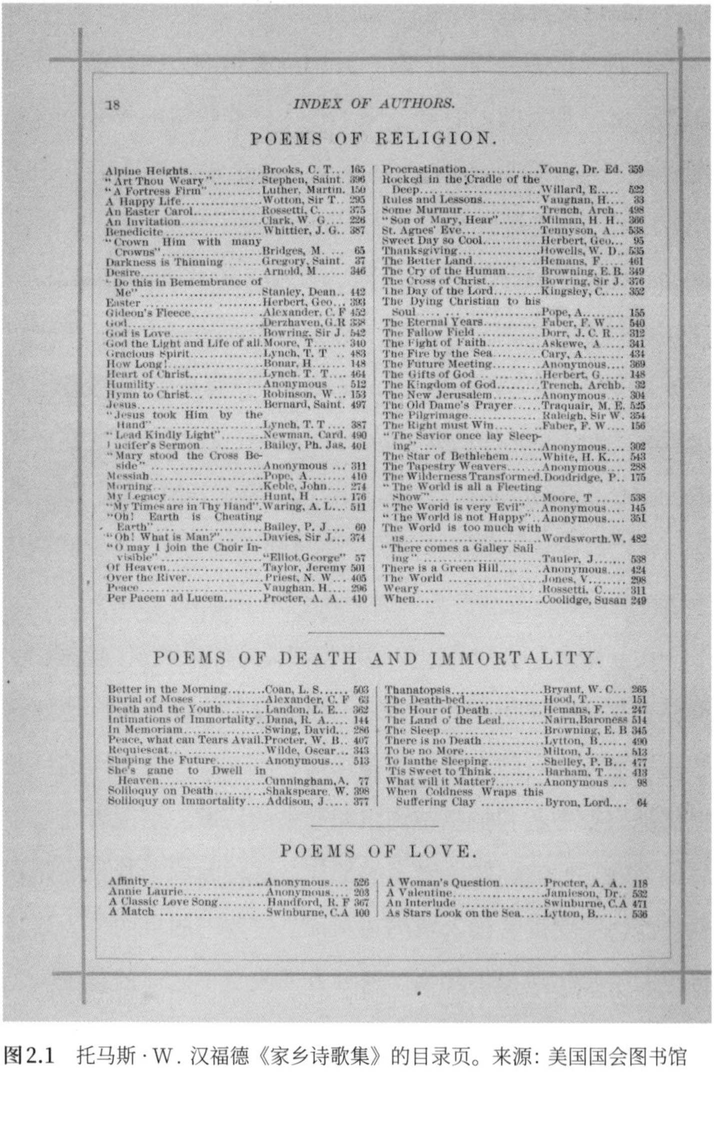

18 *INDEX OF AUTHORS.*

POEMS OF RELIGION.

POEMS OF DEATH AND IMMORTALITY.

POEMS OF LOVE.

图2.1 托马斯 · W. 汉福德《家乡诗歌集》的目录页。来源：美国国会图书馆

歌作为高级哲学艺术的地位正在下降。只有颓废派和现代派反对这种重新包装，他们想要诗歌从个性化的资产阶级消费中脱离出来,进入前卫的边缘。但作为19世纪选集的标志之一，诗歌具备了实用性，被重新用于新的目的。

因此，选集对18世纪晚期和19世纪文坛上的重要人物和事物产生了决定性的影响。除了选集里的解释性语句之外，编辑的旁白也影响了读者的反应。标题、脚注、注释和作者传记都影响了读者对诗歌的态度。编辑选择的诗歌可以有意地让读者通过部分作品去了解作者。编辑会删节较长的诗歌或摘抄长诗和散文中的段落，也因此，这些文本被后来的读者包括许多不会完整阅读它们的人所接受。例如，一些选集将珀西·雪莱的政治长诗《仙后麦布》(*Queen Mab*)缩减为只剩自然描写的一段，有效地删除了其中的政治内容，使其原本激进的内容变得中性。另一些人则从拜伦的《唐璜》中摘取了抒情诗《哀希腊歌》(*The Isles of Greece*)，剥离了抒情诗的诗性语境，把它作为抒情诗抽象的一个例子或拜伦自己情感的一种表达。

选集还培养了读者对其他书籍的假设，产生了斯蒂芬妮·莱斯布里奇(Stefanie Lethbridge)所称的“选集阅读习惯”：从选集中学习文学的方法，这些选集把长篇诗歌和小说当作短篇选集，可以随意翻阅。因此，这些选集促进了对长诗的一种“摘选”方法，鼓励读者把它们看作是由重点段落连接起来的集锦。这样的选集阅读不仅可以延续到长诗中，甚至可以延续到作者的作品集中，两者都可以被视为一串串耀眼的宝石，小心翼翼地去体验。19世纪，选集促进了人们对文学的偏爱，因为选集既是可分的，又是可输入的，因此人们可以共享和相互体验。

选集以这种剪切、摘录和选择的方式使诗歌符合选集对短小形式的内在偏爱，尤其是对抒情的偏爱。它剔除了不符合当代情感或可能被视为激进和颠覆性的内容，传播了读者可能不会在其他情况下听到的诗歌。选集在一定程度上让一些读者产生了兴趣，以便更深入地阅读诗人的作品。最后，选集的选择使得那些作者的身份变得复杂化。一方面，选集可以用于纪念作者的伟大身份，如歌德、席勒或拜伦的诗歌选集。他们是那些新兴的“名人机构”中不可或缺的媒介，汤姆·莫尔（Tom Mole）将其视为这一时期的标志之一。但另一方面，选集也可以淡化权威性。由于这些名人名句是从古人口中摘录下来的（经常还会假借古人之口），因此语言似乎不再受说话人的控制。就像装帧变得越来越统一一样【装帧】，选集可能对作者身份产生匿名化的影响，使文学更接近于《圣经》。它无所不在，放之四海皆可，不属于任何一个特定的时间、地点或人。正如编辑马西米利安·伯尔尼（Maximilian Bern）1887年在《在壁炉前》中所写的那样，“这里的601首诗如此错综复杂，仿佛它们不是出自187位独立的诗人，而是出自同一位诗人”。

时尚性

如果说18世纪的众多选集唤起了人们对开花、丰收和富足的印象，那么它们的后代——19世纪早期到晚期欧洲流行的赠书、年历和餐桌书——在许多人看来则象征着现代图书销售的弊病和贫瘠。在《约翰逊字典》(*Johnson's Dictionary*)将“选集”一词定义为“花的集合”后不到一个世纪，1852年1月出版的《爱丁堡评论》(*Edinburgh Review*)就毫不客气地说选集就是诗歌枯萎和腐烂的地方。文章写道:“选集是优雅的萃取物，是病态的东西:单一生长的紫罗兰活得甜蜜而持久，而切花是没有生命力的，灿烂的花束腐烂成了令人讨厌的垃圾。”

《爱丁堡评论》所反对的不是之前讨论过的那些塑造品位的经典诗集，而是在19世纪上半叶风靡西欧的流行选集——年度诗选。对于它的兴起，最好的描写是李·亨特(Leigh Hunt)1828年的一篇文章《口袋书和纪念品》(Pocket-Books and Keepsakes)。亨特描写了在18世纪这类桌边书和袖珍书开始越来越受欢迎，尤其是在女性之间。到19世纪初，富有进取精神的出版商开始尝试在任何有可能的角落输出印刷文化的工业制品(并将其用作合法货币)。正如亨特所指出的那样，在19世纪的头十年里，德国文坛上的文学年鉴引领着风潮。最终，19世纪20和30年代的英国引发了一场文学纪念品的热潮，将德国的文学年鉴与英国圣诞的豪华礼物结合了起来。

亨特的文章只描述了其中一部分。19世纪早期，德国文学年鉴的灵感很大程度上要归功于近半个世纪前兴起的法国文学年鉴。1765年，法国有了《缪斯年历》（*Almanachs des muses*）这样的出版物，几年后，德国人很快就以《摩萨年鉴》（*Musenalmanach*）的名字进行了模仿。同时，我们可以看到一种国际趋势的出现，这种趋势促进了“应景诗”这一体裁的发展。这种文学体裁与年鉴类产品的结合，使得诗歌逐渐平庸化和商业化。年鉴、平装书和礼品书中的诗歌被框定为一个生命周期，一个艾娜·费里斯（Ina Ferris）和保罗·基恩（Paul Keen）所称的“商业现代性”的生命周期。

相似的是，19世纪的年鉴旨在通过著名作家作品的摘录来灌输品位和礼仪。他们所开创的新天地是将新文学置于旧文学之上给予特权，大量吸收女性撰稿人和编辑的才华，并强调文本的视觉而不仅仅是文学美学。最重要的是，这些年鉴不惜一切代价，委托那个时代最杰出的艺术家和雕刻师为他们的作品装帧。据报道，为了制作1828年的纪念品，仅书中插画就有1.1万英镑的预算，甚至连最杰出的诗人也越来越多地被要求将插画作为他们受委托创作诗歌的主要灵感来源。

因此，跨越不同的民族传统，文学年鉴采用了各种各样的视觉技巧来构建读者与文本的交互，把“读者”变成了“观众”。华丽的标题页、寓言式的封面、说明书套、精美的装帧

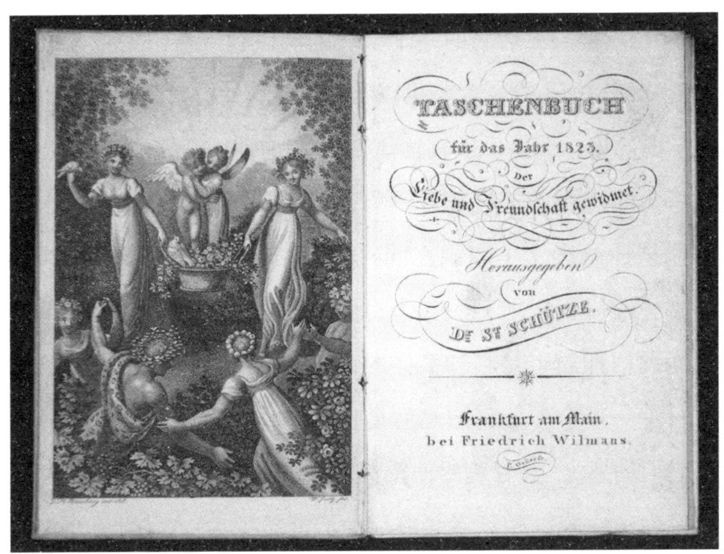

图2.2 弗里德里希·威尔曼（Friedrich Wilmans）1823年出版的《献给爱和友谊的袖珍书》的卷首和扉页。来源：密歇根大学图书馆馆藏

和引人注目的插图，都是这些书的主要策略。通过这些策略，一个视觉环境被创造出来，即使不是压倒性的，也可以与其中的文学内容达到平起平坐的程度。印刷术的繁荣成了这类时尚选集的背后推手。举例来说，1823年出版的《献给爱和友谊的袖珍书》（*Taschenbuch der Liebe und Freundschaft gewidmet*）和1853年出版的《欧文的礼物》（*The Irving Gift*），打开封面后，带有宗教色彩的前言插图是此类选集最常见的视觉策略（图2.2）。这些书里充满了天使、棕榈树、桂冠和圣母像的形象，把阅读描绘成身临其境的说教。之前罗尔夫·恩格尔辛

（Rolf Engelsing）著名的基于宗教的精读模式被以商业为驱动的泛读模式所取代。我们可以看到年鉴类的文学是如何在世俗文学的脉络中改变了宗教教育的习惯和视觉规范。

每年出版的选集都有一个独特的特点，那就是在还未出现能把插画和文本印刷在同一页的新印刷技术【雕版】时，通常会配以铜版雕刻图作为封面。和书中的内容一样，这些封面图的性质也是多种多样的，从文学场景、历史人物到寓言，一一俱全。雕刻图之后是长长的文字，用于帮助读者理解它们的意义。注释为封面图提供了一种想象的功能。一方面，介绍性的内容鼓励读者去使用他们的想象力："因为从礼物中获得快乐的程度正是礼物的价值，我们把这些图留给那些有天赋的人自由地解释，每个人都可以根据自己的想象力把它们改编成故事。"另一方面，接下来会是几页非常仔细的场景说明。如果读者选择不读这些内容，就可以用自己的方式去理解图画，但如果他们把阅读和观察结合起来，便可以从中获得教诲意义的正确解释。这些书的直接目标读者是一个正在崛起的女性阅读阶层，在很大程度上，其目的是将想象力的自由与教学的严格性结合起来。

18世纪上半叶，人们对选集内容的精挑细选随着世纪末豪华诗选和桌边诗选的大量出现而被颠覆。后者的目的似乎是要把阅读融入一个更大的、有着宏伟愿景的计划中。与巴洛克风格的纹章书（emblem books）不同，这些19世纪的奢

Und wie ich so durchs duft'ge Thal
Einsam den Weg genommen,
Da ist dein Bild, ein lichter Strahl,
Mir in den Sinn gekommen.

Kornblumen blüh'n im Sonnenhauch,
Und kleine Vöglein scherzen;
Kennst du die weiße Blume auch?
„Dich lieb' ich von Herzen mit Schmerzen!"

Es war, als hätt' der Himmel.

Es war, als hätt' der Himmel
Die Erde still geküßt,
Daß sie im Blütenschimmer
Von ihm nur träumen müßt'.

Die Luft ging durch die Felder,
Die Ähren rauschten sacht;
Es rauschten leis die Wälder,
So sternklar war die Nacht.

Und meine Seele spannte
Weit ihre Flügel aus,
Flog durch die stillen Lande,
Als flöge sie nach Haus.

图2.3 约瑟夫·冯·艾琴多夫的《这如天堂》，摘自《在一个温柔女人的手中》。来源：BPK，柏林/艺术资源，纽约

侈品选集在象征与诗意之间有着强烈的记忆联系，主要是为了促进一种跨越纸张的想象力。弗里德里希·泽特尔（Friedrich Zettel）在1887年出版了一本非常受欢迎的书《在一个温柔女人的手中》（*In zarter Frauenhand*），其在十余年中出版了十个版本。我们看到了各种各样的销售策略，封面图包含了凉亭中挤满的人群、废弃的小屋或是树下孤独的人。诗歌阅读此时成了视觉享受和悠闲思考的混合物（图2.3）。这些书重新发挥了插图书籍悠久传统的装饰策略，顶部有花卉图案、

阿拉伯式的插图和包围文本的华丽边框，使读者置身于不同的想象、社交和空间之中。

这种插图也被运用于大量的年度文学选集。早在1828年李·亨特就说过：“如果这种性质的出版物能像开始时那样发展下去，我们很快就会迎来纪念品的千禧年。我们看到的将不是简单的插画，而是绘画大师的作品。我们用的纸将变成皮纸，我们会用蛋白石和紫水晶去装帧。除了在豪华的房间里，或者在玫瑰花丛中，不然没有人配得上读我们的书。”【装帧】想知道到19世纪中叶及以后的文学选集变得多么华丽，你只需要看看美国古物学会收藏的1855年出版的《友谊的象征》（*Friendship's Token*）就知道了（图2.4，彩图3）。在压花图案和红色皮革封皮的中心有一幅浪漫的小型油画，周围包围着蛋白石（亨特的预言成真）。这种文学年鉴的选集被制作成了一个丰富而感性的商品，在复杂的感知网络中吸引读者的触觉和想象力，而阅读本身已经不是这些书的主要目的。

在过去的一个世纪里，事实证明，这种措辞优美的诗歌、精美的插图、华丽的装帧和时尚的作家为出版商带来了巨大的利润。有人说，19世纪20年代末和30年代的英国几乎是单枪匹马拯救了在1826年银行业危机后苦苦挣扎的出版业，在其鼎盛时期，出版业每年的总收入超过10万英镑。受到出版业巨变的威胁，许多权威作家，包括那些曾为年鉴做出过贡献的作家都开始谴责这种中庸、女性化、以视觉为导向的选

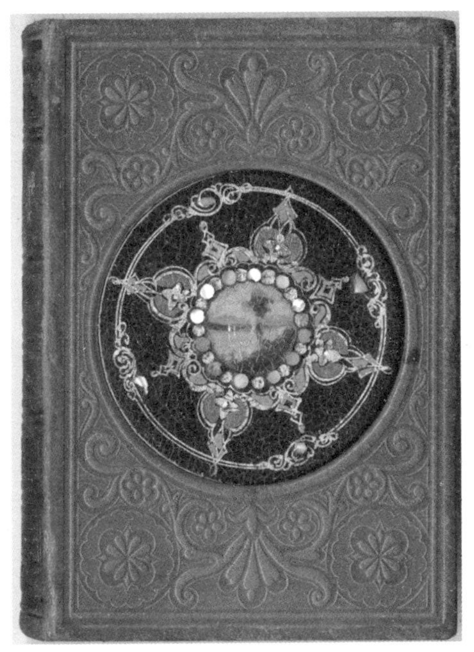

图2.4 《友谊的象征》(1855)的装帧。来源:美国古物学会

集对文学造成的毁灭性影响。其中,话说得最难听的人是威廉·梅克皮斯·萨克雷(William Makepeace Thackeray),他把这种插画年鉴选集等同于卖淫,他曾抱怨说1838年的年鉴是“可怜、平庸、无力的诗句和小智慧的聚集,标志着一个已经破产的流派的新低点”。对于这些年鉴的争论在很多方面都聚焦于阅读商业化和审美。无论是作为19世纪印刷文化的巅峰还是低谷,我们都不能不认识到,文学年鉴对视觉文化

的明确接受，代表着读者与印刷交互方式的巨大转变。

从手至口

发展这些时尚的选集在很大程度上与当时印刷文化中日益增多的视觉装饰有关【卷首画、雕版】，但也与其他一些实践相结合，包括手写和朗诵。选集通常包含华丽的献词页，留有空白处可用于手写送礼者和受赠者的名字。这一特点表明，这些书具有更大的社会意义。它们不仅在很大程度上是19世纪日益增长的文学形象化的一部分，还把书放入了情感交流的网络中，最重要的是，无论是题词、在文本上画线还是在插图之间的纸上偶尔互相写诗【手稿】。以选集形式包装起来的文学作品，是通过书写的方式形成的。而与书写相伴的，是一种不可分割的、在写作经济体系中可以共享的东西。选集从随意杂录到精美赠书的演变突出了在商业印刷文化中，基于集体行为的设计所产生的新种类文集已经替代了个性化的产品。分享和拥有、版权和公权，在19世纪并不是截然对立的层面，而是一个更大的文本流通经济体系中的不同部分。选集以复杂而有说服力的方式跨越了这一分歧，是一种至关重要的印刷品形式。另一种构建读者群体之间关系的方法是通过朗诵练习。选集为许多想要朗诵诗歌的读者提供了便捷，许多选集甚至专门为朗诵而出版，例如一系列的学校演讲书。这类选集印刷品与朗诵者的文化实践之间有着共生关系，确保了拜伦的《西纳克里布的毁灭》(*The Destruction of Sennacherib*)和费利西亚·赫曼斯(Felicia Hemans)的《卡萨布兰卡》(*Casabianca*)等诗歌在整个19世纪下半叶持续流行。朗诵可以在家庭、学校演讲日或主日学校(基督教堂或犹太教堂在星期日为儿童提供的一种宗教教育)等教育环境中进行，也可以在个人之间进行，如父母和孩子、家庭教师和学生以及正在谈恋爱的情侣之间进行。虽然朗诵和背诵的诗歌可以在该诗一出版后就被实践，但人们真正的、大量的朗诵行为往往来自诗歌的选集。因此，选集有助于形成读者在书籍之外的交互实践。

与历史上所有的印刷品一样，选集的物质性是其在印刷经济中的最核心的价值。事实上，这种重要性很可能超过了吸引大部分学者所关注的内部内容的重要性。选集的重要性不仅仅在于随时间的推移哪些人进入或退出了文学圈子，或者成为被关注的焦点，而是这种集合了视觉化、手写参与性和大声朗读的体验媒介成为这一时期选集意义的重要驱动因素。把一本书理解为一个实物，以及它所引发的社会和感官的交互，可以让我们更深入地了解它能成功和长销的原因。

— Binding —

装　帧

书籍从根本上来说是装帧的产物。作者先写出手稿，打印机印出纸张，然后把印刷好的纸张折叠成对开型、四开本型、八开本型或其他形式，再把这些折叠好的纸张相互连接起来，我们才能得到一本书。因此，装帧是一种需要经过深思熟虑的行为，通过整理和呈现来创造意义。这常常被我们认为是理所当然的事情，以至于在很大程度上忽略了它的价值。学术的引文系统描述了作者、书名、出版地点、出版商、出版年份、页码，甚至给定出版物的卷数，但很少有关于书籍装帧的信息。即使在描述性书目和材料文本的研究中，除非某一装帧非常独特，否则它也不太可能成为关注的焦点。谷歌电子书籍中往往只包含标题页，而封面和书脊的图片常常被排除在书籍的数字修复之外，这在戴安娜·基切克（Diana Kichuk）看来就是"内容删减"的例子之一。然而，对于18和19世纪的购书者来说，对书籍装帧的选择通常要先于阅读所包含的文本内容。

在我们研究的时期（以及更早以前），装帧都是从一堆折叠的纸张开始的。最简单的形式就是把几张纸叠在一起。如果折叠的纸张数量很多，就把它们缝在一起，形成一个书脊。在18世纪的欧洲大陆，有很多简单钉在一起的书页。例如，18世纪80年代《图书馆杂志》上刊登的广告显示，巴黎的书商通常只售卖单一形式的图书，85%的图书都只是简单装订在一起，只有15%的书有封面，其中只有10%的书籍可以让顾客选择装帧模式，在非常罕见的情况下，有些书籍甚至不经过任何装订。在英国，对书的封皮选择一般由销售点的书商决定。但在欧洲大陆上，只有当人买了书之后才会对书进行装订。顾客把封面和封底用带子缝在一起，然后用纸或者皮革把书脊盖住。封面和封底与书相接触的那一面会黏上一张纸，封面和书脊上可能会装饰由字母和标记组成的图案，再对图案贴上金箔。这表明，那时候书籍的装帧形式是多种多样的，由消费者选择，而且常常根据装帧（例如加上盲印或金箔）和皮革的类型以不同价格出售。

在19世纪30年代出版商统一装帧之前，这种装帧流程是行业常态。统一的装帧是一种在结构上与文本分离的一种构造，是为了将折叠和缝订的书页放入其中（用胶水把书页和外壳连起来，而不是缝订）。表面的装饰将由一台机器整体冲压而成，而不是用工具一本一本制作，覆盖封皮内侧的材料是一块玻璃纤维制品，而不是纸或皮革。这使得书籍在不同版本之间具有一种迄今为止难以想象的一致性，也使得书籍有了更加形象化的装饰。它还结束了装帧的可选特性。大约在1830年以后，想要定制装帧的购书者再也不能只购买缝好的文本。他们不得不买装订好的书，然后把书拆开，重新进行装帧。

然而，在1830年以前，每一次装帧实质上都是一次重订的行为。每一本书都由一个人主掌着装帧的决定权，很大程度上，这就像是一个匿名者参与到了作者的成书过程。折叠纸张以及把一堆折叠的纸装订起来就是一种装帧形式。因此，说早期的书籍是“无装帧”出售的，就忽略了这样一个事实，即把一段文字放在包装里，甚至只是为了首次销售而把它们钉在一起，就构成了一种装帧行为。后来人们决定把书用皮革进行装帧，实际上是一种重订行为。这不仅仅是语义上的区别。装帧是一种估价和解释的行为，它强调了18和19世纪的读者、作者和出版商是如何与印刷进行交互的。装帧行为通过具体化文本的物理边界来限制和控制内容。重订则展现并参与界定了社会、文化、经济和政治价值这一复杂系统。

顺序：打孔的历史

如果每一次装帧都是一次重订行为，那么把纸张汇总在一起就不可避免地包含了这些纸张的旧时痕迹。根据这些线索，我们发现了一个简单的事实：装订的前提是印刷文本和手稿具有可塑性。即使确定了一本书或手稿在收集中的顺序，这也是一种变化的尝试。装帧的过程因此有着一种变色龙般的性质。书页的排序和一次次的重新排序都揭示了满足作者、编辑和销售者的需要和愿望的目的。装帧和重订都是战略化使用这些内容的历史。

关于装帧历史的一类有力证据来自手工打孔，这些在书页上的打孔常常来自一些抄本。这些证据往往是原始抄本页序的最佳指示器，也因此对文学和历史分析尤为重要【标记】。18世纪80和90年代出版于英国的威廉·布莱克（William Blake）的插图书籍是一个重要的例子，在这些书籍中，不管页码和情节如何，抄本的各种印刷版本常常以不同的页码顺序装订。这种不同的顺序在《天真之歌》（*Songs of Innocence*）、《经验之歌》（*Songs of Experience*）和《乌里森之书》（*Book of Urizen*）的各种印刷版本中都很常见（事实上，每一本《天真之歌》的装帧排序都不同）。当然，早在18世纪以前就有给书籍打孔的例子。莎士比亚剧作的四分之一保留着两个孔，说明它们是用类似包装纸的小册子缝在一起的，而不是用木板装订的。即使是莎士比亚的《第一对开本》（*First Folio*，1623年）这样奢华的出版物，打孔标记也提供了重要的证据。2008年，雷蒙德·斯科特（Raymond Scott）通过莎士比亚图书馆的学者，私下购买了一本后来被证实是真迹的《第一对开本》。这本书缺少封面，因此学者们可以看到穿孔和装订线的痕迹。事实上，斯科特不知道的是，自从安东尼·詹姆斯·韦斯特（Anthony James West）在2003年出版了一份对现存版本的普查报告之后，第一批《第一对开本》的大部分存书都能用这种穿孔标记来验证真伪。用这一方法也确认了曾在1998年从杜伦大学图书馆被偷走的珍本。斯科特也因此被起诉，被判处接赃罪，最终入狱8年。

打孔证据还提供了一种用于还原重订书籍原稿书页顺序的方法。也许这方面最著名的例子是艾米莉·狄金森（Emily Dickinson）的作品，她以将自己独特的诗作组合缝制成分册而闻名。分册由手工缝制，每一页都有明显的穿孔。由于狄金森从未对这些单独的页面进行过编号或索引，因此必须根据打孔等证据重新复原它们的原始顺序和排列。尽管对狄金森分册诗集的主题连贯性研究仍然存在争议，但这些打孔证据不仅被用来确定原始的页面顺序，而且还被用来影响作为这种分组和分类的批判性解释。

即使纸张没有被装订成书，装帧和书册的自然属性也可以提供关于作者写作实践的重要信息。比如简·奥斯丁的纸质小说手稿几乎没有留存下来，但有几本手写的小册子，里面有两本不完整的故事草稿的手稿，分别是《沃森一家》（*The Watsons*）和《诺桑觉寺》（*Sanditon*）。这些小册子很小（大约9—15厘米长、12厘米宽），看起来像是剪下来的信纸。以

《诺桑觉寺》手稿为例，其中的纸张被折叠成了三份，可能曾用别针穿在一起，分别有32页、48页和80页。据推测，奥斯汀之所以用这些手工制作的小册子写作（而不用商店里出售的空白纸），是因为它们更容易被隐藏，不容易被人窥视。它们可以很容易地藏在其他纸张之下，或许因为其最初是由信纸构成的，因此可以伪装成信件，这是一种更容易被女性接受的写作形式。这种自制小册子的特点对于博德利图书馆（《沃森一家》书稿的收藏机构）来说并不是什么好消息。2011年，这本68页的手稿以993 250英镑的价格被拍下。据报道，在手稿被数字化后不久，手稿中就有四页已经遗失了。

如果作者、编辑和图书管理员出于实用和审美的原因使用了定制装帧，那么读者也有可能对书籍进行重订。曾在18世纪末19世纪初风靡的“剪图集”（Grangerization）就是一个极端的例子。“剪图集”一词是由出版了《英格兰传记史：从埃格伯特大帝到独立战争》（*Biographical History of England from Egbert the Great to the Revolution*）一书的通俗传记作者詹姆斯·格兰杰（James Granger）的名字所命名的。它将插图、印刷品（有时甚至是原始图纸或手稿）添加到现有的印刷文本中，通常用交错的形式来实现【增厚】。因此，剪图集要拆散现有书籍的装帧，这种“拆书”的做法随着剪图集在19世纪成为一种流行的消遣而得到发展。通过对一本书进行“剪图化”，读者（所有者）经常会极大地改变原著，甚至像理查德·布尔（Richard Bull）那样，把格兰杰仅2卷的书剪图成了36卷版本。正如狄金森的分册和布尔扩充版本的格兰杰作品所展示的那样，装帧揭示了消费者通过组织和装订手稿或印刷品来创造意义的强大作用。

对装帧的渴望

1830年以前的装帧多样性和可塑性使我们得以研究18和19世纪的图书拥有者（其中一部分人一定是这些书的读者），理解他们拥有这些书的意义。选择将文本绑定在皮革封面中，而不是将其用纸简单包装，表明文本具有特定的价值，购买者可能打算保存、展示，或者重复阅读这本书籍。即使是对一致性的强制执行，决定以相同的方式装订所有的书籍，或者根据类型、主题、时代或其他一些原则来区分它们，也可以反映出所有者对图书，或更广泛意义上的知识组织的思考。相比之下，不对书籍进行装帧也可能是个人喜好或阅读习惯的表现。那些因为主题和内容缺乏价值的文章不太可能被重新阅读，因此购买者选择不对它们进行装帧。但是，如果书籍的拥有者是一位特别热衷于读书的人（或希望被人这样认为），就会出现一种情况：那些原本“值得”被装帧的文本也可能不得不持续处于等待的状态。例如蓬帕杜尔夫人（Madame de Pompadour）让别人给她画的画中，她读的就是简单缝在一

图3.1　弗朗索瓦·布歇所绘的《蓬帕杜尔夫人》。来源：V&A图集，伦敦/艺术资源，纽约

起的书，仿佛她无法忍受装帧过程让她与文字之间的接触造成了拖延（图3.1，彩图4）。

在一本书的制作过程中，有很多次体现价值的行为。装帧的形式可以表明读者因自我定义而采取的印刷互动。在这种情况下，装帧为公众消费创造了一个身份。就像蓬帕杜尔夫人把不装帧书籍作为她充满阅读激情的表达，浪漫主义时期的英国作家也同样热衷于对装帧的选择，这些选择同样与那时的经济、社会和文化价值体系相协调。

查尔斯·兰姆在1822年发表的论文《对书籍和阅读的思考》（*Thoughts on Books and Reading*）阐明了19世纪初装帧展现价值的一些方式。兰姆清楚地表明装帧很昂贵，拥有一个装帧图书的书房是精英阶层的特权。虽然兰姆将装帧作为一种状态的标记，但他也关注书籍内容和装帧之间的匹配。兰姆在描述装帧风格的范围时，阐明了一种有关装帧文化意义的特殊理论。他认为有“坚强的后盾”和“整洁的着装”是一本书的基本要求。他坚持认为，有些书应该用俄式（鞣制牛皮）或者摩洛哥式（山羊皮）进行精装。这些精装书即使买得起，也不能随意挥霍。精装的合法“使用者”是久远的好书，它们的价值在于文化认可的作者和内容以及长久的使用。对于杂志，兰姆更喜欢“半精装”，这是一种中等程度的装帧风格。书脊、封面和封底的四个角用皮革包装，其余部分用布或纸覆盖。这种装帧提供的是耐用性，而不是奢华度。兰姆认为有些文本，特别是法院日历、目录、袖珍书、科学论文、年鉴、法规大全等，根本不应该被装帧成册。不对这类文本材料进行装帧并不是因为它们的有效期很短，兰姆其实赞成对那些较短使用期限的文本进行装帧【易逝】。相反，问题在于，当这些词典和专著被装帧成精美的书籍时，里面的文本就像假圣人篡夺了真神殿，它们闯入了圣所，驱逐了合法的居住者。

正如剧本和袖珍书的区别那般，兰姆的文章提出了一套通用的装帧层次结构。总的来说，像休谟（Hume）、吉本（Gibbon）、罗伯逊（Robertson）、比蒂（Beattie）、索梅·詹尼斯（Soame Jenyns）的作品，也就是那些任何绅士的书房里都有的书籍，都不值得被精装。他甚至说："每当我把衣服挂在架子上，然后用颤抖的手翻看那些穿着皮质衣服的书籍时，就觉得恶心。"兰姆描述了自己对一位乡村绅士的反对意见。这位绅士试图用宏大的、概要性的历史和道德哲学专著来充实自己的书房，这些取代了他对菲利普·西德尼爵士（Sir Philip Sidney）和弥尔顿（Milton）散文作品的偏爱。在这个系统中，书籍并不是传播知识和启迪智慧的媒介。相反，兰姆对装帧的评论提升和颂扬了"文学"作为创造性和想象力的指代。至关重要的是，兰姆文章中文学的提升依赖于与之捆绑在一起的感官愉悦。如果一本书既好又稀有，那么这本书就是个珍稀物种，没有任何一个容器足够贵重和安全，能来纪念和保护这样一件珍宝。即便如此，在兰姆的心中，莎士比亚或弥尔顿这一层次作家的作品也不应该穿得漂漂亮亮。他写道："即使是莎士比亚或弥尔顿的作品（除非是初版书），穿着艳丽的服装也只不过是装模作样而已。拥有它们并没有意义。它们的外表并没有让拥有者产生甜蜜和丰富的情感。文学作品的情感力量在于它能唤起甜蜜情感的能力，这不在于其封面，而在于其语言内容。"

兰姆的文章用修辞的手法描述了一个“藏书癖”。作为一名书籍收藏家，他对文学的热爱寄托在把书当作实物拥有的快乐之中，用性别化的方式把书籍的装帧描述为穿衣和脱衣。把书当作一种实物的做法对兰姆同时代的许多人产生了巨大的吸引力，因此，装帧成了爱书者展现其渴望的场所。例如，1808年，罗伯特·骚塞（Robert Southey）把家人和他的书安置在莱克区凯瑟克郡的格里塔大厅。一想到要把他的藏书收集在一起，跟这些书共处一屋，他就想把它们装帧得更漂亮。骚塞给他的朋友玛丽·巴克（Mary Barker）写信道：“有一套六对开本的书是用金字写就的……卷与卷之间用链连在一起，但金箔已用尽，两个环尚待连接。”为了完成这些装饰性的装帧，骚塞向巴克“乞求和恳求”了两件事：“给他寄来尽可能多的金箔”以及“欢迎来访，这样他们就可以一起把金箔贴上去”。通过这种有趣的书信交流，装帧产生了人与人之间的亲密关系，通过他们共同的愿望，来对贵重和罕见的书籍进行打扮。

骚塞对这套书的奢华装帧与一些被他称为“鸭子”的书形成了鲜明对比。后者的封面破烂不堪，放在他书房最黑暗的角落，远离公众视线。这些丑小鸭书籍包括骚塞的女儿们和她们的朋友用彩色棉布装帧的书，书脊上是手写的标签（图3.2、3.3，彩图5）。1836年，骚塞写道：“一间屋子里几乎摆满了她们装帧的书籍，我将这里称作‘棉布图书馆’，这里有着全世界最多的拼布。”

图3.2　罗伯特·骚塞收藏，带有棉布装订的《欧洲、小亚细亚和阿拉伯之旅》（格里菲斯所著，伦敦，1805年）。来源：由华兹华斯信托基金提供，格拉斯米尔

图3.3　《安娜·苏厄德书信集：写于1784年至1807年》的装订，（伦敦，1811年）。来源：由华兹华斯信托基金提供，格拉斯米尔

不管这些材料是否像人们猜测的那样来自骚塞妻子和女儿丢弃的衣服，很明显，骚塞家中的女性学习并实践了重订的工艺。据骚塞的儿子查尔斯·骚塞（Charles Southey）估计，这个棉布图书馆保存了大约1200到1400本书。查尔斯·骚塞后来写道，他的父亲对她们装帧的书籍十分有兴趣，女士们会根据书籍的内容选择封面。严肃正经的图案用于布道书,华丽的设计用于诗歌集，有时还会选择一个著名作家的讽刺作品作为书籍的封面。这种古怪的装帧方式带来了一种相当便利的结果——这本书因装帧而更容易被找到。这些在家中装帧的书籍可能产生了更广泛的影响：据迈克尔·萨德尔（Michael Sadleir）说，骚塞的藏书启发了出版商开始使用花布装帧。1825年，花布装帧首次进入商业市场。这些裹着棉布的“鸭子”暗示着骚塞稳定的家庭生活，与他镀金对开本藏书所带来的乐趣形成了直接对比。

束缚与决心：政治与出版商

装帧通常是图书所有者的偏好、财务状况和品位的一种表达，同时也为文学体裁的地位提升提供了一个平台，并将图书作为一种欲望的对象加以接受。无论是社会还是私人层面，这成了产品购买者的积极选择。1830年以前的装帧授予了消费者在印刷中的代理地位。即便如此，装帧行为仍带有政治含义。你如何装帧你的书以及你把什么内容装订在一起可能会反映出你在政治、法律或神学辩论中的立场。不出所料，出版商往往试图影响和控制买家对如何装帧和装订内容的选择。例如，出版商约翰·默里（John Murray）在拜伦的《希伯来旋律诗集》（*Hebrew Melodies*）后面提供了书名页，购买者可以用书名页将这本书与拜伦的其他出版物装订在一起，形成一本两卷本的诗集。在法国，书中常常含有“装帧指南”。例如，1785年，伊伯特·德·拉·普拉蒂埃（Imbert de la Platiere）向《环球画廊》（*Galerie Universelle*）的潜在订户推销时曾向他们解释，定期收到这本书的部分内容对读者有好处，因为他们可以根据自己的品位对著作和肖像画进行分类。这些关于装帧的建议表面上看起来似乎没有什么价值，但是图书所有者的选择和出版商对装帧的指导常常反映出其政治主张。

例如，李·亨特通过对朋友书房的回顾，将其纳入一个特定的文学小圈子，但他也利用装帧向读者传达出一种激进的政治观点。和兰姆一样（亨特十分推崇兰姆的文章），亨特把书籍定义为富有想象力的印刷品，但他也发现，装帧精美的书籍改变了他和朋友之间的关系。对于朋友亨利·克拉布·鲁滨逊，亨特曾评论道：“鲁滨逊的书都太现代了，并且装帧精美，但这不是他的错，因为那都是通过遗嘱留给他的，是遗嘱人一种不仁慈的行为。就像有人给我们留下一个三英尺宽、四英尺长的日本大箱子，并嘱咐‘它永远要放在茶几上’一样。”对亨特来说，鲁滨逊遍布着精装本的书房是一种不幸的负担，因为它过于明显地展示了财富。这不仅仅是品位差而已。他回忆说：“我向鲁滨逊借了一本书但弄丢了，只好换了一本装帧得同样好的还给他。如果那是一本看上去很普通的书，我不确定自己是否会如此担心，甚至还会把书还回去。但是，让朋友的财富蒙受损失使我很不安，这让我做出了一件华而不实的体面事。我着手弥补，似乎我使他的财产蒙受了损失，放弃了作为朋友可以把对方的东西当作自己的东西来使用的特权。”这种奢华的装帧产生了一种与亨特将朋友的财产视为自己财产的做法背道而驰的反应。亨特一直致力于将阶级和教育区分开来（回想一下，亨特是年轻的工人阶级诗人约翰·济慈的支持者），但鲁滨逊装帧精美的书却阻碍了这一努力。对亨特来说，遍布着精美装帧书籍的书房是一个人阶级政治立场不可避免的陈述。装帧本质上是一种行为表现，即使是无意的，也表明了一种政治立场。

不同的装帧材料和方式可能会产生截然不同的外部政治主张。在这一方面，雅各布·唐森（Jacob Tonson）于1710年（由上议院授权）出版的《托利党牧师亨利·萨赫维尔博士的审判记录》（*Proceedings of the Trial of the Tory Clergyman Doctor Henry Sacheverell*）是能引起读者强烈反应且有争议的作品之一。这本书以对开本出版，卖出了七先令的高价。

当唐森小心翼翼地让自己呈现出全面、公正、公平的形象时，同时代的人却普遍认为它是辉格党的出版物。对辉格党的这种明显偏见与文本本身无关，人们普遍认为，这本书对审判期间所说和所做的事情提供了相当准确的说明。这种偏见来自一个关键细节：托利党人想要强调，这本书是对英国国教正统神学博士的个人迫害，认为是辉格党主导了这一次审判。

世界各地的图书馆和私人收藏中有着几十本不同装帧的《托利党牧师亨利·萨赫维尔博士的审判记录》，许多的装帧都带有明显偏向托利党或辉格党的风格。托利党的封皮上几乎无一例外带有一幅运用了雕版技术的萨赫维尔博士画像，这种视觉影响让人想起了那个在审判中遭受迫害的真实男人（穿着正式的牧师长袍）。辉格党的装帧从来没有萨赫维尔的肖像，他们关注的是案文本身，即由最高法院正式管理的法律的权威性和公正程序。托利党的装帧通常还包括对唐森撰写的审判记录的补充文本，那是托利党书商亚伯·罗珀（Abel Roper）出版的一本小册子，标题为《对上届议会通过的最引人注目的法案的公正描述》。这本小册子与亨利·萨赫维尔博士的案件有关，和唐森的书几乎同时出现，实际上比后者更早两天到达书商的摊位。在《托利党牧师亨利·萨赫维尔博士的审判记录》的读者装帧版中，罗珀出版的小册子和萨赫维尔本人的肖像充当了对托利党忠诚的标志。

我们从当时的广告中得知，这类装帧决定的一致性并非偶然，因为书商经常指导购买者用正确的方法把特定的小册子装订在一起。在1710年6月16日至19日出版的报纸副刊上，书商约翰·墨菲（John Morphew）为他在文具店附近的店里出售的一系列对开折页小册子做了广告，并就他认为应该如何装帧给读者提供了建议。他注意到，他的小册子与亨利·萨赫维尔博士的审判记录放在一起很合适。他甚至写明了具体的装订顺序：

> 第一章：公正的叙述；第二章：支持和反对萨赫维尔博士的下议院议员清单；第三章：萨赫维尔本人；第四章：上院抗议；第五章：四位主教讲话；第六章：地址集合。

根据现存的藏书证明，这一建议至少在托利党的读者中得到了广泛的采纳。其他留存下来的副本表明，辉格党的读者对装帧方式有着自己的看法。大英图书馆收藏的书中同时装订了其他16件物品，这些物品都带有明显的辉格党特色。另一份收藏在剑桥大学图书馆的副本中包含了一幅纪念1714年汉诺威王朝成立的版画，表明它在审判事件至少4年后被用于装帧。这位辉格党的读者仍然认为唐森的审判文本值得保留，并且值得放在书房的显眼之处。

1830年以后的几十年里，随着大规模商业装帧的出现，装帧材料、书籍封面和装饰方式的潜在意义开始发生变化。19世纪，装帧从个性化到市场化的转变首先是由于对色彩的战术性运用开始的。在法国，一种特定装帧与一种文学体裁之间的联系尤其重要，即将“蓝书”与廉价和流行的作品组合起来。从19世纪早期开始，价格低廉、经常配有插图的书籍开始出现，它们样式很小，用劣质纸张制作，一般会印一些大众和流行的文化。这些流行的书籍（短篇小说、童话、宗教作品、戏剧）因其略带蓝色的纸质而被称为“蓝书”，通常由小贩走街串巷兜售，从一个城镇到另一个城镇，而这些地方的居民并不经常与印刷品打交道。在装帧中使用特定颜色开始成为出版商的共识。用亮绿色的纸张包装的书是德国出售的袖珍本和文学选集；灰色封面代表图书馆出借的书籍；黄色封面代表意大利一种犯罪类型的小说。19世纪70年代开始流行彩色封面，有鲜红色、绿色和蓝色，上面印有精致的金字。由此我们可以看出，商业装帧在19世纪逐渐出现，通过品位和类别来区分内容体裁和读者。但正如卡洛斯·斯波尔哈斯（Carlos Spoerhase）在《阅读晚期浪漫主义的借阅图书馆》（*Reading the Late-Romantic Lending Library*）一书中所指出的，匿名阅读也是一种至关重要的方式。随着装帧分类的出现，书籍作为作者延伸的意义日益减少。但是正如我们所表明的那样，这种发展并不是全新的。作为一种实践活动和话题，装帧有时确实是一种个性化表达，但并非总是如此。

有时，这种实践会被动员起来，以个性化的幌子创建社会的层次结构，将书籍按类分组，并将人分成不同的读者群。而19世纪后期的彩色装帧其实重申了装帧在整个18和19世纪早期达成的效果。

— Catalogs —

编　目

自从格奥尔格·伟拿（Georg Willer）在1564年的法兰克福书展上提出了第一个用来汇总其他销售品的编目以来，编目已经成为欧洲印刷文化的重要组成部分。它既是一种用于管理的装置，可以对大量的材料进行安排，也是一种欲望的引擎，让人们对于未来拥有物进行想象和体验，启动一种期待导向。随着编目在18和19世纪的激增，以越来越多元化的方式将个人与书籍、艺术、收藏品和消费品的关系进行定位，作为编纂者、消费者或读者该如何使用它们呢？与字典、年鉴、百科全书和相关的信息简编【索引】不同，编目明确地在人和实物之间建立了媒介。早期的书籍编目可能会列出“所有关于某一主题或某一国家所有作者写的书”。书商或出版商的编目可以用于鉴定其所拥有的财产，推动收购和消费。我们想知道的是，不仅在18和19世纪，在更广阔的时空里，编目是如何参与塑造个人之间的关系的？ 编目以何种方式展现了这个世界？编目是如何嵌入特定阅读文化中的？编目中以线性印刷排版所呈现出的那种具有参考性和索引性的内容是如何影响了非典型的阅读模式？

固 定

17世纪末到19世纪初的编目主要分为两类：商品编目和收藏品编目。前一类我们可以认为是印刷广告，告诉人们在一个特定的地方可以从一个特定的人或企业那里买到什么。这种类型的编目无处不在，包括书商编目、艺术历史印刷品编目和消费者编目。艺术品编目通常可以作为一个重要的指南，引导读者关注位于本地的一些收藏，而消费者编目则常常与偏远地区和邮局联系在一起。正如凯瑟琳·戈尔登（Catherine Golden）和其他人提醒我们的那样，印刷术和邮政之间存在着一种重要的联系，这种联系远远超出了信件的范畴。玩具和古玩的编目也开始悄悄流行，例如格奥尔格·希罗尼姆斯·贝斯特迈耶广受欢迎的《普莱斯报》（*Preiss-Courant*），列出了各种各样的物品，如魔镜、玩具屋和魔术灯笼，成为19和20世纪兴起的邮购玩具编目先驱。

但是，商品编目也可能列出拍卖会上出售的物品，或者一个人如果中彩票可能赢得的东西。例如，阿什顿·利弗（Ashton Lever）在1786年将自己博物馆的全部藏品以彩票的形式卖给了詹姆斯·帕金森（James Parkinson），而詹姆斯·帕金森又在1806年的拍卖会上一点一点地卖掉了藏品（共7879件拍品，拍卖前后经历两个月，买家约为140人）。由收藏家兼博物学家的爱德华·多诺万（Edward Donovan）编纂的拍卖编目长达410页。这本编目现存12份注释本，与其他博物馆的指南、萨拉·斯通（Sarah Stone）和其他身份不明的艺术家的水彩画、手写的工艺品列表和印刷的价格表等资料装订在一起。拍卖编目记录的通常是出售商品的库存清单，你可以在博物馆或私人住宅里看到这些编目，除非明文说明，不然离开时不能带走。第二类收藏品编目表示“被包围的”对象，这些对象已经不再流通,并且（至少暂时）不能购买或交换［对于这条规则来说，流通图书馆（circulating libraries）的编目是一个有趣的例外］。收藏品编目还可以用来记录物品在空间中移动时的情况，比如丹尼尔·索兰德（Daniel Solander）为库克[1]第一次航行时收集的植物的手稿清单，这些植物按顺序被放在干燥的书里，准备用马车运回家（现藏于伦敦自然历史博物馆图书馆和档案馆）。“奋进号”返回英国后，干枯的植

1 詹姆斯·库克，人称库克船长，是英国皇家海军军官、航海家、探险家和制图师，他曾经三度奉命出海前往太平洋，带领船员成为首批登陆澳洲东岸和夏威夷群岛的欧洲人，也创下首次有欧洲船只环绕新西兰航行的纪录。——译者

物被安全存放在班克斯[1]的房子里，索兰德为班克斯编写了第二份《班克斯南海藏品目录》（*Banks's South Seas Collection*），把这些物品重新定义成标本。这份编目在当时很可能是与班克斯精心撰写的《班克斯花谱》（*Florilegium*）一起印刷的，成了班克斯博物生涯中的成果。在第二份编目中，这份植物分类学列表更全面地揭示了编目的特性：编目将描述与物质世界捆绑在一起，直到收藏品从列表的项目中被释放出来，并允许它们在印刷世界中自由流通。

一件东西会遗失或出售表明了其作为财产的地位，编目在绝大多数情况下意味着所有权的声明，但可能会含有其他功能，比如用于库存统计和展示典型。例如1774年草莓山庄印刷的《霍拉斯·沃波尔先生别墅的描述》（*A Description of the Villa of Mr. Horace Walpole*）、1791年在费城印刷的《皮尔博物馆的科学编目》（*A Scientific and Descriptive Catalogue of Peale's Museum*）、阿什顿·利弗爵士（Sir Ashton Lever）1790年在伦敦印刷的《博物馆之友》（*A Companion to the Museum*）、塞缪尔·贝克（Samuel Baker）在1764年伦敦拍卖售出的《多梅里亚纳图书馆：已故克莱门特·科特雷尔·多默爵士的藏书编目》（*Bibliotheca Dormeriana: A Catalogue of the Genuine*

1　约瑟夫·班克斯爵士，英国探险家和博物学家，曾长期担任皇家学会会长，参与澳大利亚的发现和开发，还资助了当时很多年轻的植物学家。——译者

and Elegant Library of the Late Sir Clement Cottrell Dormer）以及1795年在布里斯托尔印刷的《布里斯托尔教育学会图书馆书目编录》（*An Alphabetical Catalogue of All the Books in the Library, Belonging to the Bristol Education Society*）。无论是描述房子、博物馆、书店还是图书馆的内容，在任何一种情况下，编目都巩固了对象与拥有它们的人或团体之间的关系。事实上，如今关于收藏的学术研究往往集中在研究个人收藏家的动机、欲望和奇想，很少有人去研究编目在其中的意义。收藏品表明了个人依靠控制和占有外部世界从而回避死亡的努力，消除收藏品在外部世界中的定位，用自我的参照系统取代它。

这种对物品进行“内化”的行为可能出于国家、政治或文化原因，也可能出于个人原因。殖民批评者和早期美国自然历史学家认为，收藏家如汉斯·斯隆爵士（Sir Hans Sloane）、托马斯·杰斐逊（Thomas Jefferson）、查尔斯·威尔逊·皮尔（Charles Wilson Peale）和威廉·巴特拉姆（William Bartram）使用编目把物质的东西用写作印刷的方式保存下来，在动荡的牙买加或新成立的美国给人提供一种稳定的环境。因此，编目在混乱转入秩序的过程中发挥了作用，即使这种预期的稳定永远无法在自然界或政府间实现。通过这种逻辑的扩展，我们可以理解布里斯托尔教育协会图书馆的书籍编目不仅起到了提供图书馆定位和内容目录的作用，而且成了秩序的象征表达。就像浸信会传教士所说的那般，在英国领土的任何地方，图书馆都会支持他们的教育和训练。

正如斯隆和巴特拉姆所表明的，编目常常试图在印刷空间中固定那些濒临分散危险（出售、天灾、政治动乱）的物品。但编目也试图控制和囊括外部世界，通过对给定的对象集合进行排序，使它们符合历史叙事。这种方法在早期的博物馆编目中表现得尤为明显，这些编目往往强调一种不仅是顺序的，而且具有明显历史意义的叙述。也就是说，编目经常被安排来讲述一个连贯的、进步的、线性的故事，例如一种文化或一个国家的历史。这方面的一个显著例子可以在詹姆斯·格兰杰的肖像版画编目中找到，这是一部英格兰传记历史，改编自一套有条理的英国名人肖像【增厚】。这种叙事欲望也支撑着那个时代许多杰出的文化机构。大英博物馆的编目和实物布置在不同时期都是协调一致的，以促进一种连续的、明确的民族主义叙事。这不像16和17世纪的多宝阁，那时的展览可能会暗示发现特定物件背后的个人故事，而不管它们的地理起源。18世纪的博物馆及其附属编目往往力求全面性，突出一件物品的文化或地理起源，并为理解藏品揭示一种更具全球性、包罗万象的叙事框架。与此同时，这些博物馆的编目以及在印刷品和展厅中表达出的那种组织逻辑都构成了立场明确的公开主张。尽管多宝阁倾向于表达一种特殊的、在本质上是私人收藏的愿景，但基本都是一些简单的观点。而博物馆产生的有序编目，作为一种公共尝试，利用描述和叙述的技巧将多种事物综合起来，成为一种展示国家意识形态的表达方式。

解 除

利用编目获取秩序和固定地位有很多原因，比如记录一个版本卖出了多少本；记录购买的保险单或留下遗嘱；巩固自我、国家或知识体系。但编目也表现出在空间和时间上释放所含物的倾向。皮尔在他的博物馆里提到多米尼加猴子时写道："这种动物活着的时候活泼、娇小、热情。"在谈到另一只同样充满异国情调的豺狼时，他写道："它尖锐而有力的叫声经常使整个社区感到惊慌，似乎在喊着'着火了''谋杀'这两个词，而且混合着各种声音，听起来像是极度痛苦的人发出的。"编目中对物品的描述开始被具有参考意义的散文所替代，进行了拟人化和再创作。《霍拉斯·沃波尔先生别墅的描述》中开篇的"餐厅和大客厅"一文描述了一幅画中的内容："乔治·詹姆斯·威廉姆斯正看着他。乔治·奥古斯都·塞尔温站在另一边，手里拿着一本书。艾德康贝勋爵、塞尔温先生和威廉姆斯先生过去常常和沃波尔先生一起在草莓山庄过圣诞节和复活节。"这幅1759年的画作展示了沃波尔举办的"镇外派对"，来的是一群放荡的贵族公子哥，其中的艾德康贝在这本编目发布之前就去世了。和皮尔的豺狼一样，这种描述超越了生与死的界限（此处应该指出的是，皮尔把他的标本称为“有真皮覆盖的动物雕像”）。在描述这幅画的文本中，这些人物或是在画画，或是站着，看起来就像他们“曾经”的样子，再现了视觉艺术。

对我们来说，这些编目反映出的关于沃波尔或皮尔作为收藏家的内容不如编目本身作为一种载体更有趣。收藏者的记忆是这些词目的一个主要特征，心神不安的读者和观众站在一个房间里，手拿参观指南，看着豺狼的标本，或是壁炉架上的那幅画。动物和画中的人既在当下，也在过去，它们是固定的，又是活动的，虽然毫无声息，但似乎能听到它们说话，它们既是死的，也是活的。这已经不再是一个人简单地欣赏展品，而是变成了一种活生生的体验。通过这种戏剧性的幻觉，编目改变了观众和展品之间的关系，让参观者“看到”和“听到”比他们眼睛捕获得更多的东西。

编目这种同时具备固定和解除的倾向可以在公共艺术展览（如皇家艺术学院的展览）中得到说明。展览编目作为补充材料于1760年4月的艺术、制造业和商业激励协会首次出现在第一届年度展览上（用于避免赤裸裸地收取门票的尴尬）。然而，不久之后，编目的价格翻了一番，以便更严格地规范参加展览的社会体验，避免在阶级区分上出现麻烦。编目的存在并不仅仅是提供其中的内容，更是提供一种警务功能。

尽管编目在使用上超越了其直接效用，能让读者产生更广泛的情感。它在展览的时间空间之外传播，对大量印刷图像和批评的运用，带来了更具想象力的效能。直到1780年，皇家学院的编目都是按照艺术家的字母顺序排列，每个名字下面都有画作。之后，他们换了一个按顺序编号的清单，从挂在萨默塞特宫大房间门上的作品开始，更加有效地将每一件作品纳入一个更广泛的展览景观，并将整个系列纳入一个更广泛的印刷生态之中。例如，观众对编目中没有指出肖像画主人的名字而感到恼火。由于肖像画构成了展出的大部分画作，这促使观众疯狂猜测这些人是谁，将他们对编目的体验与更广泛的印刷图像文化交织在一起。作为衍生注解，这些编目可能使得展览空间产生了社会排他性，同时也对编目在流通过程中产生的更广泛、更多样化的印刷世界给予肯定。

法国也有类似的情况，从1740年开始，图书沙龙就按照学术排名排列艺术品，尽管后来随着法国大革命期间沙龙的去等级化而发生了巨大变化。但在当时，艺术作品，比如皇家学院收藏的作品，都是布置好的。在此之前，加布里埃尔·德·圣-奥宾（Gabriel de Saint-Aubin）等艺术家就已经在编目页边空白处勾画了展览空间的布局。这有效地结合了层次模型和空间模型，这两种模型也是他后来绘画中的研究心得。这些展览空间的图片编目和它们的英国“同行”一样，通常代表着时尚和名气，作为编目本身的插图扩展或补充。

然而，在忠实再现墙上作品的组织结构的同时，也指出了渐次体验中那些更有情感、更具破坏性或更主观的特征。这些特征在编目的简单列表中往往是看不见的，其中包括社交活动、调情、幻想、模仿和艺术品之间进行个人和集体的交互、对错误的认识（艺术品及其观赏对象），以及社会和艺术层次的结构。这一切都超出了编目本身仅仅对顺序进行排列的基本功能。

利用了这种载体的无限可能性的不仅有视觉艺术家。销售编目上那些有力的口头语为街头的人群提供了轻松的素材。一份带着讽刺意味的手稿声称，1680年，在查令十字的皇家咖啡馆里，有一小批物品被拍卖了，包括6箱有序的皇家鸡奸乱伦，4万基尼一箱，每次竞价幅度为1个基尼。还有两箱超优质的悖论，一箱是通过破坏新教徒的利益来压制教皇制，另一箱是通过在国内建立常备军来维护臣民的自由。价值5天一箱，每次竞价幅度为2天。[1]这类讽刺作品的辛辣之处在于，它们把一些表面上超越市场的东西，比如性美德、宗教真理或政治自由，置于明显的商业拍卖环境之中。正如这篇讽刺文章所暗示的，当时的媒体文化充斥着商业诱惑。船长兼海外商人托马斯·鲍里（Thomas Bowrey）收集了一些17世纪末和18世纪伦敦东印度货物的销售编目。有时候，他会用

1 该手稿特意将量词和敏感内容进行组合，并明码标价，给阅读者带来奇异的感受。——译者

编目来记录竞争对手的名字，以及他们购买这些商品的价格。例如他在1689年9月写了东印度大楼的销售目录，共74个批次的312罐茶叶全部装在玻璃杯里出售。编目不仅灵敏地记录了消费的增长、复杂的贸易交换网络，而且记录了文化和生活日益商品化所带来的焦虑。

怪异的阅读

人们还能以怎样的方式与公共展览、私人收藏的编目、拍卖目录和书商列表进行交互呢？这些出版物对没有或不能拥有所述物品的人，特别是在离开或从未参观过展览、销售场所的情况中，有什么用处或价值？在约翰·默里看来，保存这些作品清单的档案是有意义的（他把它们订在自己的季度账本上，就像成本和利润的详细账簿一样，这些编目记录了他作为出版商的成功和失败）。同样的，歌德也保存了德国各地（甚至国外）演出他的剧本的记录表。类似广告的编目可以被看作商品文化的一次性展现（通常印在不同的纸上，放在已出版书籍的封面或背面），但如果是这样的话，为什么有些买了精装书的人还会选择保留这些清单呢【易逝】？我们感兴趣的不仅仅是将编目作为一种收集品，而是作为一种流通的文化货币，一种可用于创新、挪用和回忆的印刷品。

举个早期的例子：让我们想想17世纪晚期的博物学家詹

姆斯·珀蒂弗（James Petiver），除了收藏大量的标本以外，他还是一个痴迷于出版物和印刷品的收藏家。珀蒂弗所拥有的最重要的编目是那些迷人的植物和昆虫的图片印刷集，例如《雷先生的英国草药编目》（*A Catalogue of Mr. Ray's English Herbal*）。珀蒂弗用一种旧式的分类模式，在每一张彩图上都刻上了标本送赠人的名字，把植物和人奇异地联系在了一起。他有一个习惯，在自己的实物标本册中，他会从印刷的编目中剪下相应条目，用这些纸条把干燥的植物更稳固地粘贴在册子中（图4.1）。

在现代分类的编目中，条目是独立于物理对象的。编目的条目描述了一般的信息，可以用来对抽屉、盒子或箱子中包含的样本进行识别和分类，或者简单用于对野外观察记录的回忆。正如查理·贾维斯（Charlie Jarvis）提醒我们的那样，在植物学分类中（基于林奈[1]在18世纪40年代开发的二名法系统，并对他描述的1753种植物进行了命名），分类名称是参照“正模标本”建立的。所谓“正模标本”是该物种在首次发表和描述时引用的单个标本（有趣的是，林奈的植物学中许多原始的正模标本并不是实物标本，而是艺术家在书中绘制的效果图或插图）。但在珀蒂弗的实物标本册中，他将抽象的条

1　卡尔·冯·林奈，瑞典植物学家、动物学家和医生，瑞典科学院创始人之一，并且担任第一任主席。他奠定了现代生物学命名法二名法的基础，是现代生物分类学之父。——译者

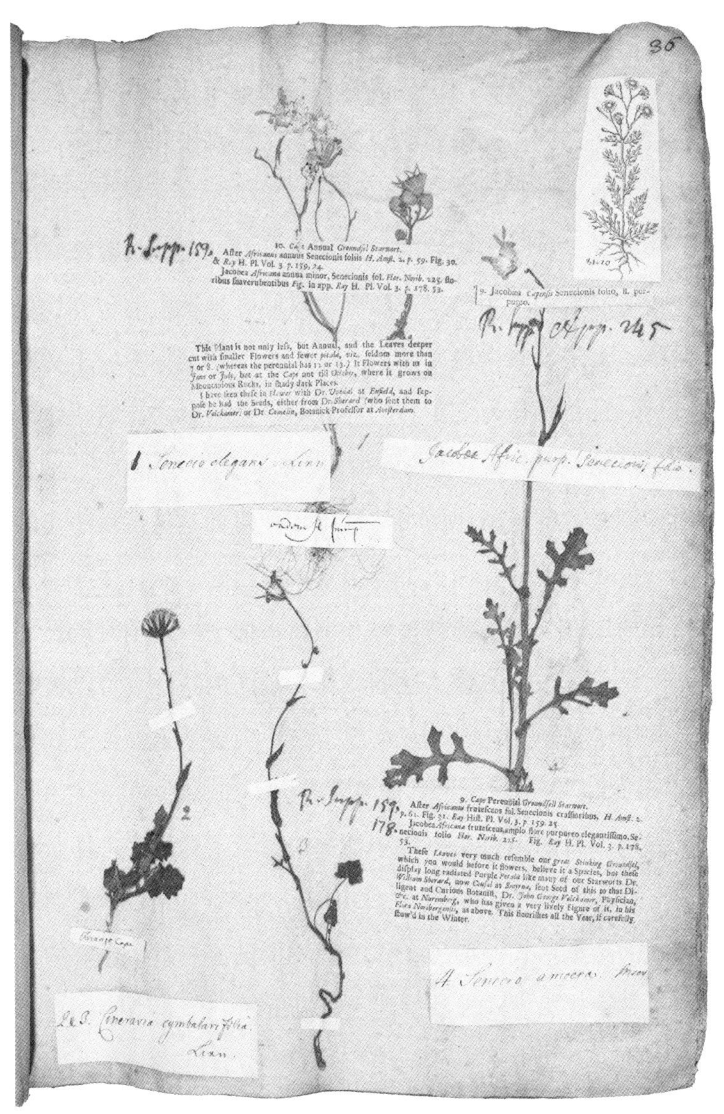

图4.1 《雷先生的英国草药编目》中的一页。奥尔登兰先生在好望角收集了一些植物，送到珀蒂弗先生那里，由他进行处理。来源：伦敦自然历史博物馆

目与它所描述的事物的特定实例进行了实质性的关联。他把条目作为一种媒介，用于代表物种层级的指代。然而，在这个过程中，印刷品的内容的含义变形了，排版和页面所固定的内容类型遭到了破坏。

珀蒂弗这种基于实物的参照实践是林奈时代之前植物学处于混乱状态的一个结果。随着收藏品在地理上的包容性越来越强，名字也越来越复杂，给一个标本贴上标签成了文本注释的一种常见行为（在1753年以后，随着林奈二名法体系被广泛接受，命名和分类描述的内容都得到了标准化）。珀蒂弗对印刷编目的重新使用当然是出于他对标本进行秩序化的渴求，但在其他一些例子中却很难体现出这一点，一些编目被重新使用在了杂乱的剪贴簿和书籍页面上。这个时候发挥作用的仅仅是条目的描述性和其作为纸张的特性（可以被剪切，并用于粘贴）【纸张】。在这个自然历史学家痴迷于收藏的印刷时代，编目颠覆了其作为客观说明和参照体系的作用。

如果编目的条目在剪切和粘贴中混淆了其排序，那么就形成了另一种形式的阅读：一种由编目中零碎的语法所引起的联想式的略读形式。编目一样的列表提供了一系列想象的可能性，尽管排版模式独特，但还是开辟了一个相当有创意的排列空间。

我们再次回到对霍拉斯·沃波尔先生的别墅的描述上来。我们看其中的“瓷器室”，可以在里面发现一个壁炉台，是由

“以前布拉德菲尔德庄园的”一扇窗户和“苏塞克斯郡的赫斯特·蒙索庄园的”一个壁炉架所组成的，整幅图印在对开页上。架子和地板上是一堆不同年代和不同国家的瓷器、陶器、玻璃和珐琅器，让房间呈现出一种空间错位和重新组合的感觉。接下来的清单偶尔会提到出处，但更多的时候只是简单描述了其重要特点：

> 一个古老的蓝白相间的盘子，中间有一根横杆。
> 一个彩色的把手杯，碟子和方盘子，希腊瓷器。
> 两个旧的蓝白相间的盘子，洋蓟图案。
> 十三个上述物体，孔雀羽毛图案。
> 十六个彩色的日本旧盘子。
> 四个上述物品，蓝白相间，有图案。
> 三个上述物品，有图案。
> 十二个上述物品，彩色日本瓷器。
> 四个上述物品，有鸟的图案。

这种实用主义语言是早期现代家庭物品清单的典型特征，其目的是在一个人临死或资不抵债的时刻清点他的财产。对于现代艺术史学家来说，这种极度模糊的编目往往会让他们无法清晰认识其所代表的藏品，产生更多困惑。同样，沃波尔的编目当时可能是作为参观别墅的纪念品出售的，但其形式很难帮助游客回想起所看到的东西。相反，它倾向于把东西拆开（比如壁炉台的例子），或者把东西混在一起，比如很多“上述物品”，只给人留下羽毛、洋蓟和日本瓷器的模糊印象。就像奥维德（Ovid）所著的《变形记》（*Metamorphosis*）中“罗马的深盘”一样，一个陶制的盘子，上面有查理二世的头像。身着蓝白色衣服的凯瑟琳王后让人联想起她父亲被砍下的头颅和王后苍白的尸体以及中世纪的战场。沃波尔的编目也利用了类似的快速联想法。

我们认为，编目对这个时代的印刷文化做出了意想不到的贡献。编目仿佛是一种哥特式的阅读体验，它允许读者进入一个幻想的领域，在那里，静寂的物体变得栩栩如生，而事物并不是他们曾目睹时的模样。在“瓷器室”中，简洁的描述将事物简化为寥寥的特征。物品被并列放置，其中没有任何逻辑联系，不使用形容词便将一个部分与其他部分连接起来，形成一种对物体的奇怪描述。编目引发的认知状态类似于18世纪美学的遐想，在这个过程中，我们“如此专注于思考想象力所传递的东西……我们相信眼前的事物并非如此”。正如卡姆斯勋爵（Lord Kames）所言：“在遐想中，由一连串相互关联的想法所产生的快乐是非凡的。”最重要的是，这些想法并不是由文本中的联系产生的。相反，正如教育杂录、哥特小说以及介于两者之间的所有作品的作者所宣称的那样，当想象力被赋予自由支配的权力，去完成其分裂和重组的神奇工作时，快乐感就会增加。威廉·贝克福德（William Beckford）这样总结道："想象力只求在脑海中呈现出一幅令人愉快的画面，它不在乎方法、安排或其他任何东西，甚至乐于用最荒唐的想法。"卡姆斯指出，这种富有想象力的游戏的效果是："在遐想中，思想随意漂浮，没有留下任何印象，不再注意时间，计算得失也毫无意义。"如果我们想解释为什么编目似乎阻碍了它们的实用功能，以及为什么人们购买、保存和重读这些编目，那么或许是因为这类产品的认知乐趣恰恰与人们想要累加、解释、订购和修理商品的欲望背道而驰。正如歌德所写，他在旅行中发现了收集编目的新作用：

> 我已经注意到一个敏锐的旅行者的实际情况，意识到他的叙述错误常常出在哪里。一个人站在自己的立场上，只会从单一的面看到一些东西，并急于做出判断……因此我制作了文件夹，收集各种各样的文件，包括我遇到的报纸、周刊、布道、法律条文、海报和编目。通过这种方式，我不仅收集了我所看到和注意到的东西，还收集了我当时做出的判断，从而获得了一些新的材料，这些材料在未来对我来说仍然足够有趣，可以作为一部内在和外在的历史。只要我保持足够的兴趣，通过我的前期知识和心理训练，继续这个行为一段时间，我将能够收集大量的材料。

歌德会在旅行中收集各种编目，并把它们与笔记交织在一起，作为写作的重要资料。因此，想要将歌德的思想置于“内在和外在的历史”的位置之中，编目特别适合。编目并没有做任何事，但却促成了深刻的幻想和创造性。

阅读的地形学

最后，我们通过将编目作为一种融合了其他元素的印刷载体，对其潜力进行说明。19世纪的旅游指南似乎痴迷于表现物质世界，人们把地图、风景和山的轮廓都印了出来。那么，如果不再是描述瓷器和陶瓷，而是要描述山川丘陵，也就是说当顺序的罗列与地质形貌相遇时，会发生什么呢？在这里，编目开始呈现出一种两可的局面，它包含了形式化的秩序以及对想象的重新排序，揭示了编目在一个民族的想象力中的力量。

乔纳森·欧特利（Jonathan Otley）在1830年出版的《简明描述英国湖泊和邻近山脉》（*A Concise Description of the English Lakes,and Adjacent Mountains*）第四版中收录了“植物的通知”一章，很有趣，因为它揭示了编目的文化和认知价值，以及其与描述性散文的关系。在1825年的第二版中，欧特利收录了一篇抒情散文，列举了“生长在湖泊中的翠绿植物。……在干燥的夏天，半边莲把它下弯的根茎叶铺在水底，到了七月，那纤细苍白的花柱会长出水面……芦苇和香蒲随风摇曳”。在第四版中，欧特利将植物学与对湖泊的描述分离开来，并将其扩展为独立的印刷章节。例如：“在草地上发现了不同种类的兰花——巴特米尔的哈特利山上的手掌参，离凯斯维克两英里的彭里斯路上有二叶舌唇兰，纳尔逊先生已经把蝇兰移植到了他在米尔索普的花园里。”当珀蒂弗在他的标本册中加入标本，并用编目的条目将干燥的植物固定在书页上时，欧特利的“植物的通知”引导读者去欣赏那些生息繁衍着的“稀有物种”。这种欣赏的代价不再是植物的生命，只需要连贯的语句。尽管欧特利否认自己试图对该地区的植物学进行系统整理，但在排列之下，句子自行进行了分解，上下文的关联和描述性的细节逐渐消失，动词也随之消失，比如：“黄色罂粟花，位于朗斯雷达尔；黄角罂粟和白屈菜，位于弗洛克堡附近的海岸；致命的颠茄属植物，在同一地点的弗内斯修道院附近。”

从这些名字和地名出发再向前一步，我们找到了1850年出版的《布莱克的英国湖区指南》（*Black's Picturesque Guide to the English Lakes*）中以编目形式出现的“植物备忘录”。

欧前胡——莱博斯维特

梅花草——斯基多山脚

野捕虫堇——潮湿的高处

金露梅——岩屑堆

黄花九轮草——很少出现

粉报春——一些潮湿的地区

凤尾蕨——博罗代尔

小叶鹿蹄草——斯托克吉利福斯

短柱鹿蹄草——盾马兰特山

这是一种早期探索式的联想阅读和非同步阅读，因此出现了“岩屑堆”“很少出现”“一些潮湿的地区”这样的描述。尽管作者多少保持了以字母顺序排序，努力保证水平阅读的进度，但阅读者从上到下垂直进行阅读时实际上打乱了地图中的地质结构，读者从山谷（博罗代尔）转到了瀑布（斯托克峡谷瀑布），然后再转到小山丘（盾马兰特山）。

1854年版的《布莱克的英国湖区指南》为植物编目增添了时间的元素，因为它鼓励游客在指定的“花期”就地寻找植物，比如“5—9”代表着“5月—9月”。我们可以看到这样的描述：“蛇麻位于凯斯维克和格拉斯米尔附近的树篱——7”，在几行后又写道，“凤仙花位于斯托克吉利福斯——7—9”。如果说珀蒂弗的标本册显示出印刷出版在植物分类学领域的困难，布莱克的“植物学家备忘录”则显示了印刷在展现植物生命方面的努力，它利用岩石和植物群展现了一种跟随时间变化的流动性构想。就像布莱克的书籍把读者和游客引向活生生的物种一样，它还把这些读者和游客解释为处于不断变化体验中的人类物种。这本书的导言赋予了导游向游客施咒的权力，还特别使用诗歌写道：“阅读书中描绘的场景时，我们会感到放松，心情愉悦。这也将是一门法术，在未来，我们可以回忆现在看到的内容，重新想起这份快乐，还有这些风景。”

尽管《布莱克的英国湖区指南》的索引性很强，但布莱克还是在试图唤醒人们的想象力，让游客将记忆和想象融合起来。这部作品不仅使用了诗人的诗句，用编目精确地指出了开花的时间和地点，而且把它们加以融合，使读者得以进行想象的转换。举例来说：“高山卷耳位于赫尔维林峰的红塔恩湖之石上——6—7。”因此，19世纪的旅游指南强调了编目的另一个作用，把主体从时间和地点的束缚中解放出来，用审美的眼光回忆这个国家的花草、瀑布和遗迹。

— Conversations —

会　话

Conversazione是一个意大利词，在18世纪的欧洲上流社会非常流行，用来描述男性和女性之间的社交行为，通常指的是文学层面的对话。当时有很多名词用来描述这类讨论和对话的场景。到了19世纪中期，这些词渐渐退去，这类场景开始被统称为“沙龙”（salon）。

沙龙这个术语强调了聚会发生的地点，常常指在一个城市私人住宅中的一种特殊公共空间。沙龙中这种混合性别和社会阶层的社交与咖啡馆或酒馆等主要以男性社交为主的空间形成了鲜明对比。尽管沙龙的举办者有男也有女，但学者们普遍关注的是由女性主持的沙龙，因为这些沙龙代表了少数女性可以发挥主导作用的混性别文化机构。在文献中，会议空间的半私人化特征催生了关于女性在18和19世纪早期知识分子生活中的地位的辩论。沙龙中的女性是男性体系中的次要角色吗？她们与启蒙思想无关吗？她们对文坛的重要性如何？为了结束这场辩论，人们提出了很多有意义的观点，解释了沙龙女性在知识文化领域所采取的多种参与模式。

在众多模式中，其中一种方法是将焦点从沙龙社交中女性的空间位置转移到活动上。将这种形式的对话理解为一个动态的、自由流动的实践，将印刷品、手稿、口头对话、图像、造型艺术和表演艺术交织在一起。沙龙不像其他社会交际，如旅社、科学院、科学会、读书俱乐部、学术和辩论协会等，提倡将谈话集中在特定的口头陈述、手稿或印刷文本上。沙龙提倡更多媒介的流动性。沙龙里的谈话可以完全是口头的，包括八卦、讲故事或奉承，但也经常是和其他媒介一起进行的。沙龙参与者可以阅读信件或诗歌，也可以通过玩游戏进行谈话，他们还可以谈论报纸，讨论艺术作品和演出。此外，沙龙评论经常被纳入出版的印刷文本中，激发沙龙活动产生新的印刷品或手稿，或为未来的书稿提供素材。

沙龙文化的核心是对话、手稿和印刷品之间的复杂关系，这意味着精英女性可以动用脑筋，利用女性这一身份在具体情况中见机行事。女性往往被认为较为敏感，在谈话中可以不由自主地获得主导权。尽管一些杰出的人物，例如小说家杰曼·德斯戴尔（Germaine de Staël）可以使自己的作品作为沙龙讨论的中心，但在沙龙中讨论女性的出版物并不多见。在多数情况下，沙龙女性会利用自己作为理想公众的化身，成为接待的榜样，进而成为作者，或者安排自己的信件在自己去世后出版，作为纪念沙龙社交能力的一种方式。

大卫·休谟在1742年有一句名言："在教养方面，最好的学校莫过于有贤惠的妇女为伴。在那里，相互讨好的努力必然会不知不觉地将心灵抛光。在那里，女性的温柔和谦逊必定作为榜样向她们的爱慕者传达。"他的观点得到了广泛的认同，早期的现代文学常常把精英女性描绘成优秀的健谈者：她们敏感、富有同情心、率真、注重细节，她们的出现也被认为可以打磨和改善她们身边的男性。这种规则的盛行有助于解释为什么从17到19世纪，女性在欧洲各地举办的聚会中占据着如此重要的地位。

只通过手稿或印刷媒介间接呈现出来的内容仍然令人难以理解这类沙龙对话的实质，以及这些聚会核心的社会交互实践。除了详细描述一些被认为是理想沙龙对话的说明性资料外，我们对沙龙中实际说了什么（或没有说什么），还必须从个人描述或主办者的报告中去收集。例如，苏珊娜·内克（Suzanne Necker）的日记中就有关于如何在她的沙龙里准备对话的反思。沙龙的客人偶尔会在回忆录中对女主人提出意见。有些信件提到了沙龙中的交流。法国警方档案中也有关于沙龙的记录。

如果口头的交流仍然不尽兴，毫无疑问，女性作为有才华的健谈者能够提供进入文学和艺术活动的切入点。对于17世纪的法国人来说，沙龙是合作写作的场所，合作的作品会在之后被印刷出来。同时，沙龙也是许多小说和对话集的来源。在19世纪早期，杰曼·德·斯戴尔有意将文学谈话与印刷出版联系起来。在此之前，她是法国流亡精英中的一员，也是一位成功的小说家。她在1807年出版的《科琳娜》(*Corinne*)就是一部源自口头即兴的小说。她在欧洲旅行时创办了一个流动式沙龙，利用聚会征求批评和意见，并明确寻求男性的帮助，比如奥古斯特·威廉·施莱格尔(August Wilhelm Schlegel)和阿德阿尔伯特·冯·查米索(Adalbert von Chamisso)，以帮助她更好地理解德国文化，使得她在1810年至1813年成书的《关于德国》(*De l'Allemagne*)一书详细描述了这个国家。与此同时，她也在沙龙中进行了一些并不适合最终出版的社交活动，例如写作小游戏，让与会者把自己写成小说里的角色。

沙龙对话和印刷之间的"轻松往来"并不总是会被社会秩序所接受，有些人对女性参与公共话语和印刷文化感到焦虑。如果说男士们花了几个世纪的时间才克服了印刷品所带来的非议，那么出身名门的女性则需要花更长的时间。人们在法国、德国、奥地利和意大利举办和参与文学沙龙，尤其是与沙龙里的女性相联系时，通常被认为与作家的身份不符。在一种赋予文学以情感传递能力和道德教育责任的文化中，女性读者的任务是判断一件艺术作品或文学作品是否足够感人和具有启发性。从这个意义上说，女性代表了一个"理想的公众"，既不太博学，也不会太无知。但女性试图以各种方式突破这种既定的规则。正如我们在杰曼·德·斯戴尔身上看到的那样，其代价是被人们指责有了不自然的男子气概。另一些沙龙女性则在共识框架内以更安静的方式去试探性地接近作家，并把他们的出版物引入社交沙龙中，以社交为渠道加快作品的接收和扩散。

沙龙女性将自己置于作者和理想公众之间，可以扮演文学中介的角色，这一角色与大众哲学作品中所体现的性别动态是相容的。为了衡量广大读者的智力水平，沙龙女性扮演了贝尔纳·德·丰特奈尔（Bernard de Fontenelle）1686年出版的《世界的多元性对话》（*Entretiens sur la pluralité des mondes*）和弗朗西斯科·阿尔加罗蒂（Francesco Algarotti）1737年出版的《牛顿女士》（*Il newtonianismo per le dame*）中虚构的侯爵夫人的现实版本，让男性作家去决定他们的作品是否足够通俗，是否适合在上流社会传播。例如，在1796年第二次结婚前被称为“海章鱼”的伊莎贝拉·特奥托奇·阿比孜（Isabella Teotochi Albrizzi），是一位国际知名的威尼斯沙龙女主人，出版过一本普及美学的著作。在1809年，她出版了《安东尼奥·卡诺瓦的雕塑作品》（*Opere di scultura e di plastica di Antonio Canova*），在其中描述了安东尼奥·卡诺瓦最著名的雕塑。在1821—1824年的再版中，她试图全面呈现出卡诺瓦的所有作品，为每一件作品都提供了雕版印刷。在两个版本中，作者都强调自己并没有评估这些雕塑的学术价值，而是描述了在观看这些作品时对她的影响，从而加强了沙龙女性与文化接受之间的联系。

从“理想公众”到“出版作者”的转变并不总是那么直接，也并不总是沙龙女性的主要目标。出版和文化接受只是沙龙社交范围内众多交际和社会实践中的两种，对话和手稿仍然是精英交流的首选媒介。如果文人在作品出版前就把作品提交给沙龙女性，沙龙女性就会让作品在文学、绘画、雕塑、戏剧、歌剧、即兴创作和公共读物的领域内生长，并对所有内容进行观察。人们对作品的反应大不相同，有机敏的批评，也有奉承。例如，威尼斯沙龙的伊莎贝拉多次收到伊波利托·平德蒙特（Ippolito Pindemonte）的作品，但人们的反响非常一般。平德蒙特欣赏她的诚实。在信中，他赞赏她的判断力，对她的批评进行了回复，甚至听从了在文体上进行改进的建议。还有一个类似的例子，奥雷里奥·贝尔托拉（Aurelio Bertola）在与伊莎贝拉见面后不久，希望她对他的《格斯纳的赞美》（*Elogio di Gessner*，1789年）发表评论。

回应作者的请求只是沙龙女性与印刷文本交互的众多方式之一。沙龙还充当了文学交流的中心，用于流通和销售各种媒介产生的文本，包括书籍、手稿和信件。贝尔托拉知道伊莎贝拉经常接待著名的文学家，便让书商给她寄了12本他的《莱茵河之旅》（*Viaggio sul Reno*，1795年），并请她不要忘记告诉所有可能感兴趣的人，他的书可以在贝尔托佐尼的书店里找到。在德国和意大利，印刷书籍并不总是那么容易得到，所以文人经常把自己的书借给别人，并要求别人在旅行时为自己购买新的出版物。有时候这种等待会很久。1784年2月6日，维罗纳沙龙的女主人伊莎贝塔·莫斯科尼·孔塔瑞妮（Elisabetta Mosconi Contarini）评论了贝尔托拉在小圈子里传播的《美丽的阿勒曼文学的想法》（*Idea della bella letteratura alemanna*，1784年）。在这样的背景下，沙龙女性可以帮助她们的作家朋友传播当下出版或尚未出版的手稿副本。在这种情况下，沙龙女性的行为不仅有着经济的意义，还有着社会意义。促进媒介交流不仅促进了印刷出版物的交流，而且促进了围绕着作者的社会交互。

社会交互不仅在出版之前或之后才会被激活，它们也可以嵌入到印刷文本之中。在出版物上献词可能带来额外的收入，通过提供一种与人交流的模拟，还能实现更微妙但更重要的一种功能，即宣扬自己与作者之间的联系。作为一种表达敬意的方式，印刷的献词是社交能力的附属物。比如，奥雷里奥·贝尔托拉就把自己的作品献给了有影响力的沙龙女性，例如伊莎贝塔·莫斯科尼·孔塔瑞妮和伊莎贝拉·特奥托奇·阿比孜。在英国，伊丽莎白·蒙塔古（Elizabeth Montagu）这样的沙龙女性和其他一些女学者是18世纪后期作家的主要赞助人。

沙龙的社交力也在参与者的通信中得到了体现，这些通信通常是在参与者去世后自觉安排的。拉赫尔·莱文（Rahel Levin）的信件就是一个很好的例子，她领导着德国最伟大的一个浪漫主义沙龙。1814年嫁给卡尔·奥古斯特·凡哈根（Karl August Varnhagen）之前，莱文是柏林的一名未婚犹太女子，在她主持的沙龙里，她和一些著名作家组织并领导了很多针对尚未翻译的出版物的讨论。和斯戴尔一样，她也是一股独立的知识分子力量，但她对出版的态度与那位欧洲首屈一指的女作家截然不同。为了确立自己的文学权威，斯戴尔给予出版以极大的重视。瑞典外交官和政治家卡尔·古斯塔夫·冯布林克曼（Karl Gustav von Brinckmann）曾将斯戴尔比作莱文，斯戴尔大声回复道："你拿拉赫尔和我比？这并不坏，但她写了什么还是发表过什么？"斯戴尔以轻蔑的口吻暗示莱文既没有才华也没有足够的雄心去尝试出版。与此相反，莱文有意识地回避了出版作家这一身份。她写了一些非常珍贵的信件，这些信件对她的圈子和其他人来说都起到了一种虚拟沙龙的作用。她和凡哈根的婚姻关系并没有改变她对出版的态度。莱文明确提到了法国沙龙女性玛丽·德维希-香农（Marie de Vichy- Chamrond）、德芳侯爵夫人（Marquise du Deffand）等人，将自己的角色理解为"一名编辑"，或者说更像是一名指路人。在丈夫的推动下，她在各种期刊上匿名或以她哥哥路德维希·罗伯特（Ludwig Robert）的名义发表了与丈夫通信的节选，内容是关于约翰·沃尔夫冈·冯·歌德（Johann Wolfgang von Goethe）的随笔，还有她对文学批评的节选，以及她写的格言。

然而，莱文并没有阻止自己的作品最终出版，反而在身前积极地为她死后的出版物做准备。在去巴黎之前，她给她的朋友冯·博伊夫人（Frau von Boye）写了封信："当我死后，要想方设法收集所有朋友和熟人的来信，然后排好序出版，这将是一个诗意的故事。"她精心整理了自己一生中的信件档案，希望她的一个追随者能借此创作一本名为《拉赫尔》（*Rahel*）的回忆录。这本三卷本的集子副标题是"一本纪念她朋友们的书"，这一千八百页的文本被看作对朋友们的一种纪念，其中许多人都是她沙龙的常客。1833年出版（她死后几周）的第一版是一个仅限圈内人收藏的私人版本，仿佛是一场基于印刷媒介的沙龙。1834年，她的丈夫出版了一个扩展版本，与第一个版本标题相同，并且同样没有写作者的名字，这是为了强调其所涉及的不同群体。在革命前的德国，这本书的1834年版成了一本促进妇女解放的纲序性出版物。接下来，她的丈夫通过收集更多的信件，开始把这本混合了生前记忆和死后记忆的书变得更厚【增厚】，并将其转化为至死都未再出版的手稿。直到2011年，这本合集才最终出版。

沙龙女性以文学创作、纪念、营销、接待、社交等方式参与了与印刷联系在一起的社会实践。在任何一种情况下，女性气质都与文本和思想在欧洲精英社交圈中的传播密不可分。在诗人、传记作家、历史学家、旅行作家和沙龙女性海丝特·林奇·皮奥齐（Hester Lynch Piozzi）的作品中，我们可以找到一个特别生动的例子，以说明单身女性如何将沙龙会话与印刷联系起来。1784年，当皮奥齐抵达佛罗伦萨时，她已经作为塞缪尔·约翰逊的房东在国际上享有16年的声誉。参与她举办的斯特里特姆沙龙的名人包括詹姆斯·鲍斯韦尔（James Boswell）、范妮·伯尼（Fanny Burney）、奥里弗·哥尔斯密（Oliver Goldsmith）、阿瑟·墨菲（Arthur Murphy）和托马斯·珀西（Thomas Percy）等。在佛罗伦萨，她的房子成了意大利诗人［其中包括伊波利托·平德蒙特、洛伦佐·皮格诺蒂（Lorenzo Pignotti）、安杰洛·德尔西（Angelo D'elci）、朱塞佩·帕里尼（Giuseppe Parini）］和年轻的英国侨民［包括伯蒂·格里希德（Bertie Greatheed）、罗伯特·梅利（Robert Merry）和威廉·帕森思（William Parsons）］的活动中心。他们的聚会产生了《佛罗伦萨杂记》（*The Florence Miscellany*，1785年）一书，这是一卷包含意大利和英国作家的诗歌集，旨在展现他们在佛罗伦萨轻松的聚会。皮奥齐是主持人，也是该书的积极贡献者，她解释了从写作到背诵再到印刷的过程："我们写诗的原因也许不容易解释，我们是为了消遣，彼此说些好话。我们会把诗收集起来，以免失去相互表示善意的机会。"因此，《佛罗伦萨杂记》对其起源的社会网络和赞助系统表示了敬意，不仅强调了一种国际沙龙文化的可能形式，而且强调了沙龙文化和沙龙出版物的协作性质。

这本书是18世纪英国与意大利诗歌的重要接触媒介之一，它预见了后来英国和意大利的即兴创作实验以及八行体和三行诗节押韵法等形式的尝试。尽管这本书是私人印刷和发行的，但很快就被一本欧洲杂志的编辑收入囊中，并以每月几首诗的速度出版书中的内容。因此，当佛罗伦萨的这个小圈子在几个月后解散、其成员各自返回英国时，他们发现自己成了文学名人。在佛罗伦萨小团体最初的四名成员中，罗伯特·梅利从此开始有意识地采用一种“意大利风格”进行创作，取得了最大成功。他以德拉·克鲁索卡（Della Crusca）为笔名在世界各地发表诗歌，很快成为诗人群体中的核心人物。人们说英国的德拉·克鲁索卡把世界各地的书页当成了文学调情的舞台，当作了一种虚拟的沙龙。1817年春天，平德蒙特和拜伦勋爵聊起自己的年轻时光，愉快地回忆起佛罗伦萨的集会，说那是一份文明且优雅的泛欧文学遗产。

平德蒙特的态度也表明了《佛罗伦萨杂记》的另一种功能。在该团体解散、成员去世很久之后，这本书还对读者发出劝解：“让作者活下去！”以纪念这个小团体。皮奥齐之后写了对这件事的纪念文，也就是她最为人所知的作品《约翰逊轶事》（*Anecdotes of Johnson*，1786年）。《佛罗伦萨杂记》出版后的第二年，她把纪念文抄写在了《莎莉安娜》（*Thraliana*）上。《莎莉安娜》是一本文选，在这本书中，她还记录了与著名客人的对话，以及后来对自己生活的反思。此外，这种纪念的发展并不仅仅是从会话到出版的单一方向。她的《世界史回顾》（*Retrospection*，1801年）没有获得商业上的成功，此后，皮奥齐花了几年时间为特定的朋友或熟人制作定制版，在书籍页边空白处做注释。除了纠正印刷错误（就像其他读者经常做的那样），皮奥齐还插入了大量的评论，作为加强友谊纽带的一种方式，这种纽带对她晚年在巴斯的社交生活至关重要。

正如我们介绍的，沙龙女性首先是一名中介。现有的关于沙龙和沙龙女性的文献关注的是她们作为社会中介的角色，将她们置于一个相对于公共领域的位置，促进政治和知识生活在中心和边缘之间的流动和融合。对沙龙消失做解释的学者们尤其赞同这种解释，他们认为，沙龙的衰落与女性在政治和知识界的影响力下降有关。以这种观点看来，19世纪新政治格局的出现使整个贵族阶层边缘化。如果说贵族在现代社会没有什么容身之处，那么贵族女性受到的关注就更少了。有抱负的男性不再需要通过与女性沙龙建立联系来确保参与政治辩论。

但还有另一种方式可以解释沙龙的消失，那就是沙龙在知识和政治生活中所扮演的角色的重要性急剧下降。沙龙本是社会融合的场所，在信息的流通方面发挥作用，因此，沙龙所促进的活动和所包含的人具有相似特点。沙龙女性通过推荐书籍和举办阅读活动来确保知识的传播，但沙龙也充当了一种获取和吸收知识的手段，允许客人和女主人通过对话进行集体协商，增强对文本的理解。换句话说，沙龙所特有的中介实践的流动性与女性对教育过程的投入和认同密切相关，其中包含了知识通过各种媒介的简化和转化。这些知识传播和创造的实践并没有在19世纪晚期完全消失，它们转变并转移到了其他的社会和制度空间之中。在公立学校教育中，女教师通过教孩子阅读、写作、背诵和讨论，继续确保知识的流通和传承，在某些方面，这是旧时沙龙在现代的后裔。

— Disruptions —

干 扰

印刷品有时表现出一种稳定和可靠的表象，使它看起来像一种透明媒介，可用于传达思想。从外观上看，印刷品为其所传递的内容赋予了一种权威。可靠性的光环可能更多是由长期的文化工作带来的，而非介质固有的属性。经验丰富的读者总是能理解纸质书的易错之处，它不仅会传达真实的信息，也会传达错误的信息。尽管如此，印刷是一种透明、可靠的思想表达工具这一观念在我们这个时代被广泛接受。印刷品虽然会激发一些讽刺评论，但这些评论本身也以印刷文本的形式所出现。有一些作家、书商和艺术家使用印刷品来吸引人们注意印刷的重要性和易错性，从而干扰了印刷品是思想透明的载体这一印象。这些“干扰”是本章的主题。在某些情况下，讽刺的对象是印刷品本身和印刷品代表的主张，但在另一些情况下，打破印刷惯例是讽刺作家瞄准其他目标所用的武器。

在1450年至1830年出版的《印刷、手稿与秩序的追寻》（*Manuscript and the Search for Order*）一书中，大卫·麦克基特利克（David McKitterick）认为，印刷技术几百年来的发展主要是由人们对信息的可重复性和定期生产的渴望所推动，但这些技术也不可避免地产生了分裂、变异和混乱。尽管印刷品表面上看起来很可靠，但却是由于易犯错的人类和有缺陷的机器之间的相互作用而产生的，会存在印刷错误、遗漏、材料损坏、排版错误，以及各种各样的修改和添加。因此在结果上，印刷品不再是一个稳定的、自我统一的实体，而更多的是由多项漫不经心执行的意图所组成的集合体。在手印时代，每一本书都有许多作者的痕迹，就像幽灵一样，个体变异的可能性总是困扰着人们对同一性的追求。

到了18世纪，印刷机生产的实物已经达到了相当的标准化，但在一定程度上还是会不可避免地偏离预期标准。劳伦斯·斯特恩（Laurence Sterne）的《项狄传》（*Tristram Shandy*，1759—1767年）就有书页发黑和页码标错的问题。又比如夏尔·诺迪埃（Charles Nodier）在1830年出版的《波西米亚国王及其七座城堡的历史》（*Histoire du roi de Bohême et de ses sept chateaux*）一书，因为印刷的缺陷破坏了读者的期望，以至于读者没有对这本书产生必要的关注。随着读者越来越多地接触到印刷中出现的这些问题，专注于讽刺目的的作者开始对印刷品的内容、技术和机械印刷过程进行调侃，让读者进行自我反思，产生共鸣。

我们在这里提出了四个论点，试图解释这些干扰和刺激是如何成功对当时的印刷文化做出重要评注的。首先，我们研究了印刷人员的错误和勘误表是如何用作了修辞目的。其次，我们展示了字体是如何被操纵以产生效果，这些字体远不能为印刷品的内容提供一扇透明的窗户。再次，我们认为文本在印刷页面上的排列可以作为一种讽刺工具。最后，我们来看看假钞和真币，以及它们在多大程度上中断了新兴市场经济体的平稳流动。在整个过程中，我们对印刷品的惯例进行了荒谬的利用，这些排版和视觉上的干扰促使读者对更大的社会结构提出质疑，从而将人们的注意力吸引到另一种讨论较少的主题上，即印刷成了文化变革的代理人。我们在这里所考察的干扰非但没有消除生产过程，没有歪曲和夸大“理想的反面形象”，反而突出了这些过程的前景。

印刷机里的小恶魔：印刷错误

讽刺作家将印刷术易犯错误的本性转化为自己的优势。通过对已经存在的干扰、印刷错误和错别字进行修改，有意创造了不同种类的喜剧效果。讽刺作家强调了伴随手抄本而来的常见错误，提醒人们注意随着印刷出版而普遍存在的作者和读者之间沟通不畅的潜在风险。

在这种情况下，启蒙运动晚期的德国讽刺作家让·保罗（Jean Paul）会以一种相当温和的口吻来反思印刷品给作者、编辑和读者带来的不快。由于对印刷文本中出现的错误数量感到沮丧，作者在他的小说《长庚星》（*Hesperus*）1795年、1798年和1819年版以及后续版本中都扮演了一个虚构的校正者的角色。他建议把勘误表放在每卷的开头，而不是往常那样放在末尾。但他沮丧地发现，下一次印刷中又出现了更多的错误，于是他要求删除勘误表，最后他开始故意在小说中增加一些容易辨认的新错误。为了让读者意识到印刷品蕴含的偶然性，让·保罗在物理和意识形态上都将勘误表作为一种虚拟交流工具来达成喜剧效果。

其他作家，比如约翰·彼得·赫贝尔（Johan Peter Hebel）和爱德华·莫里克（Eduard Mörike），以及1830年后在法国、英国和德国出版的讽刺期刊，则采用了更加粗暴的尤维纳利斯式讽刺语调，故意玩弄“勘误”的讽刺意味，以解决色情、宗教或政治问题。约翰·彼得·赫贝尔在他出版的主题日历《莱茵兰的家人朋友》（*Der Rheinländische Hausfreund*）的序言中并没有为上一次日历中无数的印刷错误道歉，也没有提供勘误表，而是嘲笑了印刷工。赫贝尔暗示，印刷工的错误是他们的无知造成的，而无知又是他们接受的宗教教育的结果。在赫贝尔解释这些错误的同时，爱德华·莫里克强调了这些作品的喜剧效果，称它们为“印刷中的魔鬼作品”。这些关于德国著名作家作品的印刷错误往往带有色情意味和辛辣幽默的宗教典故。

这种讽刺性批评为法国流行的漫画期刊提供了榜样，从《讽刺画》（*La Caricature*，1830年）和《查理瓦里》（*Le Charivari*，1832年）开始，到英国的《笨拙》（*Punch*，1841年，副标题为《伦敦的喧闹庆祝》），再到德国的《漂泊者》（*Fliegende Blätter*，1844年）和《克拉德拉达奇》（*Kladderadatsch*，1848年），都表现了政治讽刺作品中的印刷错误及纠正。最简单的形式是刊登一个勘误表，解释一个错误或发一个声明，但其中也充满了印刷错误，然后又立即进行更正。这些期刊通过向读者提供一个修正和再修正的模型，有效展示了这种干扰。在所有这些例子中，印刷工人无法避免的错误和为纠正这些错误而形成的惯例都得到了利用。

字体，排版设计

这些流行的欧洲漫画期刊为检验印刷文化对排版惯例的干扰提供了一种很好的资源。在传统印刷术的观点中，排版应该是隐形的。在比阿特丽斯·沃德（Beatrice Warde）的比喻中，排版应该像一个水晶酒杯。水晶酒杯不应该把自己置于饮酒者和葡萄酒之间，而应该让饮酒者把注意力集中在酒杯里的液体，所以，好的排版不应该把注意力吸引到自己身上，而应该尽可能不引人注意地传达文字信息。也就是说，排版不应该传递自己的信息，而应该允许作者的信息以尽可能少的“噪音”传递给读者。如果是好的排版，则没有人会注意到排版这一过程的存在。

但事实上，字体本身确实能传达信息，不同的字体可能有不同的内涵。这些内涵会随着时间的推移，在不同的地理位置和不同种类的印刷品上发生变化。但是，排版是根据惯例使用的，会向读者传达一组符号（即使其目标是尽可能透明），这意味着字体可以用来产生修辞效果。这种效果是非语言的，在某些情况下，字体的选择可能会支持文本的信息，而在其他情况下，我们所选的字体可能会削弱文字的信息，或者产生讽刺的效果。

在德语语境中，排版的选择有着历史背景，可以使用两种截然不同的字体。西文粗体字和德文尖角字体（图6.1）实现了印刷的不同时空特性。在《飞叶周刊》(*Fliegende Blätter*）中刊登的一系列《自然史》文章中，两种不同的字体为城市物种分类创造了一个二项式命名法。在1848年革命时出版的《碰撞》(*Kladderadatsch*）杂志中，我们看到用德文尖角字体印刷的普鲁士国王制定的宪法，允许每个人自由地用语言、文字或图像表达他们的思想。但在下面几行切换到了西文粗体字，用法语印刷着“国王死了——国王万岁！”字体的改变意味着同时存在着两个文本形象所代表的社会政治选择。适应新字体的瞬间刺激促使读者从我们所说的与代

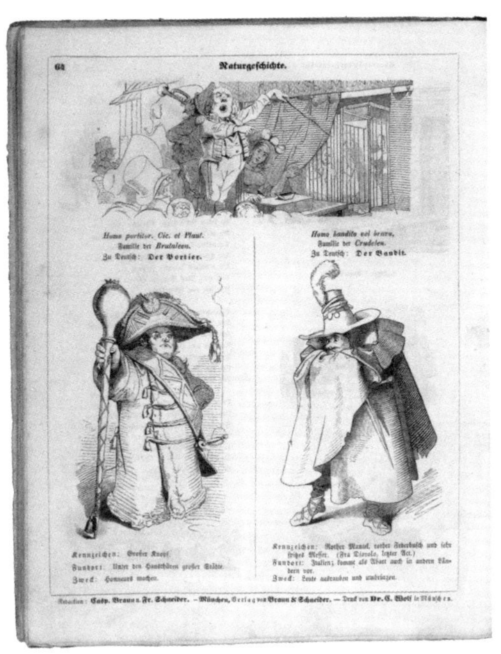

图6.1 “看门人,强盗……”出自《飞叶周刊》中的《自然史》(1845年)。来源:bpk，柏林/艺术资源，纽约

码相关的阅读（对文本的解释）转向与上下文相关的阅读。

当英国和法国使用西文粗体字创造了一种创新的组合时，德国的宗教改革将德文尖角字体与哥特式效果用于大量德国公众读物的印刷，用拉丁西文粗体字印刷神学和科学著作。莱比锡的书商联合魏玛的作家，比如克里斯托夫·马丁·威兰（Christoph Martin Wieland）、弗里德里希·席勒（Friedrich Schiller）、约翰·沃尔夫冈·冯·歌德，决定在古典主义文学

Großes keroplastisches Kabinet. 95

(Fortsetzung.)

Socrates,

Peter Freiherr von Steinguet,

(Fortsetzung folgt.)

图6.2 《飞叶周刊》中的不同字体。来源：bpk，柏林/艺术资源，纽约

中坚持使用西文粗体字，这使得已经发展起来的语义对立更加明显：德文尖角字体被理解为德语、流行、民间导向、廉价和便于读者阅读，而西文粗体字则被认为是外国的、学术的和受过教育的。

德国漫画杂志不仅不断玩弄这两种字体之间的内涵，而且经常超越德文尖角字体和西文粗体字之间的二元论。它们利用平版印刷术兴起带来的印刷复制的新可能性，包括笔迹的模仿、象形文字、涂鸦、密码、希腊文、中文或其他外来的印刷形式，来发展文字和图像之间的媒介间性（图6.2）。

上述德语的例子倾向于用写作的字体来延伸内涵，但在法语和英语期刊中则更倾向于利用平版印刷技术来连接文本和图像以达到这类目的。我们可以看到由密密麻麻的文字所勾勒出的人物肖像。这种将文本和图像相互融合的方式形成了一种奇怪而熟悉的阅读习惯，产生了一种不同于传统印刷的文化联想。

标点和版面设计

我们关注的第三类“干扰”出现在印刷文本与页面布局的规则中，这些规则约定了何种类型的空白出现在何处，以及页面的哪些区域被字体所覆盖【空白】。有些印刷文本通过调整排版来标记文本中的空白，比如用破折号标记话语中的空白，或者用星号标记断行。沃尔夫冈·伊瑟尔（Wolfgang Iser）在他回应读者的评论中描述了空白的功能，认为它可以作为一种手段来刺激读者。最常用于制造空白的印刷符号是破折号，破折号的历史发展与悬念的内在强化和升级有关。破折号所暗示的思维中断既可以用于喜剧目的，也可以用于严肃目的，比如《碰撞》的编辑写道：“编辑不想把它包括进去——去他妈的审查制度！”又比如歌德的《少年维特的烦恼》和劳伦斯·斯特恩的《多情客游记》等作品中用破折号来加强情感的描述。

当空白不再是文字策略的一部分，而是来自外部审查压力时，情况就大不相同了。与勘误或排版相反，这种类型的中断不再指向印刷过程，而是指向信息的政治背景。为了避开审查，作者经常使用印刷的伪装形式，仅公开一部分内容。例如，订阅者向《碰撞》的编辑提交了一份内容，编辑予以印刷出版，但会特地插入“字迹模糊”的评论。更著名的例子是海因里希·海涅（Heinrich Heine）在他的作品《艾登：达斯布赫大帝》（*Ideen: Das Buch le Grand*）中用排版开了一个玩笑：

> 德国审查员 ____________________
>
> ________________________________
>
> ________________________________
>
> ______________ 白痴 ______________
>
> ________________________________
>
> ____________。（134）

在《讽刺漫画》（*La Caricature*）中，该杂志的编辑查尔斯·菲利蓬（Charles Philipon）用一幅漫画回应了对杂志的审查。漫画将路易·菲利普国王（King Louis Philippe）的头像塑造成了一个梨的形状。这个梨成为中庸之道的象征，被作为涂鸦画在了巴黎的房屋墙上，并且出现在了杜米埃（Daumier）、格兰德维尔（Grandville）和特拉维斯（Travis）等漫画家的笔

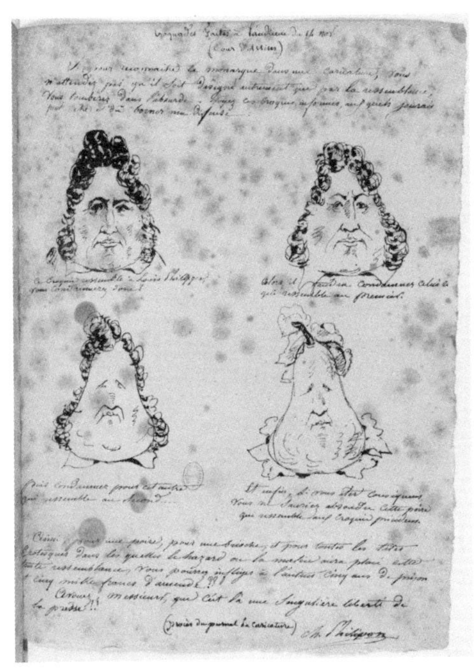

图6.3 菲利蓬在《讽刺漫画》中画的人头梨。来源：法国国家图书馆，巴黎

下。一个人画了它，另一个人模仿它，第三个人用文字描述它。例如："我们的水果文化中出现了一种全新的、人们渴望已久的水果，不幸的是，它的味道很苦。它是一种政治梨，名叫菲利蓬梨。"梨漫画的繁荣使菲利蓬面临审判。出庭期间，菲利蓬试图反驳有关他攻击国王的指控，他展示了如何通过一系列变形用任何人的头部创造出一个梨（图6.3）。

杂志最终发表了对菲利蓬梨的定罪案文。对此有这样一段评论："由于这种毫无证据的判断可能不会得到我们读者太

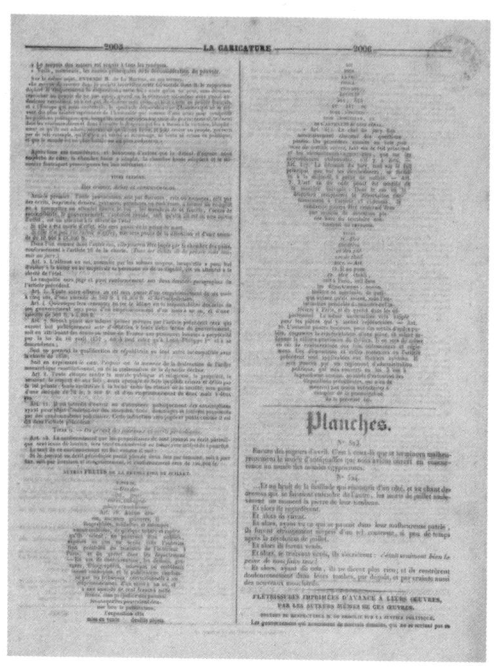
LA CARICATURE

Planches.

图6.4 《讽刺漫画》中的梨形文字。来源：bpk，柏林/艺术资源，纽约

多的认同，所以我们至少在形式上给予了补偿，这样他们就可以有一点荒谬的证据了。”

败诉后，杂志继续使用“梨形图”对审查制度进行讽刺。梨形不仅以变化多样的抽象轮廓绘制，而且用于打印梨形文本，在梨形周围留下空白。《讽刺漫画》的最后一期以伪装的形式做了谢幕——梨形轮廓上的文字引用了言论自由的禁令。因此，菲利蓬创造了一种间性的、没有绘画性质的文本漫画形式（图6.4）。

伪造品

这种类型的排版干扰同样可以应用于虚拟或短暂的视觉形式。乔治·克鲁克香克（George Cruikshank）和激进的出版商威廉·霍恩（William Hone）在1819年出版了一种银行限兑票据，上面是一幅模仿纸币形式和外观的蚀刻画，包含了华丽的印刷变体、装饰符号、存根、签名，甚至还有水印，在传达讽刺批评的同时，还钻了当时货币制度中的空子，打破了印刷媒介的等级制度。银行限兑票据批评了纸币伪造的容易程度，讽刺纸币的面值远远超过黄金储备。在当时，小面额的纸币是一个相对较新的发明。英格兰银行直到1793年才发行了10英镑的纸币，而不到5英镑的纸币则于1797年开始流通。因此，许多人不熟悉小面额的纸币，还有人因在不知情的情况下流通面额低至1英镑的假币而付出了生命的代价。通过对大规模绞刑和其他死亡图案的表现，银行限兑票据谴责了这种不公平。当时被判伪造罪的人会被执行死刑或流放，而这些受害者通常只是那些仅仅经手过这些假币的人。克鲁克香克甚至宣称："这是我一生中最重要的设计，拯救了成千上万同胞的生命。"

这张图是18世纪末和19世纪头几十年出现在英国印刷市场上的许多讽刺"钞票"中最著名的一张（图6.5）。这些图像清晰地表达了印刷图像市场与商业社会之间的关系，以及它们为了社会和政治批判的目的而使用价值标志的方式和意识。“钞票”将文字和图像用一种引人注目的，有时甚至是艺术大师式的方式结合在一起，官方纸币的官僚语言与尖酸刻薄的讽刺内容形成了有效的对比。事实上，这类印刷品可以被用来讽刺各种各样的问题，从小的政治争吵和模糊的社会问题到重大的社会事件。

这些图像的象征性质使它们有别于克鲁克香克更为人熟知的漫画，促使人们考虑表面上“短暂”的印刷媒介与更安全或在制度上更稳定的印刷图像制作在形式上的交互【易逝】。这类票据作为一种审美的载体，可以被当作一种“白板”，在它上面可以投射出一系列的动机和欲望——这些讽刺通过将我们周围那些看不见的现象呈现出来。这样的交互并不只有在英语语境中才会发生，这些出版物很可能，至少在一定程度上是法国恐怖统治后滥发纸币所带来的影响，讲述了革命失败的悲惨历史。这些印刷品经常把已故的皇室家族成员和革命者画入其中，常常以侧面剪影的形式出现在“纸币”的边缘，代表着他们的消亡就如同革命过程中淘汰的旧时代纸币。这种印刷品在法兰西第一共和国达到了空前繁荣，尤其是在1796年的纸券发行失败之后，政府对纸币印刷的禁令也相应放松。在18世纪90年代，这种印刷品并不仅仅是通过已经消失或暂时消失的印刷媒介图像来思考历史的一种手段，而且还被作为适应革命暴力创伤的一种方式。然而，通过对错误、故障和废弃的影射，以及对剪影和讽刺技巧的运用，

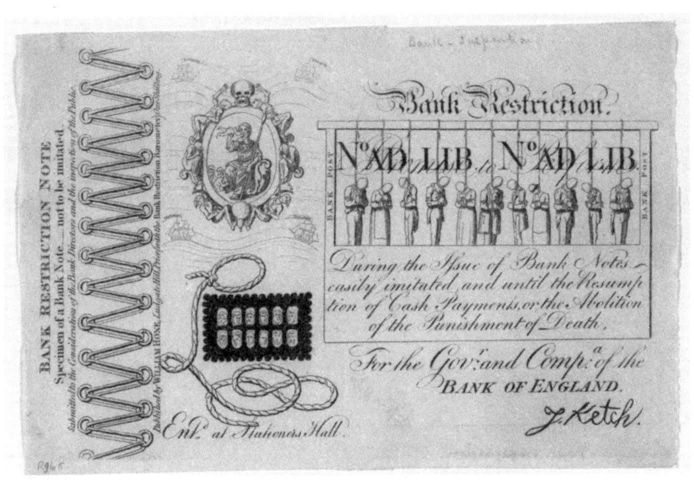

图6.5　乔治 · 克鲁克香克和威廉 · 霍恩推出的银行限兑票据。来源：大英博物馆

它们展示了印刷的干扰性力量，并指向了菲利蓬在19世纪30年代漫画中所呈现的类似主题。

最重要的是，它们强调了印刷媒介之间生发的亢奋状态和复杂变换。的确，克鲁克香克和霍恩的银行限兑票据取得了巨大成功。最初的版本很快就售罄，伦敦印刷市场出现了一系列的盗版、仿制品和进阶版。当时，克鲁克香克绘制银行限兑票据是因为目睹了几个男人和女人因为流通伪造的1英镑纸币而被吊在纽盖特监狱对面的绞刑架上。后来，尼娜 · 阿塞娜索格–凯勒梅亚（Nina Athanassoglou–Kallmyer）认为克鲁克香克画中悬挂的尸体可能启发了西奥多 · 杰利柯（Theodore Gericault）的画作《1820—1821年的伦敦公开绞刑》

（*Public Hanging in London of 1820—1821*）。

除了这些作品，克鲁克香克和霍恩的讽刺作品本身就是一种不同主题形象之间的交互。他们的银行限兑票据是放在一份“银行管制晴雨表”内出售的，后者的功能就像一张精心制作的包装纸。霍恩坚持将这些印刷品一起出售，并对试图单独出售的街头小贩提起法律诉讼。银行管制晴雨表抨击了英国央行发行纸币的政策，并暗示恢复黄金支付将取得积极成果。自1797年以来，黄金支付一直处于暂停状态，黄金被用来资助针对拿破仑统治下的法国的战争，具体来说，是为了能够向海外输送资金以支持军队，但又害怕银行遭到挤兑。“晴雨表”上左边的气压计中心点是“银行管制”，好消息越多、秩序和公众的幸福指数越高，晴雨表的分数就越高。十项积极的成果包括了消除伪造纸币、租金价格下降以及公开处决减少，这些被总结为“促进了国家繁荣”。在中间线以下，人们进一步进入银行管制计划，其结果与上面金币回归带来的快乐结果相反，导致“普遍的痛苦增加”。针对当时英国纸币体系的批评，克鲁克香克和霍恩的合作最为尖锐，当时人们普遍认为该体系将以打败拿破仑而宣告结束。威廉·科贝特（William Cobbett）在1815年发表的《反对黄金的论文》（*Paper against Gold*）中直接将“混乱和流血事件”归因于纸币的发行。珀西·雪莱（Percy Shelley）很可能见过克鲁克香克和霍恩的印刷品，对他来说，纸币的虚假代表着“一种微妙复杂的不当手段”，甚至比使用合金代替硬币更为虚假。

克鲁克香克和霍恩的银行限兑票据这一类19世纪早期的印刷品，指出了这一时期印刷在各种各样的图像之间以及与流通图像的人之间存在的复杂交互模式。对纸币的讽刺既利用了货币因其普遍性而在事物之间作为一种等价形式的特点，模糊了不同种类印刷品之间的区分，也产生了一种政治批判形式，侧重于这种纸币计划所产生的不平等现象。这些图像以印刷品的形式呈现，也引起了人们对印刷品本身的物质性和互换性的关注。

结 论

正如我们的例子所示，至少从启蒙运动晚期到1848年革命，印刷文本和图像的意义受到了印刷过程的干扰和刺激。讽刺作家采用了印刷中容易出现的许多错误——排字错误、印刷过程中多出来的字母、遗漏的句子、跳过的书页、叠在一起的书页等，将其转化为具有创造性的讽刺和政治抵抗的策略。在这样的过程中，他们制造出一种滑稽的张力，既要承受印刷所代表的权威的压力，又要承受印刷错误遍地的日常体验。特别是在德国，两种不同风格的字体经常同时使用，每种字体都有自己的内涵。期刊会在页面上留白,通过标点符号（如破折号）的使用或是以文本块的形状进行创建，从而表达超出文本内容的修辞观点，而不受审查或报复。漫画讽刺作家则盗用并打破了最早的纸币印刷规则，以攻击政府的政策。

这些干扰也创造了一批读者和观众，他们成了批评印刷品的消费者。他们熟悉生产他们所消费的印刷品的过程，熟悉这些过程中容易出现的错误，熟悉这些过程中涉及的政治约束或胁迫。通过这种方式，把印刷所受到的干扰与印刷对更广泛的社会、知识和政治规则进行干扰的潜力隐秘地结合在了一起。

— Engraving —

雕　版

任何关于印刷品的讨论都一定包括对印刷图像的研究。在1600年到1900年的大部分时间里，凸版印刷是最主要的图像传输方式。雕版在建立商业地位、巩固科学论述和组织有关艺术层次的辩论方面发挥了重要作用。正如我们在这里所展示的，它对创造和传播国家特性至关重要。国家特性的不平衡发展说明了社会和历史在变革进程中与印刷交互的利害关系。这一章，我们以三个非常不同的国际大都市为例，研究了雕版和国家建设之间的联系，以说明交互实践对两者有多重要。首先，在维也纳，国家资助的雕版印刷提供了一种模式，让人们思考如何为一个强大国家的利益而调动形象的复制；其次，以约翰·博伊戴尔（John Boydell）在伦敦的画廊为例，表明国家建设可以与商业利益协调发展，然而，将爱国主义与艺术和印刷联系起来的举动，则暴露了画家、雕刻师、印刷商以及资本之间相互竞争的紧张利益关系；最后，以巴黎为例，我们认为，人们对雕版的反应与塑造那个时代媒介格局的技术变革密不可分。在任何一种情况下我们都会看到，雕刻师不是自上而下的意识形态的被动参与者，因为他们认为自己是艺术家，而不是工匠。雕刻师们为保持声望和经济地位而斗争，利用民族主义的庇护来维护自己的利益，为职业操守而奋斗。

我们继承的历史通常将印刷品和印刷品的分类作为单独的研究领域。然而，正如我们在这本书的引言中所解释的，虽然所谓的印刷文化通常与文本联系在一起，但其本质上是高度视觉化的。虽然在1700年到1900年之间，雕版的实践发生了巨大的变化，但印刷图像始终以多种方式构建着交互性。基于雕版的复制品影响了观众参与视觉艺术的方式。书籍中的图片改变了人们对富有想象力的文本和科学文本的处理方式，参观画廊或印刷品商店使人们进入了由印刷构成的社会空间。欧内斯特·盖尔纳（Ernest Gellner）在他对现代民族国家的形成与延续的论点中，描述了一个以培训为支撑，以国家为导向的教育体系所发挥的作用。该体系的任务是建立广泛的本土文化，使民族主义身份得到普遍认同。随着民族主义的出现，文化不再仅仅作为装饰或为精英阶层的合法化而运作。“文化现在是必要的共享媒介，是生命的血液，或者更确切地说，是最小的共享氛围，只有身在其中，社会成员才能呼吸、生存和生产。”这种传播和普及知识的模式对国家建设的过程是必要且至关重要的。它包含了一个概念，即文化本身可以作为传播新思想和重述旧思想的媒介。共享的文化是通过重复和复制产生的，印刷出来的图像和印刷过程同等重要。此外，雕版的图像和文字不是相互排斥的类别，它们常常共享相同的商业和美学空间，而且往往结合在一起。

这些文化和政治上的重复使民族文化的某些方面易于辨认，而且它们也促进了区分自我和他人的差别、等级。文本和视觉效果在这些过程中相互联系，并且在一个更广泛的媒介生态中重叠。复制的图像成为个人和更广泛的国家或社区利益交集的场所。精英艺术通过其日益专业化、自主性、道德野心、庞大的规模以及对普遍古典或神话原型的借鉴，承诺将自己从手工艺术和本土艺术中分离出来。相比之下，印刷品复制的美术作品却有可能将这种宏大的愿望降低到模仿的水平，或者更令人担忧的是，降低到日常商业利益的范畴。这违背了“高级”艺术实践所固有的但却被掩盖的经济意义。

雕版包括各种不同的工艺，具有不同的特点和内涵。在18世纪的大部分时间里，凹版铜版雕刻印刷是最实用的视觉形象传达方式，通常用于插图书籍和修复艺术品的展示。然而，雕版的地位一直存在争议。有些人认为，雕版只是对现存作品的机械复制，有些人则认为其具有艺术价值。后来，铜版印刷失去了技术优势，仅仅与美术联系更加紧密。1790年左右木刻术的引进和19世纪钢板雕刻术的广泛使用，大大增加了一块木版或一块雕版的印痕数量，从而改变了其与印刷的相互作用。木雕允许精细细节的存在，而且木材比铜更容易加工。钢板虽然难以加工，但更耐用，能在磨损之前生产更多的复制品。然而，在这些量产技术的繁荣成为19世纪视觉世界的特征，为越来越多的读者提供图像并在此过程中产生各种各样的消费群体之前，雕版就已经有了其独特的地位，能够在国家建设中起到协调和交互的作用。

比如在日益官僚化的奥匈帝国，对雕刻师的需求不断增加。在维也纳，玛丽亚·特蕾莎皇后（Empress Maria Theresa，1717—1780）敏锐地意识到，凸版印刷和雕版可以为她饱受战争蹂躏和濒临破产的帝国做些什么。为了保持哈布斯堡王朝领土的不可分割性，她着手建立中央集权政府，并开始进行广泛的改革。玛丽亚·特蕾莎认为，沟通和文化是这个庞大的多民族帝国维持统一的关键，于是她战略性地投资了雕版技术，将其作为国家建设的重要媒介之一。除了复制行政命令、论文、皇后作为祖国母亲的权威形象和新引入的纸币，雕刻师还对教科书、科学著作、小说作品、年历和袖珍书等进行插图，制作地图以及复制艺术品。所有这些印刷产品都散布在哈布斯堡王朝的领土上，甚至延伸到最偏远的角落。由于其流动性，雕版在政治管理、自我形象表现、国家经济内部的金融流通以及教育和娱乐方面发挥了至关重要的作用。所有这些的目的，都是在高度多样化的政治实体内产生一种共同的文化和特征。国家对传播的控制和国家对艺术的赞助是相辅相成的。

赞助雕版的主要动机是经济层面的。根据重商主义原则，外包印刷和雕版对国民经济是有害的。在18世纪60年代早期，每年大约有600万到700万弗罗林被浪费在进口雕版制品上。商务委员多布霍夫–迪尔（Doblhoff–Dier）抱怨道："法国人和英国人每年都在掠夺其他国家的巨额财富。"但是他还认为，由于巴黎和伦敦蓬勃发展的雕版工业几乎耗尽了国家可供复制的绘画收藏，而维也纳拥有丰富的古代大师作品收藏，包括丢勒、鲁本斯、提香、伦勃朗和其他一些不那么知名的艺术家的作品，因此拥有更多的资源可以利用。然而，为了进入这个市场，国家需要改善维也纳毫无竞争力的雕版业和艺术贸易现状。

与伦敦和巴黎的雕刻师不同，维也纳的雕刻师在国家的严格控制下工作。1766年，雅各布·马蒂亚斯·施穆策（Jakob Matthias Schmutzer）建立了雕刻师学院，除了得到国家的全面财政支持，他还得到了国家财政大臣和艺术赞助人考尼茨王子（Prince of Kaunitz）的大力支持。施穆策的学院很快成为一所国家机构。这所新的学院是以约翰·威尔（Johann Wille）在巴黎的条顿绘画学校为模型建立的，施穆策向考尼茨明确表达了自己希望引进法国的专门知识和设备。国家雕版产业除了能明显提升经济，也有其他论点，证明了国家对此的投资的合理性。多布霍夫–迪尔声称，雕版制品传播了“优秀的图画和图案理念”，从而培养了“年轻艺术家、制作人和工匠的眼睛，提高了他们的品位”。学院训练艺术家和工匠，使他们成为一种新型的自主资产阶级艺术家，独立于传统的教会或贵族的赞助。

虽然哈布斯堡政府承认自己的市场份额不如英国，但在18世纪中期的伦敦，雕版行业其实相当萧条。根据中世纪的一本手册《伦敦商人》（*The London Tradesman*）所写，雕版印刷的状况如此之差，“如果我们的工人犯了错误，他们无法很好地判断错误，也不知道如何补救”。这本书还解释说，高质量的雕版制品通常是进口的，“英国最好的作品是在法国完成的”。然而，到了18世纪90年代，英国的雕版业享有了新的地位，法国收藏家开始抢购从伦敦出口的版画。这种短暂的财富逆转在很大程度上可以追溯到伦敦市议员约翰·博伊戴尔对文学画廊的喜爱。但具有讽刺意味的是，尽管文学画廊让雕刻师声名显赫，但最终将雕版业从二流行业推到19世纪晚期文艺界备受尊敬地位的，正是人们对文学画廊的排斥。

1786年，博伊戴尔为他的“莎士比亚画廊”发布了一份简介。值得注意的是，他的“画廊”指的是一种非典型意义上的画廊，是一座挂满了图片的建筑。那些图片是名画的印刷复制品。他雄心勃勃的计划始于《国民作家》（*National Author*）剧作中的场景绘画，目标是通过销售英国版画来推广英国艺术。为了激发富有的伦敦人的爱国主义精神和文学品位，他出售当地艺术家绘制和雕刻的铜版画，以及高端的莎士比亚作品集插图版。这个想法开始流行起来是在18世纪90年代，后来又在蓓尔美尔街开了几家文学画廊，包括“历史画廊”，出售休谟的《英格兰历史》（*The History of England*），还有“诗人画廊”“弥尔顿画廊”，甚至还有一家与博伊戴尔竞争的同名“莎士比亚画廊”。虽然这些店铺依赖于多元化经营，允许人们在画廊里欣赏画作，以及购买版画、书籍和目录，但即使是这样，事实最终证明，这种商业模式并不赚钱。然而，在大约15年的商业生涯中，它们使得英国历史绘画合法化，创造了一种带有大型插图的英国文学作品时尚，改变了铜版画的贸易，提高了创作者的专业地位。通过这种方式，他们完成了双重任务，即围绕共同的文学身份巩固一种民族文化，并提高视觉艺术的地位。

博伊戴尔的独特地位使他能够以如此强烈的民族主义色彩来塑造莎士比亚画廊。在10年前的一次事件中，他就证明了自己有理解版画含义的能力，并利用爱国主义的力量进行推销。18世纪70年代后期，他创作了本杰明·韦斯特（Benjamin West）于1770年创作的《沃尔夫将军之死》（*The Death of General Wolfe*）的版画，赚了一大笔钱（图7.1）。这幅画描绘了1759年9月魁北克战役结束时刻，垂死的沃尔夫得知战争已经胜利的形象。考虑到18世纪70年代英国艺术的动荡，博

图7.1 威廉·伍利特的《沃尔夫将军之死》。来源：国会图书馆

伊戴尔能认识到这幅画的重要性是十分难得的。韦斯特展出《沃尔夫将军之死》时，皇家艺术学院才成立三年，不仅被不停的内斗所困扰，还与相互竞争的艺术家协会和自由艺术家协会处于敌对状态。博伊戴尔从韦斯特的画作中认识到，在这个英雄式的胜利时刻，英国人有可能团结起来，共同欣赏这场异乎寻常的悲剧。博伊戴尔的作品将约翰·巴雷尔（John Barrell）所称的“公民人文主义话语”与他作为一名印刷商的个人利益联系起来。他聘请了英国当时最好的雕刻师威廉·伍

利特（William Woollett）来雕刻这幅作品，付给他比任何英国雕刻师都要高的薪水。雕刻师曾被认为是机械操作工，但据博伊戴尔宣传，伍利特是这一项目背后的核心“天才”。

文学画廊运用了广告修辞，将雕刻师重新定位为艺术过程中不可或缺的一部分，而不是画家信息的机械传播者。博伊戴尔使用了他从沃尔夫那里学到的成功模式——用伟大的文学作品取代重大的历史事件。在这些画廊里，英国雕刻师与英国权威作家、本土画家、打字员、排字工、印刷工、造纸工一起，创造出了具有纪念性意义的作品。这些作品不仅在内容上，而且在思想上代表了这个国家。复制的图像让观众参与到一种共享的民族文化中，把之前只有在公共场合才可能存在的公民人文主义带进私人情感世界。版画让其主人可以随时消费和展示他们的爱国公民身份，重新体验一幅画的情感力量。

博伊戴尔的例子说明，商业发挥了其根本性和仲裁性的作用。博伊戴尔委托知名画家和雕刻师进行创作，并付给他们丰厚的报酬。他还开了一家画廊。他用一种媒介展出作品，又用另一种媒介出售，这使得估价问题变得复杂。博伊戴尔委托画家根据莎士比亚的戏剧创作图像，还为此提供了一个目录，为每幅画配上莎士比亚的诗句。卖出这些目录时，版画却仍然陈列在蓓尔美尔街52号的画廊里。作为画的模型，这些版画可以在画廊里买到，也可以连同莎士比亚的戏剧插图作品一起订购。这些因素结合在一起，促使观众、顾客和评论家重新开始考虑，雕刻图像究竟意味着什么，并在两种不同的观点之间做出选择——一方面，雕版可以被理解为一种纯粹的转移模式，因为它保留了原始图像的视觉成分，并没有转换成一种不同的东西，比如声音或语言；另一方面，雕版可以从根本上被理解为一种非绘画，因为其从业者需要不同的技能和工具。从这个意义上说，雕刻一个形象，毫无疑问就是将它用一种新的媒介表现出来。而且，和所有的改编者一样，博伊戴尔的雕刻师在最基本的层面上致力于一种诠释行为。

这些画一直保留到1804年莎士比亚画廊关门，当时，其中的藏品通过大规模公共彩票的方式被出售，伦敦媒体对此进行了大肆宣传。画廊的关闭将雕刻师置于危险的境地，他们新获得的地位受到了威胁。雕刻师认为，印刷图像是一种艺术，而印刷文本只是一种交易。这种区别是基于这样一个事实：尽管在纸上印刷油墨的行为是一种劳动，采用了类似转移的技术，但雕版却截然不同。排字工和雕刻师在各自的媒介上制作了几乎一模一样的复制品，但把活字拼装成一种模板与准备印刷用的铜版却是完全不同的两件事。当然，即使是技术娴熟的排字工人也不认为自己是作家，但是雕刻师想被认为是艺术家。许多人反对将铅字与版画类比，这样一来，他们被迫对文学画廊采取了反对的立场。十多年来，这些画廊一直支持着他们的职业抱负。但是，霍尔王子（Prince Hoare）和马丁·阿齐尔·希（Martin Archer Shee）这样的画家认为，这些插图作画就是在浪费他们的才能，是在向读者展示文本中已经存在的东西。另一方面，约翰·兰西尔（John Landseer）这样的雕刻师则希望通过远离商业模式的插画来挽救自己的职业地位，文学画廊普及了这种商业模式。

由于社会的评论，雕刻师也被迫采取了防守姿态。比如萨福克公爵（Duke of Suffolk）1804年5月在《绅士杂志》（*Gentleman's Magazine*）上将莎士比亚画廊的失败归咎于“英国艺术雕刻师的草率和低劣”。兰西尔对此选择了赞同，他指责那些为莎士比亚画廊做了大量工作的雕刻师是“呆板的机械苦力”和“半成形的、低能的、狂妄自大的伪装者”。他认为，文学画廊最终损害了版画的地位，使其脱离了与民族主义的关系，成了商业书籍插图的一部分。兰西尔反对版画仅仅是插画的观点，他拒绝了博伊戴尔以书籍为中心的莎士比亚“粉笔风格”的版画，将它们与其他视觉复制的商业形式结合了起来，包括平版印刷和木版印刷，他认为这些作品“总是附属于”所绘的文本。尽管兰西尔的努力未能使雕刻师获得皇家艺术学院的正式会员资格，但他关于雕版历史和本质的论点却具有重要意义。

类似兰西尔这样的论战，受文艺画廊兴衰的影响，又与之对立，使得这个行业在伦敦依旧有着一些声望。1818年出版的《英国贸易之书》（*Book of English Trades*）明显借鉴了兰西尔对雕版的评价。《沃尔夫将军之死》出版后的四十年里，版画经历了重大的技术变革。虽然伦敦商人对英国铜版版画的质量提出了严重的质疑，但《英国贸易之书》称雕版为“一门艺术”。新的复制技术强化了兰西尔的主张，即铜版版画虽然在商业上价值不高，但它不仅仅是一种机械的复制模式。

兰西尔对博伊戴尔的负面回应，与法国学院派雕刻师对新型雕版技法的反应相呼应。这些技法包括彩色印刷、彩蜡印刷、凹版腐蚀印刷和水洗印刷。在18世纪的法国，这些技术被用于制作彩色印刷品。这些制品有着巨大的市场。但在革命之后，人们的兴趣开始逐渐消退，因为作品的题材、奢侈品地位和受众群体在政治上和审美上都被认为已经过时。这些印刷画的尺寸复制了洛可可绘画的原始设计，有时是基于标准画布大小的橱柜画。它们呈现出自身与商业领域的密切关系，这往往被认为与学院艺术的道德理想和自主的职业身份不一致。

技术变革逐渐改变了这些争论的依存领域。尽管英国行业协会和艺术联盟的成立，如1847年成立的印刷品销售商协会，批准了印制版画作为合法复制品，但是在未来的许多年里，版画仍然是艺术品再生产的特殊媒介。即使版画标志着新的印刷出版垄断的崛起，但依旧有着来自新技术的竞争所带来的焦虑，如平版印刷、木刻，以及后来的凹版印刷。正如斯蒂芬·班恩（Stephen Bann）在19世纪早期的法国所展示的那样，对历史和当代艺术品进行复制的铜版画，虽然成本和劳动密集程度越来越高，需要多年才能完成，但它们并没有被新的、能够更快速生产的机械复制形式所取代。相反，它们的价值之所以增加，是因为它们稀缺，且和美术实践密切相关，与它们所复制的绘画和雕塑展开对话，甚至适时地与照相制版工艺进行了交互。就像博伊戴尔的画廊一样，画作常常被委托做成版画，颠覆传统从“原作”到“复制”的等级结构，并强调在复杂的印刷生态中，不同媒介的图像作为组成部分的作用程度。此外，在19世纪头几十年的巴黎，印刷品市场以传统的朝圣之路为基础，沿着圣雅克街扩展到新的商业空间，比如带有煤气灯和玻璃橱窗的拱廊，以及资产阶级的室内空间。因此，美术复制品以及印刷设计越来越便宜且容易获得，作品的数量和易得性不可避免地导致其所代表的地位和阶层频繁进行调整。

19世纪40年代初，为迎合富有的中产阶级读者而出现的《伦敦画报》（*Illustrated London News*）及其在巴黎的同类报纸，如《插图报》（*L'Illustration*）和《插图世界报》（*Le Monde Illustré*）进一步复杂化了这些争论。正如汤姆·格雷顿（Tom Gretton）所指出的那样，直到19世纪90年代，“手工制作的图像在插图周刊中被网板图片所取代。杂志插图和美术之间的区别必须建立和维持，记者和优秀艺术家制作的图像在价值层面的等级关系必须协商和重新调整”。在这里，把雕版确定为一门艺术的难度变得更加显著。木刻图像融入凸版印刷，促使铜版雕刻师只能通过限量版、打样和对版画协作性质的否定来维持自己的地位，并且采用更加细致入微的方法来区分产品的复杂性和手工的真伪。最终，雕版在凹版印刷的影响力和知名度开始下降时发展到了艺术级别，在众多复制技术中变成了一个昂贵、费力的异类。我们也许更熟悉19世纪中叶的大众文化形式，例如每周一期的新闻杂志，为了民族主义和帝国主义的利益而诞生的美术作品。然而，正如博伊戴尔的例子充分证明的那样，铜版印刷对商业、专业和民族身份认同的发展做出了重大贡献，代表着一种跨媒介交互的复杂模式，在长久的实践后，根据传统的技术进步目的论，它已经被更新颖的机械复制形式所取代，但此时的它，已经被认定为一种艺术而存在。

彩图1 托马斯·格雷诗集（1768年）中的《挽歌》，夹着紫杉树的小树枝。来源：皮尔庞特·摩根图书馆。戈登·雷1987年遗赠

18 *INDEX OF AUTHORS.*

POEMS OF RELIGION.

POEMS OF DEATH AND IMMORTALITY.

POEMS OF LOVE.

彩图2　托马斯·W. 汉福德《家乡诗歌集》的目录页。来源：美国国会图书馆

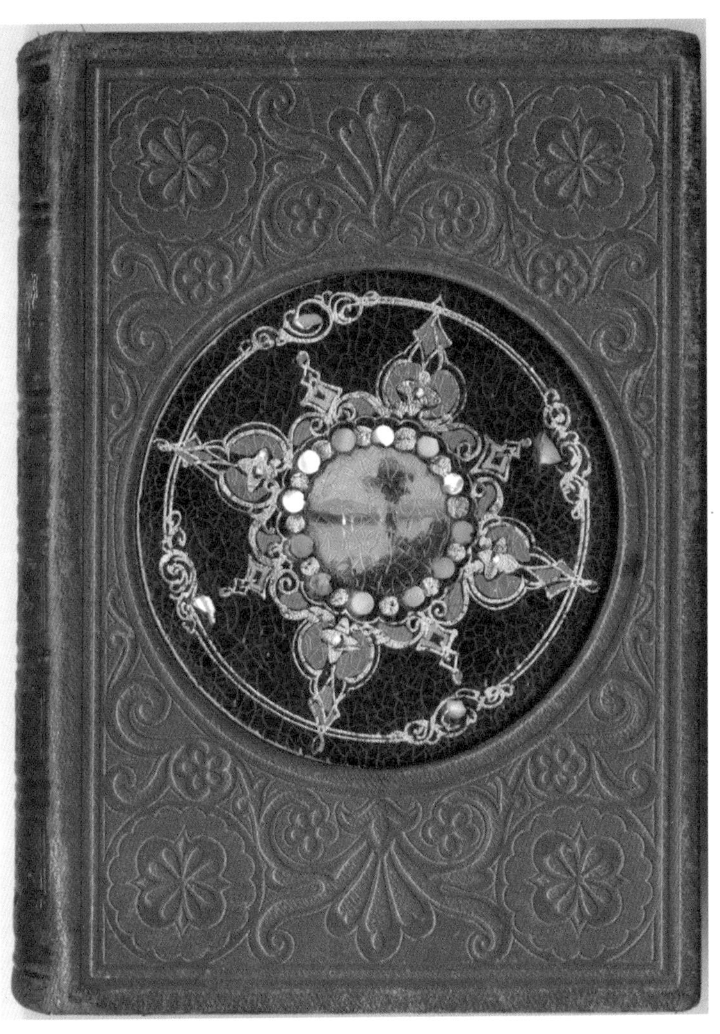

彩图3 《友谊的象征》（1855）的装帧。来源：美国古物学会

彩图4 弗朗索瓦·布歇所绘的《蓬帕杜尔夫人》。来源：V&A图集，伦敦/艺术资源，纽约

彩图5 罗伯特·骚塞收藏，带有棉布装订的《欧洲、小亚细亚和阿拉伯之旅》（格里菲斯所著，伦敦，1805年）。来源：由华兹华斯信托基金提供，格拉斯米尔

彩图6　五十索尔的纸券。来源：理查德 · 陶瓦

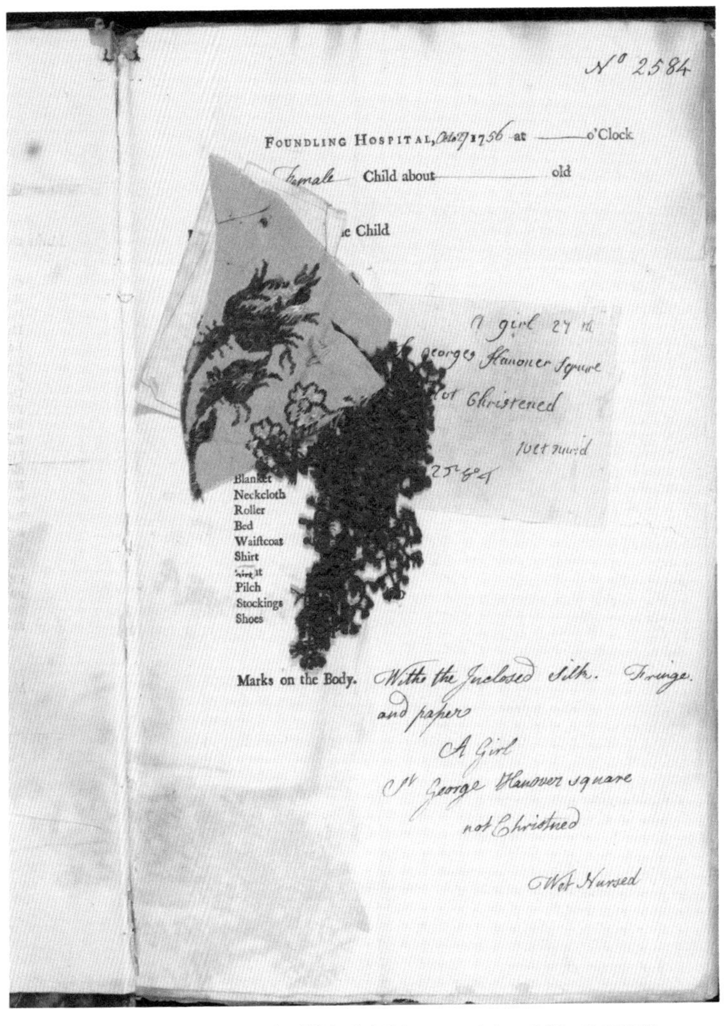
N° 2584

FOUNDLING HOSPITAL, Octr 7 1756 at ____ o'Clock

Female Child about ____ old

e Child

Blanket
Neckcloth
Roller
Bed
Waistcoat
Shirt
Pilch
Stockings
Shoes

Marks on the Body. With the Inclosed Silk. Fringe. and paper

A Girl
St George Hanover square
not Christned

Wet Nursed

彩图7　孤儿院填写的表（附织物标记，1756年）。来源：© 克拉姆

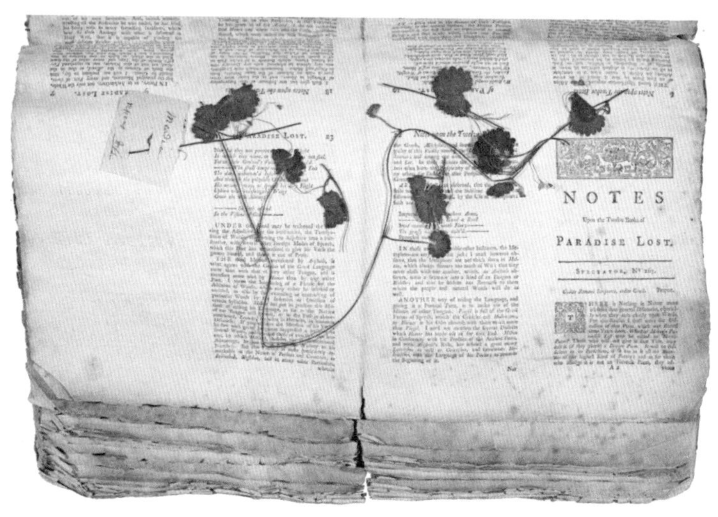

彩图8 废纸再利用，作为“奋进号”收集标本的干燥书。来源：伦敦自然历史博物馆

1

ΕΙΚΩΝ ΒΑΣΙΛΙΚΗ.

I.

Upon his Majeſties *Calling this laſt* Parliament.

THIS laſt Parliament I called, not more by others advice, and neceſſity of my Affairs, than by my own choice and inclination; who have always thought the right way of Parliaments moſt ſafe for my Crown, as beſt pleaſing to my People. And although I was not forgetful of thoſe ſparks which ſome mens diſtempers formerly ſtudied to kindle in Parliaments, (which by forbearing to convene for ſome years I hoped to have extinguiſhed;) yet reſolving with My ſelf to give all juſt ſatisfaction to modeſt and ſober deſires, and to redreſs all publick Grievances in Church and State, I hoped (by my freedom and their moderation) to prevent all miſunderſtandings and miſcarriages in this: In which as I feared affairs would meet with ſome Paſſion and Prejudice in other men, ſo I reſolved they ſhould find leaſt of them in My ſelf; not doubting but by the weight of Reaſon I ſhould counterpoize the over-balancings of any Factions.

B　　　　　I

彩图9　手稿版《国王的圣像》中“他神圣庄严的形象处于孤独和痛苦中”一章。

来源：拜内克珍本与手稿图书馆，耶鲁大学

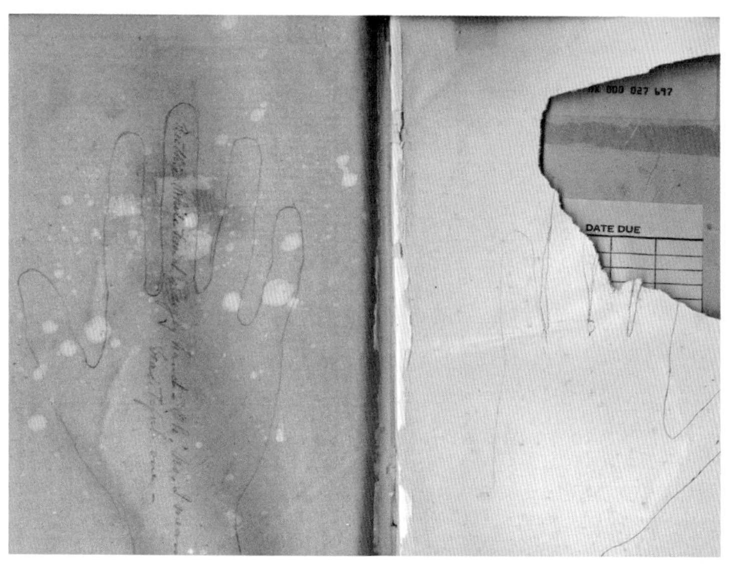

彩图10 莎士比亚作品(1853年)中对手的描摹。来源：弗吉尼亚大学奥尔德曼图书馆

彩图11　黑尔家族的剪贴簿（19世纪），从多个方向阅读。来源：俄亥俄州立大学比利爱尔兰漫画博物馆

彩图12 玛丽·德拉尼的车叶草剪贴簿，由230张剪纸制成。来源：大英博物馆

彩图13 《红色漫游者》中的角色。来源：俄亥俄州立大学图书馆

彩图14　J. R. 史密斯的《梦》。来源：大英博物馆

彩图15　查尔斯·威廉姆斯的讽刺小说《奢华舒适的伦福德》。来源：大英博物馆

彩图16 经授权的《圣经》英文版（1890年），与《公祷书》和《诗篇》交错陈列，其中还包括天主教持不同政见者威廉·费索恩的艺术作品。来源：加利福尼亚圣马力诺亨廷顿图书馆

— Ephemerality —

易 逝

传统上，研究印刷的历史学家把印刷世界分为持久的和易逝的两类。前者包括书籍和一些有野心想要长久留存的册子、期刊和印刷图像。后者则包括其他的印刷制品，比如门票、传单、扑克牌、不太可能被重读的期刊、粗糙的木刻画、用于填写的表格。耐用的印刷品会被装订或装裱起来留给子孙后代，而易逝印刷物则会在使用后被丢弃（或作为包装纸被重新利用）。耐用的印刷品是用高质量的材料制造的（这在广告中经常被强调，比如“烫印”、“白色”、“书写”纸），而那些易逝的印刷物用的是最便宜和方便的材料（通常是“棕色”纸）制成的。作为一种组织世界的方式，这些区别发挥了巨大的作用【空白】。但是和大多数的二元论一样，这种分类基于一些不合理的假设。在这一章，我们虽然没有完全放弃这一区别方式，但我们从那些转瞬消失的物体转到易逝的概念上，以便提出一些新的历史见解。

易逝性并不是某些类型产品所固有的品质，也不是特定制造技术或材料的必然结果，而是所有带有内容的纸张都可能成为的一种状态。尽管与匆忙印在最便宜的纸张上的传单相比，印在热压纸上的精美《圣经》不太可能被视为昙花一现，但每一本《圣经》那种可感知的耐久性，是来自一系列因素的汇聚，其间的每一个因素都需要分析，而不单单是该物体与生俱来就拥有的属性。如果将易逝性看作一种可归于人工制品的状态，我们可以看到，特定的使用方式有效地保护了某些物件不变成废纸。例如，如果一本书有作者签名，且作者是一位名人，或者书籍的装帧是镀金的，有收藏价值，又或是在一个庄严的场合作为礼物被赠予，那这本书很有可能不会被扔掉。

因此，我们可以从两个不同的角度来看待易逝性：一是作为一种与持久性相对立的状态，二是作为一种与价值相对立的状态。前者认为，物体的物理性质是最重要的，能够呈现出某些格式和特定材料更容易损坏和丢失。济慈的墓志铭写着“声名水上书”，拜伦将女人的誓言斥作“沙中写字”，两人强调的是一种书写能力，这种书写能力极为短暂，无法持久。但我们也可以关注纸质书被保存下来的原因，只要有人珍视并希望保存它们，即使是最短命的文件（票根、收据、火柴盒）也可以作为纪念品、记录或收藏品保存下来。如今，许多图书馆拥有着大量所谓的“易逝印刷品”，由于时间的变化，它们变得越来越有价值。

在提出关于易逝性的第二种角度时，我们是在追随18和19世纪初一些最令人着迷的印刷品的脚步。例如，人们会经常思考论文期刊被阅读和保存（或不保存）的条件。同样，人们也非常关注纸币的价值和互换性，即便是在纸币生产商被迫面对纸币相对脆弱的物理性和造假状况时也是如此。这些角度从另一个侧面提出了一种理论，即通过纸张的使用来赋予或否定价值。

浮游与易逝的印刷品

我们来看《鉴赏家》（*The Connoisseur*，1754—1756年）杂志一篇由编辑撰写的名为《汤先生》（*Mr.Town*）的文章：

> 我必须为我写的东西负责……看着它们经历了各式的旅行和事件，我当然会感到羞耻，因为我看到它们中的一些被用于最肮脏的目的。在某些地方，我高兴地看到它们成为茶几上娱乐的谈资，而在另一些地方，我恼怒地看到它们被用于粘贴蜡烛。这些活页纸的命运就是如此，尽管刚出版时，人们可能会认为它们就像女预言家的书页一样珍贵，但下一刻，它们可能就会像去年的年历一样被扔到一边。自第一次以一页半的篇幅“露面”

以来，我就因作品在目前的形势下所受的粗暴对待而感到极大不安。在一个很不体面的地方发现了自己稿件那脏兮兮的校样时，我关掉了印刷机；看到出版商的妻子将我文章剩余的半张空白纸变成一张宣传纸时，我几乎要与他决裂。有一位小姐，我一向很欣赏她的见识和美貌，可是她从我的一篇文章上剪下了一个帽子的图案，我立刻失掉了对她的尊敬。还有一个小伙子，他曾慷慨地谈起我的一篇文章，然后毫不犹豫地用肮脏的衬衫和袜子把空白页弄脏了。我知道，我和其他平凡的作家一样，注定要遭受不识字的面包师、糕点师和吊灯匠的一再侮辱……正如政治家、智者、自由思想家和神学家的骨灰可能埋在同一块土地上一样，他们的作品也可能混杂在一起，锁进同一个箱子。（科尔曼和桑顿，171-172）

事情甚至会变得更糟：

好奇心促使我去检查那些用来制作纸风筝的材料。由此，我看到了太多作家们的不幸命运。在其中一只风筝上，我发现好几页布道文铺在表面；而另一只风筝的翅膀上有情诗扇动；还有一只风筝，一篇对牧师的讽刺文章为其尾巴提供了重力。最后，我碰巧看到一只特别大的风筝，上面贴着我自己的几篇心爱的作品。一想到

> 自己竟成了孩子们的玩物我就义愤填膺，甚至感到羞愧。这篇文章的题目《汤先生》也在前方盯着我……盯着每一个游手好闲的读者。（科尔曼和桑顿，173）

《汤先生》阐述的问题，在于文章的用途。你可以将他的文章当成一篇需要仔细阅读并精心保存的文本，但除此之外的任何形式则变成了冒犯，因为人们不合时宜地将耐用品变成了具有轻侮意味的易逝物。这相当于对他本人的亵渎：请注意，他可是每周都会写上“一页半”的那个人。《汤先生》这篇作品，虽然因出版的周期性而比其他形式的作品存在得更加短暂（这期杂志于1754年8月15日出版的一周后，下一期杂志便出版了，这次的讨论主题变成了拳击），但并不比其他印刷品，比如布道、歌曲、政治讽刺更容易受到“粗鲁对待”。当他看到“我在公共咖啡馆的书堆里看到它”时，他不承认自己的作品应该与周围的印刷品为伴。但事实上，咖啡馆的图书室里，布道、歌曲和讽刺文章和《鉴赏家》这类期刊杂志一样，随处可见。

易逝性（ephemerality）一词源自自然科学：在塞缪尔·约翰逊将报纸称作“学习的蜉蝣”（the Ephemerae of Learning，《漫步者》，1751年8月6日）之前，易逝性一词指的就是蜉蝣，一种在一天内出生和死亡的昆虫。法语中的“易逝性”（éphémère）则源自希腊语，意为“持续一天”，最初主要用在昆虫学领域。然而在19世纪，这个词的使用范围扩大，涵盖了生命同样短暂的鲜花、疾病、政权和人物。“易逝性”还与一种叫作星历表（éphémérides）的特殊写作体裁密切相关。星历表是对个人生活的逐日记述，还可以标示出某一天恒星的位置（以便天文导航）。随后，星历表逐渐发展成了日历，上面的纸可以每天撕下来。德语中虽然没有“蜉蝣”的直接同义词，但有Kleinschriftentum一词，意为“小的”或“次要的”，指的是短时间内的时事出版物，如教会报纸、政治小册子和传单。类似地，在德国的艺术史语境中，我们看到“易逝性”这个词还成了会在特定场合出现的商业图像。而阔幅说明书作为另一类易逝印刷品类别，在德语中被称为Flugblätter，表示一种印着英文字，到处散发并很快消失的传单。报纸、历书、小册子、目录、日常新闻，这些最新的形式被集中在一起，构成了“易逝印刷品”类别。正如其名字中的“蜉蝣”含义，这种分类是由内容来确定性质，仅代表当时该物品的短暂需求性，而不代表材料的质量。

18和19世纪的这种用法转变，逻辑上源于约翰逊的“笔下的苦差”，即“除了承认它们的想法或拒绝它们的时尚之外，别无他法”。在英国，这种短暂性与时尚在词源学层面的结合迅速引发了一场反对小说的论战。小说这种体裁最强调的是其自身的新颖性。例如，理查德·赫德（Richard Hurd）在他的《论普世诗歌》（*Dissertation on the Idea of Universal Poetry*）

一书中，煞费苦心地将自己与“那些建立在某种私人的、熟悉的主题上的小说或传奇故事”拉开距离，评价后者“一旦构思就会产生，一旦产生就会消失”。因此，将时髦或流行的话题诋毁为仅仅是“蜉蝣般的易逝品”与人们对那个时期出版物数量不断增加的担忧有关。那些能立即产生轰动的文本或是带有工具性的文本掩盖了那些更有价值的书籍。那些由精良的纸张制作，可以存世许久的优秀书籍因其稀有性反而往往无法复制和传播。

纸 币

尽管18世纪的道德家坚持认为，印刷界的那些易逝印刷物应该在出生当天就死去，在巨大的废纸篓里消失，但事实上，一些最具持久影响力的印刷品却是非常容易腐烂的。这方面的一个有趣例子是法国大革命时期的纸券（或者从技术上讲，是由被没收的牧师的土地担保的票据债券）。由于极其脆弱，这种纸券在18世纪90年代初遭到了广泛的谴责，似乎理应是最短暂的易逝印刷物（图8.1，彩图6）。

这些纸券的生命确实非常短暂，而且在流通期间，假券层出不穷，一些讽刺画甚至把它们画成了厕纸。最后，它们在1796年被全部收回并烧毁【干扰】。但无论从象征意义上还是从经济上来说，这些纸券都是法国这个新国家的保障，因

图8.1 五十索尔的纸券。来源：理查德·陶瓦

此政府在打击假币方面投入了大量的精力和劳动力，也延续了早期货币的形式（包括在上面印上国王的头像——印有这种标志的纸币甚至在路易十六被处决之后还在流通），并在其他方面确立了自身的重要性和持久性。随着水印、编号和定型签名的引入，纸券变得越来越复杂，成为印刷技术前沿的多层次人工制品。纸券短暂但又持久的能力被后来的法国共和历很好地捕捉到了，成为一种新颖的代表，又能被长期保存。与其他大多数在传统上被认为是易逝物的印刷品相比，纸券是一种事关生死的印刷品。直到1792年9月法兰西第一共和

国成立前，纸券的造假者和帮助假券流通的人，甚至被作为肖像印在纸券上的人都可能面临在战争中被杀的风险。路易十六是在飞往瓦伦尼斯的途中被抓获的，因为一位邮政局长通过纸券上的肖像认出了他。伊丽莎白·爱森斯坦（Elizabeth Eisenstein）认为，这是硬币不可能实现的壮举，尽管硬币被认为更耐用，价值也不言而喻。如果没有那次抓捕，路易十六很可能已经逃出法国，并幸存下来，继续骚扰革命政权，给保皇党提供一个集结中心。这种特殊的纸券在技术上可能是短暂的（某种意义上，作为人工制品，纸券不会持续那么长时间），但它的影响却一直持续到今天。

事实上，在18世纪90年代法国不稳定的政治气氛中，纸币成了一种广泛复制的易逝印刷品。当时的易逝印刷品还包括扑克牌、证书、海报、歌单、身份证和报纸，它们为革命者和反革命者都提供了强有力的手段，使他们认识到自己与他们所生活的历史变革之间的关系。这一切都按照革命的原则被“再生”，也因此引发了人们的思考：它们与旧政权中同类事物之间的关系，为何有可能类似于大革命前夕的生活与当下的联系。也就是说，虽然易逝性的概念给革命政治的合法性带来了明显的矛盾，特别是考虑到它们对于革命的记忆没有永久不变的解读，但在18世纪90年代，法国的易逝印刷品使法国公民和流亡者开始反思革命，反思革命造成的惊人变化以及这些变化对时间结构本身的挑战。

空白表格和其他废纸

很明显，革命事件是非同寻常的，所以在18世纪90年代的法国，那些被认为易逝的印刷品并不具有普适性。然而在和平时期，空白表格和其他类型的印刷品具备易逝性还是持久性同样不可预测，它们也有可能产生深远影响【空白】。彼得·斯塔利布拉斯（Peter Stallybrass）从一开始就指出，印刷媒介最重要的产出之一（至少在数量上）是无穷无尽的“小产品”，比如各种令人眼花缭乱的空白表格：包括提单、证书、契约、赦免券、许可证、收据。这些“小产品”对印刷商来说很重要，因为它们能够“定期向缺少资本支持的图书行业注入资金”。然而，这些表单很难幸存下来，它们中的大多数都是用来记录特定事件或事务，因此，一旦该时刻过去，它们就会被丢弃。

尽管如此，在某些情况下，这些文件能够保存下来，而且数量惊人。例如下面这份从1741年开始印刷的为孤儿院准备的表格（图8.2，彩图7），用于接收成千上万的婴儿和儿童。在这些表格上，人们需要填写日期、时间、性别、孩子的大概年龄以及一长串的衣服选项，用来描述孩子进来时穿的衣服。最后一部分是“身份标记”。在1853年3月19日的《家庭箴言》（*Household Words*）周刊里，查尔斯·狄更斯挖苦道，用预印好的表格来记录一个孩子的到来，其中的不协调令人

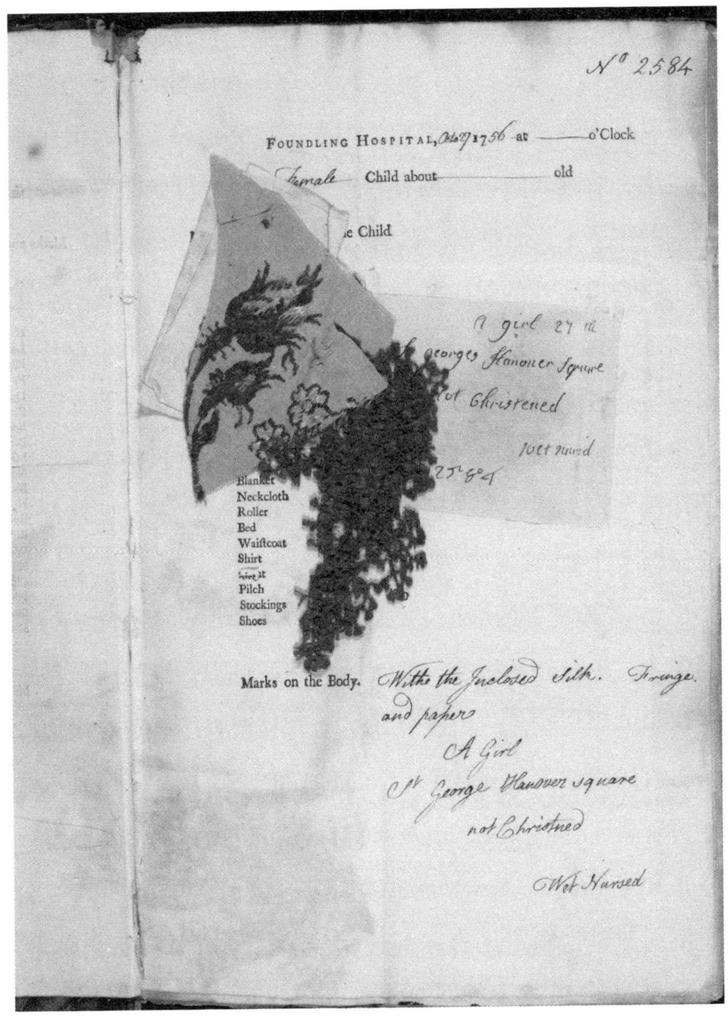

N° 2584

FOUNDLING HOSPITAL, Oct 7 1756 at ______ o'Clock

Female Child about ______ old

e Child

A girl 27 th

St georges Hanover Square

not Christened

wet nursd

2584

Blanket
Neckcloth
Roller
Bed
Waistcoat
Shirt
Pilch
Stockings
Shoes

Marks on the Body. With the Inclosed Silk. Fringe and paper

A Girl

St George Hanover square

not Christned

Wet Nursed

图8.2　孤儿院填写的表（附织物标记，1756年）。来源：©克拉姆

震惊。他的那篇文章开头是：“在一片空白的日子，用空白的表格接收一个过去一片空白的孩子。”在其他情况下，一旦某人或某件东西进入一个机构，旧表格最终会被丢弃。但在孤儿院中，管理人员一直抱有希望，希望一些母亲能回来领回她们的孩子（从而腾出一张床）。因此，标记（一般是一块当时小孩身上穿着的纺织品）会被固定在表单上，保留一个用于匹配的标记，以便母亲回来时认领。填好的表单会被仔细保存。这些标记现在成了英国18世纪纺织品的最全收藏。在这里，一种看似易逝的形式——一种旨在促进机构内部运作的印刷空白表格——被证明是最持久的形式之一，就这样精心保存了几个世纪。

“印刷废料”的命运正好相反。有些印刷文本没能成为书的形式，没有经过折叠、剪裁、装订的过程，没能成为绅士书房中的固定物品。由雅各布·汤森和理查德·汤森出版公司出版的约瑟夫·爱迪生（Joseph Addison）1738年版《十二卷失乐园笔记》（*Notes upon the Twelve Books of Paradise Lost. Collected from the Spectator*）就是一个例子。1767年出版公司倒闭时，这本书还有一部分未经装订的散页留在仓库里，时值18世纪60年代后期，一本于1719年首版的书（这本书本身就是重印本，而且广为流传）的第二版散页已经没有多大价值了（图8.3，彩图8），唯一需要它们的或许只有那些需要纸张的人。时过境迁，我们无法重建事件发生的确切顺序，

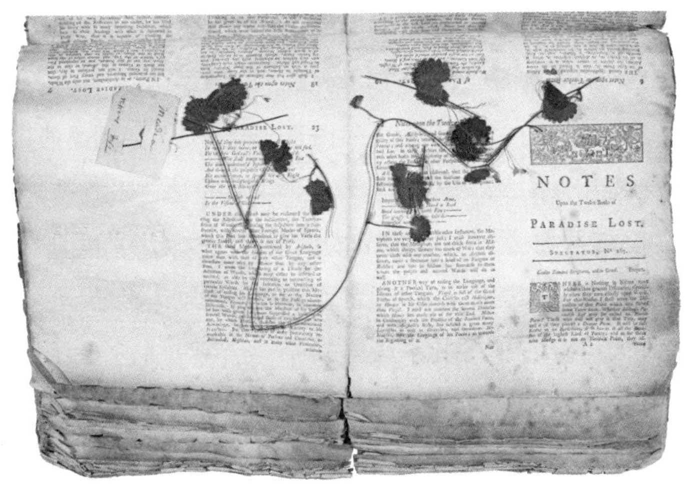

图8.3 废纸再利用，作为“奋进号”收集标本的干燥书。来源：伦敦自然历史博物馆

但可以肯定的是，约瑟夫·班克斯当时需要纸张，而且获得了部分或全部剩余的书籍散页。后来，他在1768年至1771年的第一次“奋进号”航行中将这些散页用来干燥植物样本。

从这些标本中，我们可以推测，班克斯和丹尼尔·索兰德（Daniel Solander）前往塔希提岛观察金星凌日的途中，曾在马德拉短暂停留，其间将这些散页用于标本收集。航行结束回到英国后，索兰德从晒干的书中取出压过的标本，然后重新压在沉重的标本纸上。但他显然遗漏了一些，从而使得这些散页得以在自然历史博物馆的地下室保存。这件事证明，即使是一本最权威、最值得尊敬的书籍也是具有易逝性的。人为的过失、难逢的机会、适时的地点，以及几代管理者的直觉或惯性，使得这本干燥书留存下来，令其在1767年就呈现出来的易逝性直至今日仍然可见。

虽然我们一直在追踪偶然因素，但特定人工制品的存活不仅仅出于偶然，更是一种广泛的文化价值体系所造就的。例如，在我们这个时代的大部分时间里（以及更早以前），作者的手稿一旦达到目的，通常就会被当作废纸出售，因为人们认为印刷出来的书比手写文本更有价值【手稿】。因此，一般来说，现存的手稿都是未发表的作品，尤其是散文。如果有小说，其在传统价值等级中往往也处于中低水平。举个例子，简·奥斯汀出版的《劝导》（*Persuasion*）一书，正式出版时前两章就被删除了。然而，大约在18与19世纪之交，人们对作者的手稿进行了大幅度的重估，越来越多的诗人甚至小说家开始保留手稿，因为他们意识到了这些手稿潜在的重要性和金钱价值。1815年，华兹华斯写道："每一位作家，只要他是伟大的，同时又具有独创性，那么他的任务就是要创造出一种能让人欣赏的趣味。"华兹华斯自己便是如此，他在一生中养成了留存自己所有手稿的习惯。最突出的例子之一是约翰·沃尔夫冈·冯·歌德，他在生命的后几十年里召集了一个由文士和秘书组成的团队，开始整理他的文件，从而催生了19世纪晚期最大、最杰出的文学档案之一。然而，这种保存并非自发进行的，1824年拜伦的回忆录被毁就是一个证据。本应幸存下来的手稿（比如拜伦的回忆录）没能存世，而其他手稿，比如塞缪尔·约翰逊的日记，则是从大火中被救出来，尽管作者希望它们消失。

结 论

综上，印刷的生存取决于运气、类型、价值和历史转变等综合因素。正如我们所争论的那样，任何印刷品或手稿都可能进入易逝状态，但由于18世纪以来公众的阅读范围不断扩大，以及人们对所谓"名人"的定义也发生了变化，使得某些曾为易逝的印刷物越来越有可能跳脱出原本的命运。19世纪早期，作者的签名、旁注和书信由于其真实性的光环而拥有了一种被认为是不言而喻的价值。即使是很小的文字碎片（或印刷的作品）也可能使我们更接近一位受人喜爱的作者。此外，平版印刷等新兴印刷技术与那个时期精心设计的感性崇拜相结合，催生了一种纸制纪念品和印刷文物的文化，这种文化改变了人们长期以来的看法，开始重新思考自己应该保存什么东西。只要带有天才的痕迹，或者国家的历史，又或是能够超越人工制品表面上的易逝性，那就值得投资。19世纪"拯救"易逝印刷品的风潮似乎更符合我们自己的档案实践，但我们不应忽视其中的片面性和不合逻辑性。如查斯特菲尔德勋爵（Lord Chesterfield）对他儿子的建议："一个绅士应该是一个善于安排时间的人，不会浪费生命。即使是本能召唤他去饭堂进食，他也可以在此间隙读一读拉丁语诗人的作品。比如，他买了一本《贺拉斯诗选》，撕下了几页，随身带着读。他先读了一遍，然后把它们作为祭品送给克罗阿西娜[1]。”

19世纪，易逝性日益成为一种普遍状况。机器造纸和蒸汽印刷机的出现意味着流通中的文本比以往任何时候都多：更多更大的报纸，充斥着广告和账单的城市，数量急剧增加的官僚文书工作，以及各种各样的传单、票据、时间表和电报表格。大量生产并不是易逝性的先决条件，尽管其常常有助于将物体定义为易逝。但是大规模生产的开始确实放大了我们在这里研究的价值和保存的问题：当文本被成千上万生产出来时，我们很容易想象，如果它们中的任何一个被证明是有价值的，就会有大量复本可供收集。然而，这些材料的损失率又是惊人的，比如约翰·默里·福布斯（John Murray Forbes）曾将100万份林肯总统的《解放奴隶宣言》（*The Emancipation Proclamation*）印刷成小册子，供联邦士兵分发给他们遇到的逃亡奴隶，但是幸存下来的只有10份左右。

对易逝性的担忧是同时代人学会“时代精神”的一部分，它与本世纪世俗化的趋势以及地质学和进化生物学提供的令

1 Cloacina，古罗马神话中管理下水道和公共卫生的神职。此处意为，撕下的几页读完后便丢弃掉。——译者

人不安的新的时间模型相吻合。作为回应，新的关于记忆的学科应运而生。考古学、档案学、图书馆学和历史编纂学可以过滤、保存和解释看似日常的事物。的确，参考书目和书籍的历史在19世纪开始呈现出类似于现代的形式。在我们这个媒介迅速变化、瞬息即逝的时代，这些试图阻止易逝性的尝试正以一种新的紧迫感重新出现，也许并非偶然。

— Frontispieces —

卷首画

卷首画是一幅整页的图片，在一本书的开头占据特殊位置，目的是构建读者与该书的交互期望。卷首设计一般可分为三类：建筑风格、肖像风格或说明性内容。虽然也有一些例外，但通常也是几种类型的混合。在17和18世纪早期，卷首画越来越普遍，其本身也从最初的建筑意义，即建筑物的正面写实，转变为一本书的门面。此外，由于雕版被理解为浮雕的一种形式，卷首画的建筑性质不仅被编码到其词源中，也被编码到其媒介中。卷首部分与扉页紧密相关，也经常包含建筑元素，通常采用雕刻门廊的形式。印刷制成的“大门”欢迎读者进入文本空间，同时也对书中的结构和内容进行了呈现。建筑设计元素标志着一本书的不朽。例如，1747年《大英百科全书》的扉页就宣称自己是“为所有时代最值得纪念的人建立纪念碑”。当然，对于像《大英百科全书》这样的大型对开或四开本书籍，建筑层面的不朽也体现了其本身的气势。然而，建筑物的卷首画设计也反映了建筑材料的文化重要性，并常常暗示着在作者死后为其“竖立”的纪念碑。肖像式的卷首画常常将一个人头放在书的重要位置，这代表着作品的主体，进而代表着作者的身体。最后，卷首画也可以是文本中的一幅插图，试图以一种自反的、索引式的或图符性的方式来代表本书的论点或内容。

与标题页一样，卷首画是文本和图像交互的关键位置。此外，使用图形媒介，既向外，向着读者的生活世界，又向内，向着书中的内容。在手印时期，因为雕刻的卷首必须“插入”到凸版书中，人们认为它们标志着额外的费用和对细节的关注。然而，我们认为即使在手印时期，卷首画的意义也往往是复杂的，而不仅仅是赋予价值。

我们还发现，在凹版印刷后，书籍生产的变化更加普遍，进一步复杂化了价值问题与卷首画地位之间的关系。17 和 18 世纪的雕版作品通过媒介本身的性质鼓励了纪念性的思想。铜板雕刻师希望观赏者将他们的工艺理解为雕塑的一个分支，不像绘画那样有自己的一套关于肖像绘制的惯例，卷首画中的肖像通常是在纸上“雕刻”的半身像。正如马西娅·波因顿（Marcia Pointon）所指出的，“头部”成了卷首画的传统表现形式，但我们希望强调这种惯例的中间性质，它模糊了肖像风格和建筑类卷首画之间的界限。头像通常被描绘成建筑壁龛里的雕塑，或者是挂在墙上的一幅有画框的画，画的细节都包含在雕版里。与其词源一样，卷首画通常用于填补建筑空间，如建筑物、门和内墙，还用布料、月桂、木头或金属框架，甚至画钩，把绘画和雕塑等艺术媒介结合在一起，融入建筑空间。更复杂的情况是，那些人头肖像卷首画可以从书籍中分离出来。一幅卷首画一旦从书中解放出来，可能会诞生新的生命，变身为墙上的一幅画、剪贴簿中的一页，或一幅特别的插图【增厚】。

作者的肖像

肖像风格的卷首画比印刷书籍更早出现。乔叟作为卷首画就出现在一本现藏于剑桥大学圣体学院的《特洛伊罗斯与克瑞西达》(*Troilus and Criseyde*)中。画中，乔叟站在讲坛上向国王、王后和贵族朗诵诗歌。不管这样的场景是否曾发生过，乔叟被描述为诗歌的创始人，其权威可与传教士或教师相媲美，并与社会的最高阶层有联系。1623年，《第一对开本》的卷首上出现了马丁·德罗萨特（Martin Droeshout）为莎士比亚所作的雕刻肖像，这有助于将莎士比亚重新定位为一位作家，而不仅仅是一位剧作家。在这两种情况下，卷首画都提升了作者的地位，起到了一种间接的“解读门槛”的作用，塑造了读者阅读这本书的方式。

在18世纪，作者画像在蓬勃发展的印刷市场中变得普遍起来，肖像卷首画是作者自我塑造的一个重要元素。至少到18世纪末，一本绘有凹版卷首画的作品通常会显著提高其售卖价格，因此这就起到了珍妮·巴查斯（Janine Barchas）所说的“等级标签”的作用，这是为知名出版物保留的标签。威廉·圣克莱尔（William St. Clair）指出，在1774年以后，出版版权过期文本的“旧经典”作品通常在卷首画上有作者肖像。然而，作者、作者的肖像和作者的作品三者之间的联系从来不是简单地相互加强。通常的印刷方法是重复使用现有的版画，所以并不能保证这幅肖像真的属于这本书的作者。例如在《第一对开本》中，本·琼森（Ben Jonson）的诗《致读者》（*To the Reader*）就印在了卷首画的反面，强调了卷首与文本之间的不连续性，而不是相互支持。他指出，雕刻师不可能“把莎士比亚的智慧用黄铜真正刻画出来”，因此建议读者“不要看他的画，而要看他的书”。事实上，那时候即使有人打算为这本书印上头像，也不能保证画在卷首上的头像就是作者本人。当然，将作者置于书的首位，并赋予两者声望，似乎会为浪漫主义文学的自我表达提供物质支持和文化资本。然而，这种权威可以通过多种方式加以利用。例如，在林托特出版公司1721年出版的巨著《杰弗里·乔叟作品集》（*Works of Geoffrey Chaucer*）中，编辑约翰·厄里在卷首用自己的肖像取代了乔叟，他认为这本书的权威并不在乔叟本人，而是在于他将乔叟的作品整理成里程碑式的现代式作品。

罗杰·查蒂尔认为，肖像卷首画的作用是“强化这样一种观念，即文字是一种个性的表达，它赋予了作品真实性”。伊根（Egan）和西蒙森（Simonsen）等评论家认为，合集中浪漫主义诗人的卷首画像建立了道德权威，帮助他们笔下的主人公获得了世俗的重生。虽然作者的肖像表面上保证了对写作主体与艺术家的描述，以及文本的连续性，但也不可避免地产生了不连续的可能性。用安德鲁·派珀（Andrew Piper）的话来说，“作为卷首画的作者肖像的流行揭示了作为写作框架的人与个性之间的重要张力，以及书中提倡的个人与个性的拟像之间的张力”。卷首的肖像让读者可以从作者的作品中看到他们，以及他们与表面上是他们的“原创”历史人物之间的区别。多样的肖像和肖像风格也有助于表现作家不同层面的性格。我们以19世纪头几十年无数版本的卢梭作品为例，这些作品确立了他作为经典人物的声誉，我们可以看到多种不同的形式，包括以侧面角度装饰着月桂树叶，象征着不朽桂冠诗人的半身像，也有占据四分之三版面，戴假发的慈祥老人形象，还有不戴假发的自然公民形象，以及戴着海狸帽直视读者的野蛮人形象。不同版本中的卷首画使得读者和作者之间产生了超越死亡的多种情感交互。

随着木版画的复兴、平版印刷术的普及以及钢版画的广泛使用，图书在19世纪变得更便宜、更受欢迎。卷首画无论是在新书上，还是旧作品的再版中都变得更加普遍。当一个作者的头像出现在他死后的作品中，它提供了一个视觉上的纪念，用来支持和补充作品的内容。然而，卷首画也可以遵循德里达（Derridean）的补充逻辑：如果没有外部支持，单独的文本是无法站住脚的。从表面来看，卷首画对已经完成的、足够的工作进行了补充，起到了点缀的作用。用德里达的话来说，就是“最充分的存在”。但卷首画也可能是一种对缺席的提醒，提醒读者无论是已故作者还是他的作品，它们的价值还有待商榷。“这是一种对补充的补充，”德里达接着说，“补充只是为了取代。如果它代表并制造了一个形象，它就代表着它本身是一种缺陷的存在。”因此，卷首画有助于使作者们成为经典，但也不可避免地对他们作品的持久价值和自我维持的本质提出质疑。

许多模棱两可的问题超出了简单的价值层面。随着卷首画在19世纪被更广泛地使用，其民主化有可能打破印刷书籍中长期存在的文化地位等级制度。在手印时期，卷首画的出现可能意味着出版商愿意投资一幅雕刻肖像，作为制作成本的一部分。但随着视觉再现成本的下降和卷首画的普及，卷首画所能赋予的价值必然受到侵蚀。事实上，不管卷首画的出现是否宣告了作者已有的优点，这种保证已变得越来越不稳定。随着卷首画的增多，它们被赋予了新的意义，取代了已有的意义。

1791年约翰·贝尔（John Bell）出版了《玛丽·鲁宾逊夫

人诗集》(*Poems by Mrs. M. Robinson*)，使卷首画的意义日益模糊。尽管鲁宾逊在1775年就已经发表过诗，但她的名气并不取决于她的作家身份，而是取决于她作为演员、时尚偶像和情妇的身份。在诗歌出版之前，她作为诗人的名气一直是基于假名。从1788年开始，她以“劳拉”“劳拉·玛丽亚”“奥伯伦”“仙女皇后”“塞萨里奥”和“彼特拉克”等笔名在报纸《世界和神谕》(*World and Oracle*)上发表作品，并成功地打入了当时的诗人圈子。在将鲁宾逊的诗文收集成卷的过程中，贝尔放弃了早期的做法，即在出版书籍时仍保留她的笔名。相反，鲁宾逊的诗以她的真名出现，并以作者的肖像作为卷首（图9.1）。

1782年，约书亚·雷诺兹（Joshua Reynolds）为鲁宾逊创作了一幅著名的肖像画，而这幅卷首画代表了作者肖像的一种增殖能力，而不是稳定文本的意义。这张画并没有把鲁宾逊塑造成一个杰出的诗人形象，而是指向了鲁宾逊早年作为一个著名美女和时尚引领者而出名的形象。这不是为了介绍作者的主体，而是为了利用她早期的名声。从严格的经济角度来看，这实际上是为雕版和印刷的成本买单，因为鲁宾逊早期作为公众人物的名声至少可以保证合理的销售成绩。但贝尔对雷诺兹所作肖像的选择超越了经济学的范畴，使之成为文化权威，因为这幅画是约书亚·雷诺兹爵士的原作，鲁宾逊的诗歌还通过与皇家学院及其创始人雷诺兹的联系，获得了某种机构权威。贝尔正确地预测到，卷首画不仅能用于

图9.1《玛丽 · 鲁宾逊夫人诗集》的卷首画。来源：辛格-门登霍尔收藏，基斯拉克特殊、罕见书籍和手稿收藏中心，宾夕法尼亚大学

卖书，而且还能作为一种护身符，让他收集和重印那些原本以新闻媒介身份出版的诗歌。

说明性卷首画

虽然作者肖像在18和19世纪是一种常见的卷首画，但并不是唯一的类型。如果作者希望与读者建立一种面对面的关系，那么作者既可以提供该书论点的概括性要点，也可以努力将其信息重新塑造成一种视觉符号。也许这一传统最著名的例子是托马斯·霍布斯（Thomas Hobbes）的《利维坦》（*Leviathan*，1651年），这本书的卷首画由亚伯拉罕·博斯（Abraham Bosse）与霍布斯协商设计。博斯形象地展示了一位仁慈的君主——实际上是臣民组成的联邦：他的身体由三百多人组成，反映了霍布斯的政治哲学。君主一手拿剑，一手拿着主教的牧杖，把教会和民间的权威联合起来。《利维坦》的卷首以象征传统为基础，浓缩并形象化了这本书的论点，其目标读者是文化消费者，他们在阅读文本的同时，也在舒适地解码视觉符号。

说明性的卷首画可以服务于许多不同的目的，但它们在这一时期的主要用途之一是装饰小说中日益突出的虚构特征。早在1795年，评论家弗里德里希·施莱格尔（Friedrich Schlegel）就开始抱怨铜刻小说的流行。说明性的卷首画是为了标记一种身临其境的、富有想象力的对文本的参与，而不是对作者的提示。人们不再与作者交流，而是与一个至关重要的活生生的虚构世界交流。托尼·若阿诺（Tony Johannot）在《堂吉诃德》（1836年）中加入的卷首画可以作为一个标志性的起点（图9.2）。这部小说有八百多幅插图，是通过作为新技术的木刻术得以实现的【雕版】。它标志着一种新出现的图像小说浪潮，这种浪潮后来成为19世纪小说阅读的标志。

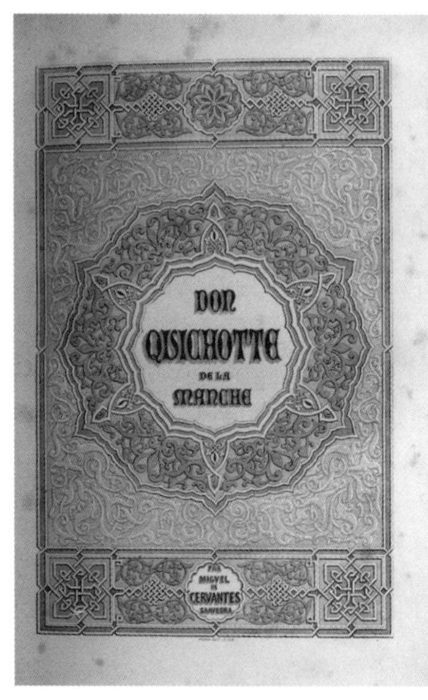

图9.2 托尼·若阿诺给《堂吉诃德》的卷首插图。来源：杰罗姆·劳伦斯和罗伯特·李戏剧研究所，俄亥俄州立大学图书馆

在卷首画中，我们看到一位英俊的朝臣和一位女士一起阅读，作为阅读的视觉入口，它突出了阅读本身的行为。这与民谣选集的卷首画不同，是另一种重要的视觉书目传统，从珀西延伸到19世纪晚期的豪华精装版本，比如乔治·巴尼特·史密斯（George Barnett Smith）的《插图歌谣集》（*Illustrated Ballads*，1881年）【选集】，在这本书中，阅读被等同于听到久已消失的远古之声。在19世纪的小说中，阅读被界定为一种让读者随着内容进行自我反省的实践。

视觉和阅读的相互作用在书籍的视觉装饰中变得越来越突出，这严重地挑战了从18世纪继承下来的一种更持久的艺术史范式。在这种叙事中，最重要的例子莫过于莱辛（Lessing）的《拉奥孔》(*Laocoön*)，视觉艺术在时间中驻足片刻，而文学艺术在时间中捕捉思想，当文字移动时，图像保持不变。但是，将阅读描述为一种自我反省，会使得传统的二分法难以解释这种过程。我们多次看到，说明性的卷首画融合了书的内容，但又与之进行角逐，这让书在可视化的过程中产生了一种新的可读性。卷首画通过各种视觉线索促成了一种瞬间的美学，比如：门口的风景［如1890年出版的沃尔特·斯科特（Walter Scott）的《清教徒》(*Old Mortality*）的百年版］；肩膀上搭着一只手［如1899年帕特南出版的精装版的华盛顿·欧文（Washington Irving）的《睡谷传奇》(*The Legend of Sleepy Hollow*)］；所有的线条指向同一物体［如罗伯特·路易斯·史蒂文森（Robert Louis Stevenson）1892年出版的《破坏者》(*The Wrecker*)］；或者用大写字母强调的文字说明［如威尔基·柯林斯（Wilkie Collins）的《闹鬼的旅馆》(*The Haunted Hotel*，1879年）的卷首画中有一句话："你撒谎！你撒谎！"卷首画中聚焦的眼睛、紧握的手和惊叹词为这本小说表现出惊人的视觉效果。］

但与此同时，我们发现，无论是通过视觉疏散还是图像复调，在说明性的卷首画中都有相同但又相反的强调。比如奥托·罗盖特（Otto Roquette）的《森林人婚礼之旅：莱茵河，酒和旅行童话》（*Waldmeisters Brautfahrt. Ein Rhein-, Wein-und Wandermärchen*，1897年）的卷首画，场面非常拥挤，奇妙的虚构森林里，人占满了各个方位（图9.3）。或是托尼·约翰诺特（Tony Johannot）在《驴皮记》（*La peau de chagrin*，1831年）中标志性的阿拉伯风格素描，读者的眼睛在19世纪的纸页之间漫游，产生一种时间性的视觉诗学。

也许在我们这个时代，卷首画最突出的一点特征并非简单地通过共时性的方式建立起一个重要的虚拟场所，人们通过这个虚拟场所对“读”和“看”进行相互作用。与此同时，卷首画更是对旧式视觉风格和传统进行不断修复的重要指标。正如卷首画曾利用各种建筑和肖像来证明这本书的永恒和不朽一样，19世纪的卷首画也大量使用了早期的戏剧惯例来强调阅读的新时代性，重新利用了18世纪戏剧的视觉传统。贝尔这样的出版商会利用演员穿着现代服装的场景来装饰老剧本的文本，以使它们重焕生机。我们还可以看到，菲兹为《匹克威克外传》（*Pickwick Papers*）所作的卷首画很快就成了权威版本，如何重复使用各种戏剧惯例——例如向后拉起的舞台幕布和戴着面具的滑稽艺术人物——开启了我们进入塞缪尔·匹克威克世界的入口。在《董贝父子》（*Dombey and Son*，1848年）的第一版中，我们看到菲兹使用了另一种手法，将小说中大量的叙事瞬间概括起来，画面非常空灵地围绕着

图9.3 奥托·罗盖特的《森林人婚礼之旅: 莱茵河，酒和旅行童话》的卷首画。
来源: bpk，柏林/艺术资源，纽约

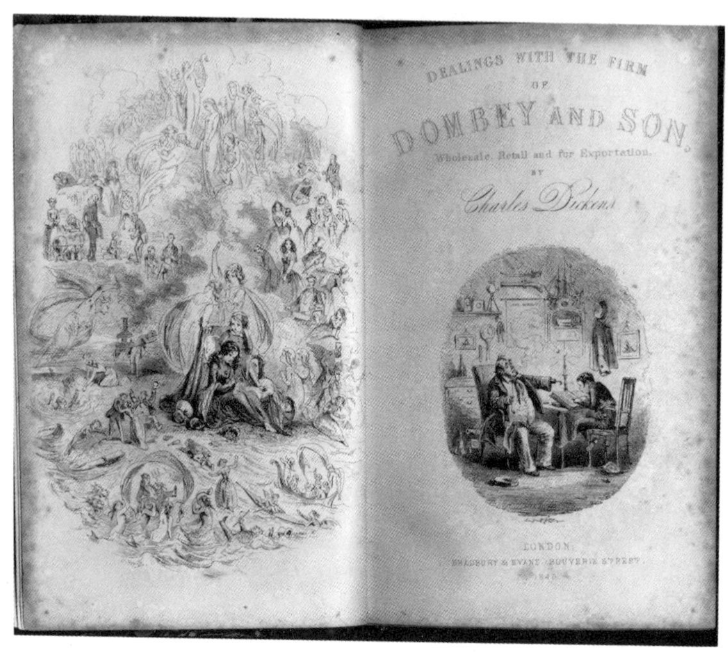

图9.4 《董贝父子》的卷首画。来源：杰罗姆·劳伦斯和罗伯特·李戏剧研究所，俄亥俄州立大学图书馆

主要儿童人物弗洛伦斯和保罗展开（图9.4）。这种叙事瞬间让人想起一类熟悉的绘画传统——浮动的脑袋雕塑围绕着阿波罗和他那桂冠装饰的七弦琴（普拉在1833年出版的卢梭作品集中也使用了这种方法，卢梭置身于法国作家的万神殿中，图9.5）。这样的叙事瞬间代表了作者，作者永远处在某种天堂般的背景之中。

我们认为，与其想象那些围绕着卷首画的兴衰叙事，我

图9.5 普拉在1833年出版的卢梭作品集的卷首画。来源：麦吉尔大学图书馆的珍本与特藏

们更想强调一种类似于不对称周期性的历史编纂模式。就像保留剧目一样【舞台】，在我们这个时代，以视觉传达为目的的卷首画不断出现，为不同的意识形态服务，每一个都有自己独特的时间轴。它们被要求以特定的方式去框定阅读和书籍，但它们既向内，又向外张开，进入更广阔的印刷视觉文化的世界。

— Index —

索 引

对今天的读者来说，索引是一本书后面按字母顺序排列的列表。当我们阅读一本非小说类的作品，尤其是一本学术书籍，通常可以通过查找在书最后按字母顺序出现的列表中的关键名称或概念来更快地获取信息。然而，这种文本形式并非一成不变。索引具有多种形式和功能，其使用方式和意义主要通过与18世纪蓬勃发展的印刷世界交互作用而发生变化，这为研究印刷文本的历史以及人们与之如何交互提供了一个独特的视角。

这一章研究了索引在形式和功能上的发展。18世纪的读者面对的是一个似乎无法衡量和遏制的、成倍增长的书籍世界，虽然索引早在这个时代之前就作为一种印刷导引形式存在，但我们认为，索引到18世纪才真正成为一种示范性的导引工具。我们考虑了索引所服务的内容，以及它们是如何在作品结尾处成为现在我们熟识的有序列表。但我们也更广泛地讨论了由索引完成的组织工作，以及为什么这种工作对18和19世纪的读者越来越必要。从这个意义上讲，这一章不仅仅关乎传统意义上的索引，也关乎另一种意义上的“索引”：一种理想的组织指南，可以在整个印刷世界的背后运作，用于整理书籍、报纸、期刊、雕版和其他印刷品受众的经验。然而，在不断变化、日益复杂的媒介环境中，印刷品激增，越来越多的新书和新形式的印刷材料不断涌现，使得建立这样一个综合机制变得越来越困难，最终成为一种幻想。

索引的发展

索引是一个系统，是一种引导读者阅读大部头文本的方法，从单一的内容到整个书籍世界。索引可以追溯到印刷术之前，有些被称赞为“恰如其分”［如伊拉斯谟的《格言》（*Adages*）中包含了一个索引来组织杂乱的秩序］，有些则令人眼花缭乱［如西奥多·茨威格的《人生戏剧》（*Theatrum humanae vitae*）］。到了18世纪，索引被标准化，成为系统的辅助工具之一。这些辅助工具还包括注释、目录和分支图，它们单独或一起使用，用来帮助读者浏览印刷书籍中包含的材料。索引使读者能够以另一种非连续的方式阅读书籍，使得阅读不再是线性的或沉浸式的，而是断断续续的或选择性的。该时期词典中对这些辅助工具的定义指出了它们之间的联系，以及它们在形式和目的方面的重叠和互换。例如，注释可以具有索引功能，也可将读者导向特定的书籍部分，甚至是特定的页面。

和注释一样，一些索引会与其所在的著作分开制作，指向印刷品制作和传播的更广阔的世界。因此，1734年版的《学者词汇字典》（*Il vocabolario degli Accademici della Crusca*）将“索引”（indice，意大利语）一词定义为：“指数、维度，也指书籍目录。”索引作为众多手稿的指引物而被制作为单独一卷始于13和14世纪，这种独立的索引一直持续到现代早期，其中最著名的是由罗马索引会出版的《禁书目录》（*Indice dei libri prohibiti*），里面包含了罗马天主教会禁止的书籍目录。达朗贝尔（d' Alembert）编撰的《百科全书》中的一个条目提出了另一种解释：“索引”（index）是“登记表”（register）一词的几个同义词之一，用来帮助商人浏览账簿，每个名字都指向记录个人客户借与贷的对开页。在这种情况下，索引并没有密切关注印刷品的流通情况，目的是让人容易且轻松地浏览复杂的商品交易系统。

虽然单独的索引在某些情况下仍然存在，但在现代早期，索引更频繁地与它所索引的作品绑定在一起印刷出来。即便如此，这个术语的含义仍然是可变的。索引可以代表一系列的名字、一系列的单词和值得注意的事物，或者一系列的标题。最后一个意义特别接近于目录，事实上，塞缪尔·约翰逊的《英语词典》中，“索引”一词的定义之一便是“一本书的表”，而“表”（table）的定义则是“一个索引，一个标题集，一个目录，一个大纲，许多细节放在一个视图中”。前面提到的《百科全书》中的账簿登记册也被称为“字母表”或“目录”。索引也可以解释为“发现者、指针、指向任何东西的手”。手指形状的印刷符号经常出现在早期的现代书籍中，用来标记重要的段落，这直接体现了索引的功能，使读者意识到，索引除了帮助读者在文本中找到内容之外还有其他用途。索引还可以帮助我们选择、排序、分级和评估，不仅仅是一个实用主义的工具，还是一个确定文本意义的工具。

索引和书中世界

尽管词义具有弹性，但索引最常被追捧的还是其实用功能。在印刷品中列入索引已被16世纪的书籍作为宣传卖点加入扉页中，而18世纪则将其列入日益广泛的印刷品中，不断变得更加详细和复杂，作为多卷本文集、科学论文、旅行书籍和《圣经》的标准元素，甚至连小说也加入了滥用索引的潮流。例如，塞缪尔·约翰逊建议理查森为他的长篇小说提供索引，以帮助读者查找其中冗长的书信体内容。在这种伪装下，索引也可以发挥修辞功能。珍妮·巴查斯在汇编《查尔斯·格兰迪森爵士的历史》（*The History of Sir Charles*

Grandison）这本书时，表明了他的目标，即确保这种新的（而且不那么有名的）小说体裁“与其他带索引的书籍放在同一书架上，进而赋予其权威性和参考地位”。索引在单卷之外的扩展代表了它们在18世纪承担的功能、意义和文化力量。

索引的形式和功能远远超出了字母顺序表的范围，为了便于查阅单卷，索引开始变得越来越系统化，渐渐掩盖了先前的通用功能。在一本普通的书中，索引允许编辑者组织和快速访问相关主题的文章。然而，正如安·布莱尔（Ann Blair）所展示的那样，通用功能一般会涉及一个读者或一个家庭中多个读者的体验：每个人从其他印刷材料中挑选、抄写、剪切和粘贴段落，从更大的作品集中进行个性化选择。尽管索引的早期版本在允许读者找到和定位其他作品中的相应段落方面发挥了类似的作用，但一本普通书籍和一个索引之间的对照，使我们能够区别一般索引与布拉德·帕萨内克（Brad Pasanek）和查德·韦尔蒙（Chad Wellmon）所称的“启示索引”之间的区别。通用功能几乎都是面向个人的，启示索引则是制度化的，这类索引类似于所有印刷品的备忘录。

索引不仅仅用于定位一个主题在哪一卷，而且越来越多地用于综合所有的印刷品。约翰·阿德隆（Johann Adelung）在他1811年出版的《关键语法字典》（*Grammatisch-kritisches Wörterbuch*）中写道，“索引”是一个“寄存器”，它定位了特定的“页面或地点”，在那里可以找到特定的名称或术语。

条目继续写道，索引是一个“喋喋不休的页面指示器或指针”。虽然这可以简单地理解为对索引实用功能的声明，但也暗示了索引在概念上的力量，指向特定的印刷页面可以使读者在新兴的印刷品领域进行更广泛地定位。换句话说，一个索引可能指向单个文本，也可能指向一个世纪间激增的书籍、报纸、杂志和小册子。

正如启蒙运动的学者们所设想的那样，索引应该与其他寻求综合化和组织化的印刷文本和手稿类型相联系，例如词典、百科全书、摘要、概要、目录和最近出版物的广告列表。所有这些形式都包括索引元素，从脚注、注释、文本内引用到字母化的名称或主题索引，这些索引通过指向特定的印刷页面来引导读者。它们将印刷文本转化为现代形式的信息，目的是使印刷领域更加同质化，从而更容易驾驭。同时，普通的索引用于指向文内的信息，而启示索引通常是互文性的。

为了理解这些索引对印刷品生产者和消费者的吸引力，我们只需看看许多对18世纪晚期大量书籍的描述。例如，维塞斯穆斯·诺克斯（Vicesimus Knox）在1785年指出：“印刷艺术使书籍成倍增加，以至于收集或阅读所有优秀的书籍都是徒劳，更不用说阅读所有已出版的书籍。”索菲·冯·拉·罗奇（Sophie von La Roche）描述了她在同一年参观伦敦一家书店时的感受，她说：“一个人能想到的所有东西都被整齐而漂亮地陈列着，选择之多几乎让人变得贪婪。”数量如此庞大的书籍使得通常被视为解毒剂的书籍变成了一种毒药。保罗·基恩指出，如此大量的书籍也有可能使一个人变得疯狂，“书籍和疯人院的出现，不是因为一个人有被治愈或至少避免另一个人痛苦的能力，它们是病态环境中两个同样具有传染性的元素”。面对这种令人发狂的泛滥，索引作为一次性组织书籍世界的文本工具，可以被理解为有针对性的灵丹妙药。它可以作为一种疫苗，可以将书籍世界保持为一个可映射和有序的空间【泛滥】。

无论市场上大量的图书促进了人们对写作的渴望，还是反过来促进了书籍的销售，许多为图书市场做出贡献的作者都加剧了艾萨克·迪斯雷利（Isaac D'Israeli）在1795年出版的《文学人物的礼仪和才能》（*Essay on the Manners and Genius of the Literary Character*）中所说的“书籍的普遍扩散”。尽管“书籍”这一类别包罗万象，但迪斯雷利在这里关注的实际上是期刊的普遍扩散，尤其是文学期刊。“当我想到每一本文学杂志背后都会产出50或60本出版物时，”迪斯雷利说，“其中至少有5或6本是精彩的，而大部分是不值一提的。当我拿起笔，试图用这些给定的数目来计算下个世纪一定会出版的书籍数量时，我的内心在一系列困惑中徘徊，当我在数十亿、数万亿、数百万亿之间迷失时，我不得不放下笔，停留在无穷远处。”这种数量爆炸的感觉因批评家们对流派激增的关注所强化。从期刊、杂志、词典和各种类型的百科全书兴起，到声称包含科学或历史知识的作品种类的增加，所有这些都是由一个快速变化的行业所驱动，在这个行业中，文化的推广和内容本身一样重要。这些内容会在印刷的“泛滥”一章中进行更详细的讨论【泛滥】。迪斯雷利暗示了读者对印刷机不断的输出感到不知所措。他的评论既解释了为什么人们渴望对其他印刷文本进行索引和整理（以使书籍的世界更加连贯），也解释了这一任务的不可能性，因为出版物在达到无限之前，会呈指数增加（同样具有讽刺意味的是，迪斯雷利在一本书中发表了自己这些哀悼之词，从而为这条通往无限的楼梯做出了一份贡献）。

启示索引

在整个18世纪，印刷材料的绝对数量不断增加，索引的形式和功能超过了其早期版本，不再仅仅是书的边缘记号和后面的字母列表。这种扩张在18世纪最后20年德国出版的一系列高度索引文本中表现得最为明显。德国学者、目录学家约翰·塞缪尔·埃尔希（Johann Samuel Ersch）构想并出版了这样一个文本：他试图在他的《1785—1790年文学汇编》（*Allgemeines Repertorium der Literatur für die Jahre 1785—90*）中创建多卷期刊索引。埃尔希的作品实际上是由《文学杂志》监管和出版的四种出版物之一。前两卷是根据埃尔希所称的

"国内外文献的系统索引"组织的，提供了"一种按照分类和顺序进行索引的快捷检索方式"，其中包含超过3.2万篇期刊文章。其的主要目标是通过组织书评来综合"书的世界"。它不是由主题或题目组成，而是由关于个别书籍的书目信息和对它们的评论组成。此举类似对书籍这一物理实体的迷恋，而不是将作者或主题列为基本的组织类别。埃尔希这本书的最后一卷是根据文本标题按字母顺序排列的文章列表，并与整个索引系统的内容交叉互引（图10.1）。整本书中的实际内容并不新鲜，但其复杂的索引形式是对18世纪德国易逝物的一个大型索引。其精简、缩写形式和严格的细节区别于早期的索引文本。埃尔希的文本通过收集出版文本的信息，使印刷（特别是期刊）正式化。我们可以看其中的一个条目：A.L.Z. 85, I. 1。它可以翻译为：Allgemeine Literaturi-Zeitung（期刊标题），1785年，卷I，第1页。若有作者的名字，也会被缩写，比如A表示奥古斯特，Abr表示亚伯拉罕。这种索引较少关注书籍或期刊的内部思想、概念或内容，更多关注与发表和接收相关的外部信息。这是一种收集和分发关于文本信息的印刷品。

埃尔希的目标是他所谓的绝对"完整性"，即所有印刷期刊材料的总数。他试图通过进一步整合自己的技术来实现这一目标。例如，他将第1卷和第2卷（系统索引）与第3卷（字母索引）紧密地交织在一起。因此，在第3卷的"康德"

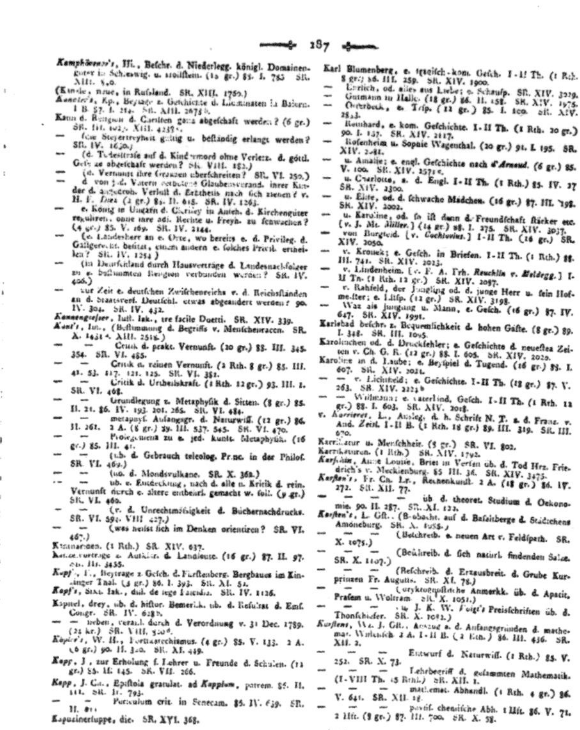

187

Kamphövener's, Hr., Befchr. d. Niederlegg. königl. Domainengüter in Schleswig. u. Holftein. (12 gr.) 85. I. 785 SR. XIII. 840.
(Kanäle, neue, in Rußland. SR. XIII. 1760.)
Kanzler's, Kp., Beytrage z. Geschichte d. Illuminaten in Baiern. I B. 87. I. 214. SR. XIII. 2678b.
Kann d. Religion d. Christen ganz abgeschafft werden? (6 gr.) SR. III. 1032. XIII. 4237c.
— (die Steuerfreyheit gültig u. beständig erlangt werden? SR. IV. 1630.)
— (d. Todesstrafe auf d. Kindermord ohne Verletz. d. göttl. Ges. ae abgeschafft werden? SR. VIII. 182.)
— (d. Vernunft ihre Grenzen überschreiten? SR. VI. 250.)
— d. von j. d. Vatern verbotene Glaubensverand. ihrer Kinder d. angedroh. Verlust d. Erbtheils nach sich ziehen? v. H. F. Diez (2 gr.) 89. II. 615. SR. IV. 1263.
— e. König in Ungarn d. Clerisey in Anseh. d. Kirchengüter reguliren, ohne ihre adi. Rechte u. Freyh. zu schwächen? (4 gr.) 85. V. 169. SR. IV. 2144.
— (e. Landesherr an e. Orte, wo bereits e. d. Privileg. d. Gottesverehr. besitzt, einem andern e. solches Privil. ertheilen? SR. IV. 1284.)
— (in Deutschland durch Hausverträge d. Landesnachfolger an e. bestimmten Religion verbunden werden? SR. IV. 406.)
— zur Zeit e. deutschen Zwischenreichs v. d. Reichsständen an d. Staatsverf. Deutschl. etwas abgeändert werden? 90. IV. 304. SR. IV. 432.
Kannengießer, Iust. Iak., tre facile Duetti. SR. XIV. 339.
Kant's, Im., (Bestimmung d. Begriffs v. Menschenracen. SR. X. 1431 c. XIII. 2518.)
— — Critik d. prakt. Vernunft. (20 gr.) 88. III. 345. 354. SR. VI. 485.
— — Critik d. reinen Vernunft. (2 Rth. 8 gr.) 85. III. 41. 53. 117. 121. 125. SR. VI. 381.
— — Critik d. Urtheilskraft. (1 Rth. 12 gr.) 93. III. 1. SR. VI. 468.
— — Grundlegung z. Metaphysik d. Sitten. (8 gr.) 85. II. 21. 86. IV. 193. 201. 265. SR. VI. 484.
— — metaphys. Anfangsgr. d. Naturwiss. (12 gr.) 86. II. 261. 2 A. (8 gr.) 89. III. 537. 545. SR. VI. 470.
— — Prolegomena zu e. jed. künft. Metaphysik. (16 gr.) 85. III. 41.
— — (üb. d. Gebrauch teleolog. Princ. in der Philos. SR. VI. 469.)
— — (üb. d. Mondsvulkane. SR. X. 362.)
— — üb. e. Entdeckung, nach d. alle n. Kritik d. rein. Vernunft durch e. ältere entbehrl. gemacht w. soll. (9 gr.) SR. VI. 460.
— — (v. d. Unrechtmäßigkeit d. Büchernachdrucks. SR. VI. 594. VIII 427.)
— — (was heist sich im Denken orientiren? SR. VI. 467.)
Kantaten. (1 Rth.) SR. XIV. 637.
Kanzelvorträge z. Aufklär. d. Landleute. (16 gr.) 87. II. 97. SR. III. 3455.
Kapf's, F., Beytrage z. Gesch. d. Fürstenberg. Bergbaues im Kinzinger Thal. (3 gr.) 86. I. 393. SR. XI. 52.
Kapf's, Sixt. Iak., diss. de lege Falcidia. SR. IV. 1126.
Kapitel, drey, üb. d. histor. Bemerkk. üb. d. Resultat d. Ems. Congr. SR. IV. 628b.
— — neben, veranl. durch d. Verordnung v. 31 Dec. 1789. (24 kr.) SR. VIII. 520c.
Kapler's, W. H., Fortkatechismus. (4 gr.) 85. V. 133. 2 A. (6 gr.) 90. II. 320. SR. XI. 449.
Kapp, J., zur Erholung f. Lehrer u. Freunde d. Schulen. (12 gr.) 85. II. 145. SR. VII. 266.
Kapp, J. Ch., Epistola gratulat. ad Kappium, patrem. 85. II. 111. SR. II. 793.
— — Periculum crit. in Senecam. 85. IV. 659. SR. II. 811.
Kapuzinerluppe, die. SR. XVI. 368.

Karl Blumenberg, e. tragisch-kom. Gesch. I-II Th. (1 Rth. 8 gr.) 86. III. 259. SR. XIV. 1900.
— Ehrlich, od. alles aus Liebe; e. Schausp. SR. XIV. 3029.
— Gutmann in Halle. (18 gr.) 86. II. 158. SR. XIV. 1975.
— Osterbeck, e. Trsp. (12 gr.) 85. I. 100. SR. XIV. 2833.
— Reinhard, e. kom. Geschichte. I-II Th. (1 Rth. 20 gr.) 90. I. 157. SR. XIV. 2117.
— Rosenheim u. Sophie Wagenthal. (20 gr.) 91. I. 195. SR. XIV. 2081.
— u. Amalie; e. engl. Geschichte nach d'Arnaud. (6 gr.) 85. V. 100. SR. XIV. 2571c.
— u. Charlotte, a. d. Engl. I-II Th. (1 Rth.) 85. IV. 27 SR. XIV. 2300.
— u. Elise, od. d. schwache Mädchen. (16 gr.) 87. III. 198. SR. XIV. 2002.
— u. Karoline, od. so ist dann d. Freundschaft stärker etc. [v. J. M. Miller.] (14 gr.) 88. I. 275. SR. XIV. 3037.
— von Burgfeld. [v. Gochhausius.] I-II Th. (16 gr.) SR. XIV. 2050.
— v. Kroneck; e. Gesch. in Briefen. I-II Th. (1 Rth.) 88. III. 741. SR. XIV. 2023.
— v. Lindenheim. [v. F. A. Frh. Reuchlin v. Meldegg.] I-II Th. (1 Rth. 12 gr.) SR. XIV. 2087.
— v. Rahfeld, der Jüngling od. d. junge Herr u. sein Hofmeister; e. Lstsp. (12 gr.) SR. XIV. 3198.
— Was als Jüngling u. Mann, e. Gesch. (16 gr.) 87. IV. 647. SR. XIV. 1991.
Karlsbad beschr. z. Bequemlichkeit d. hohen Gäste. (8 gr.) 89. I. 348. SR. III. 1045.
Karolinchen od. d. Druckfehler; e. Geschichte d. neuesten Zeiten v. Ch. G. R. (12 gr.) 88. I. 605. SR. XIV. 2020.
Karoline an d. Laube; e. Beyspiel d. Tugend. (16 gr.) 83. I. 607. SR. XIV. 2021.
— — v. Lichtfeld; e. Geschichte. I-II Th. (18 gr.) 87. V. 263. SR. XIV. 2224b
— — Willmann; e. vaterländ. Gesch. I-II Th. (1 Rth. 12 gr.) 88. I. 603. SR. XIV. 2018.
v. Karreret, L., Ausleg. d. h. Schrift N. T. a. d. Franz. v. And. Zeisl. I-II B. (1 Rth. 18 gr.) 89. III. 319. SR. III. 670.
Karrikatur u. Menschheit. (8 gr.) SR. VI. 802.
Karrikaturen. (1 Rth.) SR. XIV. 1792.
Karschin, Anne Louise, Brief in Versen üb. d. Tod Hrz. Friedrich's v. Mecklenburg. 85 III. 36. SR. XIV. 3475.
Karsten's, Fr. Ch. Lr., Rechenkunst. 2 A. (18 gr.) 86. IV. 272. SR. XII. 77.
— — — — üb d. theoret. Studium d. Oekonomie. 90. II. 287. SR. XI. 122.
Karsten's, L. Gst., (Beobacht. auf d. Basaltberge d. Städtchens Amoneburg. SR. X. 1055.)
— — — (Beschreib. e. neuen Art v. Feldspath. SR. X. 1075.)
— — — (Beschreib. d. sich naturl. findenden Salze. SR. X. 1107.)
— — — (Beschreib. d. Erzausbreit. d. Grube Kurprinzen Fr. Augusts. SR. XI. 78.)
— — — (oryktognostische Anmerkk. üb. d. Apatit, Prasem u. Wolfram. SR. X. 1051.)
— — — zu J. K. W. Voigt's Preisschriften üb. d. Thonschiefer. SR. X. 1092.)
Karstens, W. J. Gst., Auszug a. d. Anfangsgründen d. mathemat. Wissensch. 2 A. I-II B. (2 Rth.) 86. III. 436. SR. XII. 2.
— — — Entwurf d. Naturwiss. (1 Rth.) 85. V. 252. SR. X. 73.
— — — Lehrbegriff d. gesammten Mathematik. (I-VIII Th. 15 Rthl.) SR. XII. 1.
— — — mathemat. Abhandl. (1 Rth. 4 gr.) 86. V. 641. SR. XII. 18.
— — — physis. chemische Abh. 1 Hft. 86. V. 71. 2 Hft. (8 gr.) 87. III. 700. SR. X. 58.

Aa 2　　Karta

图10.1　约翰·塞缪尔·埃尔希所著《1785—1790年文学汇编》中的一页。来源：加州大学图书馆

一词下，我们可以找到一条名为“Critik d. Urtheilskraft. 93. III. 1. SR. VI. 468.”的内容。这些数字指的是在1793年《文学杂志》第3卷第1页上对康德《判断力批判》（*Critique of the Power of Judgment*）的评论，之后的数字表示系统指数，表示在第六体系的第468条目可以找到《判断力批判》和它的评论。因为页面是根据体系和条目进行编号的，这种系统索引的搜索很方便。埃尔希对文本信息的极端形式化，就是试图将印刷文本的世界完全整合起来。索引的目的不仅仅是在一本书中定位一个术语，更是对整个印刷领域内部进行组织和促进。这种索引不仅提供了特定文本的信息，还提供了数以千计的印刷品的信息，这些文本一旦被索引化，就会以虚拟关系的形式存在。

全面性、整体性、启示、浪漫主义

受印刷术普及的刺激，启示索引也吸收了一些概念，这些概念激发了那个时代的其他浓缩形式。除了词典、摘要、历书、目录和百科全书外，启示索引还受到人们对索引全面性的广泛兴趣和这一时期强调“系统化”的推动。作为一个整体，这类体裁是这个时代试图通过让读者更容易理解来管理大量印刷信息的努力的一部分。但是，除了它们的用途之外，这些文本形式还体现了一种特定的认识论立场：它们试图形成一种全面的、概括的、系统的观点，涵盖了从艾萨克·牛顿《自然哲学的数学原理》中的“论宇宙系统”到亚当·斯密在《道德情操论》和《国富论》以索引形式体现的系统化设想一个知识的世界，在这个世界里，知识可以通过文本的形式被编辑、组织和综合。这个整体概念设想了一个知识库，鉴于18世纪印刷文化的蓬勃发展，这个知识库需要被编入索引。

但是在启示索引的概念和后来形成的浪漫主义的总体概念之间有一个重要的区别。后者是由整体观念所驱动和组织的。其中关于统一整体的概念是意识流的和虚拟的，与启示索引追求的整体物质概念不同。换句话说，浪漫主义的综合思想主要在概念层面上运作，而基于启示索引的整体性概念是明确的文本。像埃尔希和狄德罗这样的人都试图达到一种真实材料的完整性。事实上，埃尔希和其他开明的思想家常常认为他们所追求的是对所有已出版文本的完整包含。他们试图以一种非漫谈的形式，基于印刷来组织世界。该索引既是可以实现的物质实体，又是导引的功能工具。与此相反，费希特（Fichte）、诺瓦里斯（Novalis）、谢林（Schelling）和黑格尔（Hegel）等后康德派人物则诉诸实际上与现实中任何事物都不相对应的总体性观念。他们和他们的浪漫主义抛弃了物质的全面性，诉诸于理想化的统一概念，这种统一超越了任何试图在空间和时间上描绘或实现统一的企图。他们的注意力转向：阅读的过程是对时间的体验，而不是阅读的物件。

这种概念取向的转变可能与浪漫主义时期印刷书籍中索引形式和功能的同时代转变有关。在1800年前后的几十年里，出版物呈指数继续激增，变得越来越精细，信息也越来越多。由于受到剽窃的指控以及作者的要求，索引、脚注和其他形式的文本作者会努力提高准确性、增强细节。在对全面性和特异性的双重追求中，索引开始分裂，无法完成要求的工作。例如，查尔斯·莱尔（Charles Lyell）的《地质学原理》（Principles of Geology，1830年）包含了两卷51页的索引，条目从“德格尔描述荷兰泥炭沼中的船只遗骸”到“利物浦，西印度陆壳附近”，再到“被狐狸杀死的绒鸭在冰上漂流到维多克岛”。莱尔的索引中逻辑是不清晰的，有些条目按作者的名字出现，有些按地点出现，有些按对象出现。尽管尝试了交叉引用，但这个索引并不能帮助读者找到与莱尔的论点直接相关的信息（西印度陆壳或泥炭苔藓中的船舶），除非读者原本就已经知道利物浦的具体情况或德格尔曾描述过。在这里，增加特异性的要求与实用性背道而驰。

莱尔的索引揭示了浪漫主义作家走向整体性的概念性而非实质性理解的一个原因：索引本身展现了启示索引和其材料完整性之间的裂缝。索引的这种不稳定性在18世纪最后十年的文本中得到了戏剧化的表现，因为印刷饱和度在法国大革命之后成为整个欧洲公众辩论的一个紧迫话题。例如，伊拉斯谟斯·达尔文（Erasmus Darwin）1799年出版的《植物园》（*The Botanic Garden*）第四版包括四个独立的索引：“诗歌展览目录”“注释目录”“附加注释目录”和“植物名称索引”。

这种多层次的索引系统与达尔文在书中的文本组成形式上的对应：一首长长的哲学诗歌和数量惊人的类文本材料，包括引用了数百份资料的大量科学脚注，260页的附加尾注，23整页的植物、古物和寓言场景插图，一篇对读者的单独序言以及上面提到的索引。这使得达尔文的文本无法被一个单一而全面的索引所引导。即便如此，达尔文仍试图通过诗意的寓言表达出，古代象形文字是最近重新发现的科学知识的关键，然后将他的书与植物学、电气学、地质学、化学、天文学等领域尖端科学研究统一起来。正如在其扩充版本中数以千计的注释和复杂的查找辅助工具所表明的那样，达尔文的书参与了启示索引的目标：致力于以印刷品的形式全面记录古代和现代科学主题的知识。同时，《植物园》的形式和格局也对物质综合性的理想提出了挑战。面对达尔文书中如同沼泽般的物质沉积，一个浪漫的整体概念可能会是一个非常实用的解决方案。

达尔文在1789—1791年出版书籍时正好站在索引材料和概念历史的十字路口。作为一本奇怪的印刷品，它揭示了为什么启示索引和浪漫主义的概念没有绝对的界限。基于启示索引的任何出版物都没有实现过对印刷品的全面描述，所有的索引中总是存在空白。这些出版物的编辑们常常意识到这一点，甚至因为没有解决这个问题而感到尴尬。早在1733年，克里斯蒂安·约彻（Christian Jöcher）就承认，他的《简明学问词典》(*Compendious Lexicon of the Learned*)事实上“尚未完成”，然后他解释说，他根本无法跟上每天出版物出现的速度。启示索引可能代表了一种对一切印刷品进行物质描述的意图，但在现实中，这些出版物从未达到它们的最终目的，学者和出版商都知道这一点。

启示索引和浪漫主义关于全面性和总体性概念之间的脆弱界限是显而易见的，正如帕萨内克(Pasanek)和韦尔蒙(Wellmon)在他们出版的著作中所展示的那样。在那个时期，伊曼努尔·康德在他著名的文章《问题的答案：启蒙是什么？》(*An Answer to the Question: What Is Enlightenment?*)中的注脚里写道：“我今天读了同月30日，也就是这个月的《柏林周报》，上面刊登了门德尔松先生对此问题的回答。”康德的笔记充满了索引式的语言：“9月13日”“同月30日”“今天”“这个月”“此问题”。事实上，这个注脚似乎是在怀疑编辑或者印刷从业者在广泛的印刷网络中指向正确页面的能力。康德知道门德尔松的文章是存在的，但是他不知道文章说了什么，因为他没能得到一份副本。索引语言的泛滥既突出了印刷网络的感知能力，也突出了索引的脆弱性和偶然性。该脚注的索引性质超出了印刷能力，无法弥补印刷技术特有的延误和失误。也许刊有门德尔松文章的《柏林周报》还没有送到柯尼斯堡，或者普鲁士的远东边缘已经远远超过了柏林印刷经济的范围。康德是放弃了启示索引？还是仅仅表达了他对启示索引局限性的失望呢？

无论如何，启示索引依然存在，而且事实上至今仍然保存完好。浪漫主义对知识完全统一的愿景并没有终止启示索引为实现物质完整性的努力。在整个19世纪，人们一直试图用印刷来提供完整的知识介绍，比如以《迈耶百科词典》《德国教育百科全书》《布罗克豪斯百科全书》以及《大英百科全书》(1894年，第9版)。这些印刷品与浪漫主义的概要理解理论背道而驰，旨在呈现完整性，尽管浪漫主义对它们的不可能性提出了批评，但它们仍继续蓬勃发展。

— Letters —

书　信

在电报和电话大规模普及之前，信件是18、19世纪欧洲和北美最重要的通讯工具。当距离或其他情况使个人拜访或口头传达无法实现时，人们就会诉诸笔墨（或请别人代笔）来弥合差距并相互联系。事实上，这种“跨越距离，建立存在”的架桥行为不仅为系统化、大规模生产和传播信件提供了必要的物质基础（如笔、纸张、墨水、蜡和其他书信随身用品；蜡烛、眼镜、写字台、邮政系统及其人员、建筑物、车辆、道路、运河和铁路），而且还产生了一系列关于信件在世界上行使功效的想法，创造了那个时期的“书信体想象”。在这种“书信体”的支持下，书信往来帮助塑造了人与人之间的联系，勾勒出了广阔的社会网络轮廓，预测了高度“网络化”的世界中未来通信的发展。

书信写作可能是18世纪最普遍的一种写作形式，最初主要是一种行政管理的行为，后来才逐渐被个人狂热地采用。

许多由手写信件完成的交流工作依赖于他们的社会背景【手稿】，而一个人写信不仅是为了表现自我观念、美德或情操，也是为了建立和巩固各种关系、处理业务和传递信息。此外，在朋友和熟人之间交换的手写书信中，可以采用非正式的、充满感情的语气，也可以抹去或省略通信者所共有的知识。通信双方的熟悉程度使人相信他们所写的消息和所传达的意见是正确的。

重要的是，首先要搞清楚我们所说的“书信”是什么意思。那个时期的信件原型可以被描述为手稿文件，即手写在一张或多张纸上，这些纸经过折叠，写上地址，密封，然后通过邮局寄出。在一个无论工作还是休闲都日益把家庭、朋友和那些从事贸易和政府工作的人分开的时代，手写的信件是长途通信的必要手段。这一时期的书信往来非常广泛，以至于“书信共和国”一词经常被用来描述一种跨大西洋的跨国通信。这种通信在那个时期把社群和企业联系在一起，是处理社会关系、学术、政府和贸易的渠道。

对许多人来说，写信是一种非常重要的业余事件。人们每天花费数小时写信的故事并不罕见，特别是在18世纪，因此产生了许多多产的书信作家。幸运的是，其中一些书信得以保存下来，使我们能够估计它们的具体体量。对伊丽莎白·蒙塔古（Elizabeth Montagu）来说，大约有八千封书信（包括双方往来的信件）是在七十年的时间里写成的（可以在伊丽莎白·蒙塔古和女学者网站上找到：http://www.elizabethmontaguletters.co.uk）。但是这个数字在道森·特纳（Dawson Turner）那里则翻了一番。他是一位古物学家和书籍收藏家，他把自己的信件整理成82本装订成册的书，现在由剑桥大学三一学院收藏。据计算，这些卷中有超过一万六千封信，“其中许多来自自然科学、植物学、艺术、文学和古物研究领域的杰出人士”。这种个人之间的通信常常可以维持非常长的一段时间，甚至是在那些从未谋面的人之间。

这些例子暗示了写信在那个时期的社会生活中所占的地位。书信的物理形式变化很大，这表明它们有许多用途。信件可能很长，经常被当作另一种日记写在许多页上。诗人济慈写给他在美国的哥哥和嫂子的信就是一个著名的例子。由于信件跨越大西洋的时间很长，他的信件内容中更具描述性，互动较少。这些信被认为是文采最好的一类，也许部分原因是写作者并不希望立即得到答复，这使他能够在其中最充分地阐述艺术和诗歌。信件也可以写得很短，比如宣布即将到访或要求购买。冗长的日志信函和简短的说明信件这两个例子提供了一些关于书信的形式、目的和长度的指示。

我们还可以发现围绕书信写作的许多行为，包括生产、交付、保存和归档。信件往往被捆在一起，只有在非常罕见的情况下会发生信件退还的事件，例如在通信双方关系恶化后，或因什么事件保护对方免遭不必要的牵连，作者才要求退还信件。在考虑出版印刷品时，也有可能会收回信件（或副本）。正如我们所看到的，道森·特纳一直保存着他的信件的装订本。而在商业行为中保存往来信件的副本是很常见的，将信件的副本存档可以用作一个企业的日常记录。

在整个时期，手写书信很少被认为是严格保密的。几封寄给几个收件人的信件往往通过邮政渠道一起寄出。在另一种情况中，信件也会通过共同的熟人进行传递。通过这种方式，信件的内容（新闻、问候、健康祝愿、身体和情感上的接近），以及它们的重要性和传播方式，将遥远地区的写信者、邮递员和读者联系起来。信件在途中被打开，并在到达后被传阅，表明这些信件并没有被严格保密。

书信作为“群体财产”被集体阅读和传递，意味着它们成为建设和维护社区的重要工具。这一点在“书信共和国”这一术语中得到了清晰的体现，这是一个假想的学者群体，他们把精神交流看得比国籍、语言或宗教的差异更重要。这个“共和国”建立在现有的经济和政治渠道之上，并与之重叠，由学者组成，他们热衷于书信，每个人都有各种各样的目标。他们可以传播自己的实验和研究结果，可以分享关于最新出版物的信息，以及希望查阅或购买的书籍的地点。他们可以发送或索取植物、矿物样本，也可以向他们的朋友和熟人简单地介绍印刷行业运作机制，包括如何学习难用的打印机。安妮·戈德（Anne Goldgar）特别强调了书信交流的社会功能。在书信中建立交互义务强化了书信共和国的基础纽带作用，这一点在18世纪尤为重要，当时有许多学者认为博学之士受到了冲击。

当然，书信共和国并不是唯一一个将其成员联系在一起的团体。就像济慈的例子一样，书信让大西洋两岸的家庭通过定期表达感情加强了联系，而商业伙伴则通过履行义务和提供影响经济交易的信息来确保信誉，这对信用的扩展至关重要。简而言之，有规律的交流构成了一种建立信任和感情的生活体验。

名人信件和社会知识

许多学者都强调，即手写的书信应该是由个人寄出的，触摸到熟悉的笔迹和信笺为我们提供了与所爱之人身临其境的联系。正如大卫·亨金在《邮政时代》(*The Postal Age*)中所写:“手写信件带有身体接触的痕迹，而不仅仅是个人身份的认可。”他写道:“通信者用手指抚摸着泪水、墨水和信笺，试图重新建立彼此之间的联系。”因此，以书信之间的交流代替人与人之间的实质交流构成了18和19世纪书信写作的许多比喻。其中包括在书信写作中提到的“轻松”和“真诚”，这些都是那个时期的书信写作手册对作者提出的要求。塞缪尔·约翰逊在他1781年的《亚历山大·蒲柏的一生》(*Life of*

Alexander Pope）中嘲弄道："一封友好的信是一种平静而深思熟虑的表演，需要完成在清静的闲暇中或寂静中，当然，没有人会坐在那里贬低自己的品格。"这提醒我们，书信中的轻松和真诚，就像缺席的通信者一样，是18和19世纪的书信作者使用的比喻，以达到特定于书信形式的效果。

事实上，这一时期的通信者都知道手写的书信强调了特定的效果。通信中经常出现问题，例如字迹不清、信纸破损或丢失，这些都会让通信者在回想时对信中含义的理解不断发生变换。现代的评论家经常把写信误解为是一种"纸上谈心"，认为写信者要摆脱信纸这一媒介，把自己想说的毫无保留地传递给收信人。这种误解认为，这一时期的书信依旧保留着中世纪的传统，忽视了书信内容和修辞学之间的大量交集，认为中世纪那种一封书信包含口述、笔录和交付的流程持续影响着整个现代早期和18世纪的书信体话语。因此，"纸上谈心"的比喻对早期的书信体实践进行了编码，同时更新了书信体文化。在书信体文化中，尽管写作和传递的条件发生了变化，信件的中立性仍然是一个核心问题【会话】。因此，在18和19世纪，不在场的通信者的祈祷经常出现，人们还会将书信体通信与面对面交谈进行比较。这些都是自我意识的比喻，而不是对书信体的天真信仰。的确，为了支持这一比喻并不断验证其有效性，人们花费了大量的精力来写信。

然而，书信作者在他们的书信中所使用的比喻，以及他们对自己的思想和感情真诚且不加修饰地表达，也被视为书信话语的核心要素。事实上，这种严肃性是书信作为一种有效情感交流的必要前提，也是它作为法律证据或政治工具的必要前提。这一时期，人们将名人信件理解为一种交际写作形式，这其中也包含了理查森的“诚挚”和约翰逊的“怀疑”。休·布莱尔（Hugh Blair）在1783年的修辞学和纯美文学讲座中讨论了名人信件所表现出的双重视角：

> 我们常常期望从名人信件中发现书信作者的真实性格。但是，指望在书信中发现作者的全部心迹，这实在是一件幼稚的事。在所有的人际交往中，或多或少都会发生隐藏和伪装。尽管如此，当一个朋友给另一个朋友的信件成为最接近谈话的方式时，由于这些内容是可以进行公共研究的，我们可能希望在这些内容中看到他更丰富的人格。我们欣然地看到作者处于一种可以让他自由自在的境地，偶尔发泄一下他内心的丰盈。

布莱尔的言论表明，书信作者和读者在信中可以对信件的透明度、亲密性和真实性保持一种信心，但同时也要意识到，信件作为一种针对物理对象的写作和沟通方式，总是继承了许多间接的伪装。

出版书信集

信件可以通过多种方式印刷出来。不管有没有作者的授权，写给收件人的信件都可以收集和印刷，而且事实上，信件里的丑闻经常以这种方式公之于世。在1941年的“教皇v.s.科尔”一案中，作者有权拥有其信件中的知识产权，即使作者并不实际拥有这些信件。未经作者同意，出版商也不能合法印刷信件。尽管如此，还是有许多信件遭到非法出版。信件也可以用于反映当下相对广泛的印刷出版物或政治情况，用布莱尔的话说就是“为了公众视野而研究”，而非“一个朋友写给另一个朋友”。另一方面，这种书信写作方式对于收信人来说更接近于“对话”。随着信件越来越多地被印刷出来，它们作为社交文件的地位受到了压力。

布莱尔对目标读者和流通范围的关注不利于将信件作为一种体裁或媒介加以确认，只与个人主体性的“隐私”和形式固有的社交性有关。虽然书信最初可能有助于形成朋友之间的情感关系，但这种有限的流通既不能确定书信这种文体的功能，也不能对其进行定义。在布莱尔的叙述中，一封信只有在经过矫正并超越最初部署之后才有其特殊的价值。出于对声誉的考虑，作者的真诚度可能会从根本上带有瑕疵（约翰逊也指出了这一点），布莱尔将自己对那些名人信件的特殊兴趣放在了作者的想法和感受是否能被更多读者所接受上。

因此，同一封信在不同时间可以是“私人的”“社会的”或“公共的”，这取决于其流通方式和范围。因此，信件提供了一个特别重要的中间交流场所，在这个场所中，公开与隐私之间、权威与信誉之间的问题得到了持续的解决。

事实证明，印刷名人书信是一种很具吸引力和市场前景的出版形式。然而，读者很快发现，一旦这样的书信发表，作者与读者之间的社会联系就消失了，信件中那种心照不宣的默契和莫名的信任也被剥夺了。在这种情况下，18世纪信件开始展现出一种核心特征，编辑开始为名人信件提供真实或虚构的框架，并在那个时期广泛使用。这可以证明印刷信件的合法性和权威性，同时也说明了文化补全的意义。

包括布莱尔在内的许多评论家都谈到了出版名人信件的价值。对布莱尔来说，信件提供了接触他人性格的机会。他在这一观点上绝不是独创，在“教皇v.s.科尔”一案中，大法官哈德威克（Lord Chancellor Hardwicke）宣布：

> 可以肯定的是，没有任何作品比这种形式的作品对人类的贡献更大。这些信件的主题都是大家熟悉的，而且可能从未打算出版。正因为如此，它们才如此珍贵。就我个人而言，我必须承认，那些写得非常精巧，最初是写给新闻界的信，通常是最无足轻重、最不值一读的。

虽然这种进步带来了更广泛的学术进展和“为人类服务”，但哈德威克的声明的依据是名人信件的价值，正如四十年后的布莱尔所关心的那样。因此，在这两个人的说法中，名人的信件可能提供的“公共服务”并不取决于它们出现的媒介（尽管哈德威克特别关心信件的印刷出版），而是取决于它们最初的发行方式和读者群。

因此，这一时期出版信件的读者和评论家会关心他们所读信件的地位也就不奇怪了：这些信件是出自名人与个人之间，还是有意为出版而写的？例如在讨论已故的卢克斯伯勒夫人（Lady Luxborough）1775年写给威廉·申斯通先生（Esq. William Shenstone）的信时，《每月评论》（*Monthly Review*）的匿名评论家宣称这是“杰出的天才，有学识、品位或智慧的人的真实信件，经过慎重选择，将永远是呈现给公众的价值不菲的礼物”。此处对“真实”和“价值不菲”的重视程度不亚于对“真实信件”的重视程度。但在《西方乡村少女的爱情》（*Fanny; or, The Amours of a West-Country Young Lady*）那短短的出版通知下面，另一位评论家的讽刺性评论也表明了读者对“真实”流通的重视：“如果这些信件是真实的，而且作者还活着，我们很遗憾地看到，他们喜欢抛头露面胜过了谨慎。”与布莱尔和哈德威克一样，这些评论家也重视那些不是从一开始就为印刷市场而精心制作的信件，他们看重“原稿信件”，而不是那些第一次流通就付诸印刷的信件。

然而，还必须指出，这种偏好与其说是出于对文本或作者声音真实性的关注，不如说是出于对信件内容质量以及提供了解作者思想的途径的关注。18世纪的读者是允许对书信体中的语言进行润色和编辑的，甚至会推崇这样做。18世纪60和70年代教皇信件的编辑就有查尔斯·温特沃·迪尔克（Charles Wentworth Dilke）、约翰·威尔逊·克罗克（John Wilson Croker）和惠特韦尔·埃尔文牧师（Reverend Whitwell Elwin）。要到19世纪，读者才会对为印刷出版而重新制作或重新修改的信件感到愤怒。他们对出版信件提出要求：得源于一封“真正的”信件。而这种要求是建立在布莱尔先前所表达的一种假设之上的，即信件与这位名人作者在“轻松自在”时的思想和个性有着特别密切的关系。因此，人们认为名人的信件表现了通信者的“天才、学识、品位或智慧”，因为它们带有信件作者个人性格的鲜明印记。

因为信件将个人的精神世界传递给了广大的读者，并通过这种方式让读者更好地了解信件的作者，因此它们可以在更广泛的程度上反映人们对一个国家的印象。一方面，著名人士和臭名昭著人士的书信出版是由人文主义信件的出版而发展起来的，这是一种在欧洲大陆有着悠久传统的印刷体裁。因此，彼特拉克（Petrarch）和伊拉斯谟斯的这类通信就会优先于侯爵夫人德塞维尼（Marquise de Sévigné）或亚历山大教皇的信件。另一方面，它利用了读者的好奇心，去发现他人的隐私和不那么隐私的生活。这种好奇心总是关乎对秘密信息、与性相关的发现的渴望。1645年国王内阁成立时，查理斯一世写给亨丽埃塔·玛丽亚（Henrietta Maria）的一些信件被发现并公开发表。1737年，教皇反对未经邀请就偷看别人信件的“不光彩”行为，而詹姆斯·博斯韦尔（James Boswell）则公开表达了读者的愿望，从而含蓄地宣传教皇信件中有可能引起人们兴趣的内容：“好奇心是我们所有激情中最普遍的，而阅读信件的好奇心，是所有好奇心中最普遍的一种。如果发现一封信带着旨意，并被密封，还盖上了邮戳，一个人一定会诚实地去读其中的每一个字。”

因此，毫不奇怪，那些有着公开宣称的说教、历史或宗教伦理目标的信件，煞费苦心地淡化了私人信件中可能存在的色情内容。安娜·拉埃蒂茨娅·巴鲍德（Anna Laetitia Barbauld）编辑塞缪尔·理查森的信件以供印刷出版时，她煞费苦心地维护了两封信的来源和内容上的恰当性。不过，她承认读者“渴望深入了解名人的私生活，并一起度过愉快的时光”，这也是她编辑文集的主要兴趣所在。正是这种私人信件的集合，提供了信件作者在友谊、家庭纷争和爱情生活层面上的影像，使出版信件在18和19世纪流传的历史书写体裁中占据了中心地位。这种对个人生活的兴趣与社会叙事中丰富的政治和军事事件相结合的历史研究方法使得个人信件成为研究这些国家历史的一个特别角度。

然而，直到1800年，女性作家还能将“名人的书信”与历史论述进行对比。在《拉克伦特堡》（*Castle Rackrent*）的序言中，玛丽亚·埃奇沃斯（Maria Edgeworth）写道：

> 在研究或至少读过历史的人当中，能从自己的劳动中获得好处的人是多么少啊！历史上的英雄们被自称的历史学家的美好幻想装扮得如此华丽。他们说话如此慎重，行动出于如此崇高或如此恶魔般的动机，以至于很少有人有足够的品位去同情他们的命运……我们不能完全准确地从他们的行为或他们在公共场合的外表来判断他们的感情或性格，只有从他们漫不经心的谈话和说到一半的句子中，才有机会发现他们真正的性格。一个伟人或一个小人物的生活，他的朋友或敌人在他死后出版的信件、个人的日记，都被视为重要的文学珍品。我们渴望收集与家庭生活有关的最微小的事实，不仅是关于伟大和美好的事物，甚至是无价值和微不足道的事物，因为只有通过比较他们在家庭生活中的实际幸福或痛苦，我们才能对美德的真正回报或罪恶的真正惩罚形成一个公正的估计。

对于埃奇沃斯和其他人来说，名人的信件提供了真实的途径，让他们能够接触到或大或小的“真实人物”。

正如我们在所有这类评论中所看到的，没有直接为印刷而写的信件受到了最高的尊重，从而催生了亲密和真实的幻觉。正是因为这个原因，有的小说采用书信体写作——这种所有读者都喜欢的形式，这种他们可以暗自信任的形式。阅读私人信件可以产生一种亲密感，小说家也利用这种手段达到同样的目的。正如我们在塞缪尔·理查森、弗朗西丝·伯尼（Frances Burney）以及其他许多人的小说中所发现的那样，书信体小说可以使读者和写信的人、英雄或女主人公之间产生一种密切的共鸣。即使在19世纪头几十年书信体小说还不那么风靡的时候，小说中包含的书信也会带来情绪上的高涨。例如《傲慢与偏见》中达西给伊丽莎白写的信，或者《劝导》中温特沃斯上校写给安妮的信，男主人公写给女主人公的信传递了强大的情感力量，成为女主人公和读者第一次接触到男主人公内心想法的工具。书信也被改编进了诗、文学作品（如父母或老师写给孩子的信）、给期刊编辑的信，以及我们在下一节讨论的时事通讯。

印刷新闻及信件

在这一时期，信件、手稿通讯和印刷报纸构成了相互交织和相互依存的新闻媒介。信件经常以变形的形式出现在报纸和杂志上，作为综合新闻的一种来源。例如，英国早期的报纸只是整理和印刷手稿通讯的摘要，这些手稿本身就是一种改良的个人通信形式（单一的信件，以“分开”的形式出售）。除去原始发信人的名字，这些报告仍然以“发信人”的称呼来标明他们的书信来源。学术期刊在修改手稿信件时更加明确，通常会包括一个名为“特别信札”的章节，登载编辑从学者和读者那里收到的信件。与报纸“发信人”的标准匿名性相反，学术刊物上印刷的信件将以不同程度的透明度进行识别，从全名到首字母，再到地理来源的标记，但也可能根本没有标记符。

相比原稿，印刷的信件有明显的优势。在新闻传播领域，印刷版报纸有更大的影响范围，使读者了解他们没有熟人的地区甚至世界上其他地方的事件。类似的，学术期刊起到了“学者网络中心节点”的作用，让读者获得了以前只属于书信共和国中联系最紧密的人之间共享的信息。尽管如此，在扩大影响范围方面，报纸经常被认为是缓慢而不可靠的，这些特征有时与国家控制有关（印刷新闻在某种程度上要经受审查，而私人信件则不受审查），有时则与编辑的行为有关。例如，18世纪早期的英国报纸经常延迟发表新闻，有时是因为单纯的延误，有时是因为篇幅有限，但有时也因为记者喜欢以“群聚效应的方法来报告”，即按时间顺序一起发表不同时间的新闻。与此同时，多少有点自相矛盾的是，人们知道报纸优先考虑新闻的新鲜度，而不是新闻的准确性，因此人们常常抱着怀疑的态度阅读报纸。

报纸在提供新闻方面没有比其他媒体更大的权威，这导致个人向许多不同的消息来源咨询。这就包括了那些名人，那些属于上层阶级的人（因此进入了政治网络），以及那些住在伦敦和威斯敏斯特中心的人。他们更接近权力的来源，因此被认为是更可靠的新闻来源。读者倾向于向发信人求助，对报纸上的报道进行补充,这不仅仅是一个“知情人”的问题，更因为个人的、手稿的通信也建立在两个个体之间的社会联系上。即使最终的报道是错误的，朋友和家人提供的准确消息也能保证人们对报道的信任。也正是因为如此，由于缺乏一种可以建立可信度的信任关系，报纸试图借助目击者的描述来巩固自己的权威。

学术期刊并没有面临与报刊杂志相同的时间压力，但它们确实面临着与作者和读者之间缺乏个人联系导致的可信度的挑战。匿名的作者引起了人们最大的反对。虽然匿名可以被认为是保证公正的一种方式，但作者不愿公布自己的姓名也可能使他提供的信息或评价的可靠性受到质疑。面对这种质疑，一些编辑拒绝发表匿名投稿，但一些学术期刊，包括《哲学学报》（*Philosophical Transactions*）的编辑亨利·奥尔登堡（Henry Oldenburg）在内的一些人则向读者保证，即使作者的名字没有公开，他们也认识并信任作者。但是，读者的警惕是正确的，因为编辑们经常重写甚至合并不同的稿件。

虽然作者和编辑之间并非总是存在区别，但作者的身份确实很重要。当作者的名字没有列出时，编辑们往往试图通过列出他的学术所属关系来加强他的权威。正如人们所预料的那样，上下文和对比文本对于确立印刷信件的信息价值至关重要。

结 论

约瑟夫·康拉德（Joseph Conrad）1899年的作品《黑暗之心》（*Heart of Darkness*）可以说是一个结论性的寓言，讲述了在这个漫长的时代里，信件所具有的令人焦虑的力量。马洛与库尔茨的第一次"会面"是在一堆信件中进行的。马洛说：

> 我们给他拿了些信件，这些信都已经搁了很久了。他撕开那些信，信封和打开的信纸撒了一床。他两手无力地在那些纸中摸索。眼里闪出火一样的光芒，脸色憔悴，表情却很泰然，这让我很吃惊。这不大像是久病不起的样子。他看上去并不痛苦。这幽灵非常平静，一副心满意足的样子，似乎在那一刻，他所有的情感需要都得到了满足。他翻出其中一封，盯着我的脸说："我很满意。"有人一直给他写信讲我的事情。

来自英格兰的推荐信把马洛带到了刚果，他还会把这些信带回去的——具体来说那是库尔茨未婚妻寄来的“一小包信”。他会以一种慷慨的恶意退还给她，向她保证库尔茨说的最后一句话是她的名字（而不是实际上的“恐怖”）。当然，库尔茨也一直在为出版物撰写报道，他自己也是一名充满“燃烧着高贵字眼”的驻外记者。但这些字眼错得离谱，引出了他在《光明而可怕》一文后面著名的附言：“消灭所有的野兽！”经过两个世纪的实践，康拉德的中篇小说暗示了书信权威那复杂的不确定性，就像信件在读者之间流通一样，通过各种各样有缺陷的代理人来回穿梭于帝国的边远地区。与以往一样，这些信件本身具有一种物质上的独特性，与它们的多重含义和误读相矛盾，这种独特性是随着变幻莫测的传播方式而产生的。康拉德对他那个时代的“书信体想象”的尖刻反思，既表明了文学在建立联系方面的力量，也表明了这种方式的失败。

— Manuscript —

手 稿

我们现在清楚地认识到，旧媒介在新媒介引进之后仍然存在。这让我们对保罗·杜吉德（Paul Duguid）所谓的“替代修辞”持怀疑态度，在这种修辞中，我们假定“每一种新技术类型都战胜或包容了它的前辈”。但如今的数字时代提醒我们，新旧媒介是共存并相互影响的，媒介的变化是渐进的。此外，新媒介通常通过模仿现有媒介的某些方面来获得通行力和可信度，比如早期印刷书籍模仿手稿的布局和字迹，又比如Windows操作系统使用从纸质办公室衍生出来的文件和文件夹来安排数据。这些见解被用来重新配置我们对历史变化的理解。因此，早期的现代学者已经收集了足够证据来“论证印刷出版并没有杀死手稿”。

然而，直到最近，大多数关于这一时期物质历史的学术研究似乎都含蓄地支持手稿过时的理论。许多18世纪的学者认为，正是在这个世纪，印刷术最终成为占主导地位的形式，在很大程度上包容了口头和手稿文化。同样的，对18世纪后半叶进行研究的书籍历史学家将注意力转向了这一时期印刷业空前崛起的原因和影响，因此手稿文化相对来说还未被探索。即使是研究手稿文化的学者，也很少把他们的分析扩展到18世纪早期以后。其结果是，印刷终于在18世纪的某个时候战胜了手写。手稿文化的主要学者之一哈罗德·洛夫（Harold Love）甚至认为："至少从1800年开始，这类出版物就被认为是反常的，或者说是限制而非选择的结果。"他还断言，即使在18世纪，"保留在手稿中的东西也越来越缺乏印刷出版所需要的质量"。

然而，正如19世纪小说中的一个著名主人公威廉·迈斯特（Wilhelm Meister）所说："一个人没有办法想象今天的人们在写多少东西，我甚至没有算上那些已经出版的，但这仍然数量巨大。我们可以想象，那些关于信件、新闻、故事、逸事和对个人生活描述的信件和散文默默流传着。"迈斯特的见解对这一章具有重要意义，主要有两个原因：首先，它挑战了我们长期以来对这一时期印刷霸权的假设。梅斯特认为，如果手稿写作远远超过印刷写作，我们还能称之为"印刷"文化吗？我们该如何看待手稿与印刷的混合以及它们对彼此的相互影响呢？其次，迈斯特的洞见对如何研究这一时期物质文化的方法论假设提出了挑战。对迈斯特来说，手稿的准公共地位，也就是徘徊在公共与私人之间的模糊状态，构成了一个认知的问题。人们只能“想象”手稿中流传的内容，因为它不像档案等可以被访问。在表述了对18和19世纪手稿文化的研究之后，本章提出了一种共同进化而非继承的假设。我们不想依赖一种替代模式，即一种媒介（印刷品）取代另一种媒介（手稿），而是想提供两种媒介如何相互发展的例子。在接下来的内容中，我们研究了一系列物质文物和文化实践，它们阐明了在18和19世纪期间，印刷品和手稿之间的适应性、抵抗性和融合性。

矫 正

15世纪出版的《古腾堡圣经》，其目标是让书籍看起来像一本手写的书。到19世纪作者签名的雕版和平版复制品的流行，也说明书籍一直在模仿手稿写作的外观和感觉。同样，19世纪越来越多的印刷手写体手册也提供了对比性的例子。在这些作品中，我们可以看到手稿的繁荣是如何与印刷形成了对比。手稿在其中作为印刷品的对映体而被赋予一种矫正角色。

模仿印刷体的手稿较少被研究，其中有许多例子得以保存至今。正如早期的印刷书籍模仿手稿一样，到了18世纪早期（甚至更早），手稿模仿印刷体也广为流行。手写文档对打印的态度可以是恭敬的，也可以是拙劣的。下面这份1713年《国王的圣像》（*Eikon Basilike*）的手稿副本（现存于耶鲁大学）

1

ΕΙΚΩΝ ΒΑΣΙΛΙΚΗ.

I.
Upon his Majeſties *Calling this laſt* Parliament.

THIS laſt Parliament I called, not more by others advice, and neceſſity of my Affairs, than by my own choice and inclination; who have always thought the right way of Parliaments moſt ſafe for my Crown, as beſt pleaſing to my People. And although I was not forgetful of thoſe ſparks which ſome mens diſtempers formerly ſtudied to kindle in Parliaments, (which by forbearing to convene for ſome years I hoped to have extinguiſhed;) yet reſolving with My ſelf to give all juſt ſatisfaction to modeſt and ſober deſires, and to redreſs all publick Grievances in Church and State, I hoped (by my freedom and their moderation) to prevent all miſunderſtandings and miſcarriages in this: In which as I feared affairs would meet with ſome Paſſion and Prejudice in other men, ſo I reſolved they ſhould find leaſt of them in My ſelf; not doubting but by the weight of Reaſon I ſhould counterpoize the over-balancings of any Factions.

B　　1

图12.1　手稿版《国王的圣像》中“他神圣庄严的形象处于孤独和痛苦中”一章。来源：拜内克珍本与手稿图书馆，耶鲁大学

旁边是一份（几乎在视觉上完全相同）印刷本，可能是对抄写员托马斯高超技巧的一种宣传。事实上，这份手稿使人们对印刷品和手稿之间的区别产生了怀疑。

手稿（图12.1，彩图9）和印刷本（图12.2）都是墨水在纸上留下的记号。两者都可以产生相同的字母形式，都可以存在于多个副本中。没有什么标准能证明其中一个明显或必

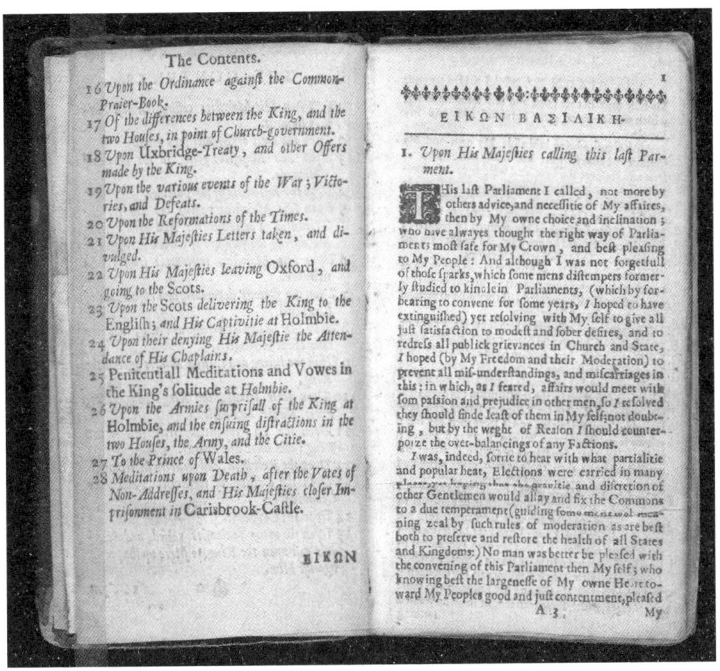

The Contents.

16 Upon the Ordinance againſt the Common-Praier-Book.
17 Of the differences between the King, and the two Houſes, in point of Church-government.
18 Upon Uxbridge-Treaty, and other Offers made by the King.
19 Upon the various events of the War; Victories, and Defeats.
20 Upon the Reformations of the Times.
21 Upon His Majeſties Letters taken, and divulged.
22 Upon His Majeſties leaving Oxford, and going to the Scots.
23 Upon the Scots delivering the King to the Engliſh; and His Captivitie at Holmbie.
24 Upon their denying His Majeſtie the Attendance of His Chaplains.
25 Penitentiall Meditations and Vowes in the King's ſolitude at Holmbie.
26 Upon the Armies ſurpriſall of the King at Holmbie, and the enſuing diſtractions in the two Houſes, the Army, and the Citie.
27 To the Prince of Wales.
28 Meditations upon Death, after the Votes of Non-Addreſſes, and His Majeſties cloſer Impriſonment in Carisbrook-Caſtle.

EIKΩN

1

EIKΩN BAΣIΛIKH.

1. Upon His Majeſties calling this laſt Parment.

THis laſt Parliament I called, not more by others advice, and neceſſitie of My affaires, then by My owne choice and inclination; who have alwayes thought the right way of Parliaments moſt ſafe for My Crown, and beſt pleaſing to My People: And although I was not forgetfull of thoſe ſparks, which ſome mens diſtempers formerly ſtudied to kindle in Parliaments, (which by forbearing to convene for ſome years, I hoped to have extinguiſhed) yet reſolving with My ſelf to give all juſt ſatisfaction to modeſt and ſober deſires, and to redreſs all publick grievances in Church and State, I hoped (by My Freedom and their Moderation) to prevent all miſ-underſtandings, and miſcarriages in this; in which, as I feared, affairs would meet with ſom paſsion and prejudice in other men, ſo I reſolved they ſhould finde leaſt of them in My ſelf; not doubting, but by the weght of Reaſon I ſhould counterpoize the over-balancings of any Factions.

I was, indeed, ſorrie to hear with what partialitie and popular heat, Elections were carried in many [illegible] gravitie and diſcretion of other Gentlemen would allay and fix the Commons to a due temperament (guiding ſome [illegible] meaning zeal by ſuch rules of moderation as are beſt both to preſerve and reſtore the health of all States and Kingdoms:) No man was better be pleaſed with the convening of this Parliament then My ſelf; who knowing beſt the largeneſſe of My owne Heart toward My Peoples good and juſt contentment, pleaſed

A 3 My

图 12.2 印刷版《国王的圣像》中“他神圣庄严的形象处在孤独和痛苦中”一章。来源：拜内克珍本与手稿图书馆，耶鲁大学

然比另一个更有技巧或更精确。在个别情况下，两者之间可能有所不同，比如抄写这一抄本的托马斯很可能是出于政治和宗教上的虔诚，以对查理一世、受祝福的国王和殉道者表达拥护之情。大量的印刷版本，包括早期版本的《国王的圣像》都是本着类似的精神，但它们往往是在令人担忧的环境中制作的。1713年，托马斯制作这份副本时宣布效忠英王查尔斯

并不是危险的行为。但若是在17世纪50年代或18世纪晚期，对被处决的国王表示同情很容易被认为是一种支持。这种例子使得作为写作技术的印刷物和手稿之间看似普通的区别比我们传统的分析所认为的更加难以捉摸。但这并不是说没有区别。托马斯的稿子是用笔写的，不是用铅字。他的墨水更稀，化学成分与印刷版本不同。他在书页上的签名可能比印刷本上的更具装饰性。此外，这份手稿也不太可能是按照印刷纸张的方式进行折叠的。但他这样的书提出了一个问题，即这些差异到底有多重要。此外，托马斯的抄本具备了手稿的特征，具有灵气、稀缺性、一种渴望制造神圣物品的特质，但这些特质也可以在印刷书籍中找到。

即使是单一的手稿作品，也表现出类似的一系列问题，这表明印刷作品和手稿在破坏真实性的同时，也依赖于彼此的真实性。例如，司汤达（Stendhal）未出版的自传《亨利·布鲁拉的人生》（1835—1836年）使用了许多技术，使他的手稿看起来像一本印刷书籍。他在去世之前，把这些散页装订成三卷，其中包括带有印刷体的扉页、交错的雕刻版画和目录。与此同时，司汤达的书中还展示了许多手稿所特有的实践，比如潦草的字体、画线、绘图、注释，以及多余纸张的粘贴，除了注释或插图【标记】以外，每张纸的背面都是空白的。换句话说，司汤达在寻求印刷权威的同时，利用了手稿的独特优势，在布局中呈现出灵活性（在这种布局中，各种文字和图像可以在同一页上共存，不需要技术干预）和装订的选择（他以散页进行装订）【装帧】。这使得最初出现了一个三卷的混合产物，在某些方面看起来像一本印刷书，在其他方面却又像一本手稿。

简·奥斯汀在1787年至1793年间编纂的三卷本《朱凡妮莉雅》（*Juvenilia*）也是同样的结构。一方面，这些书是一系列漂亮的手抄本，含有标题花线和彩色插图，反复提到她的家人和他们的社交圈。另一方面，它有目录、页码和献词，是受制于印刷世界的。更进一步说，这些作品本身就像滑稽剧一样，完全依赖于当时的印刷小说，有着明显的模仿痕迹。在第一卷的献词中，这种依赖但又具有讽刺意味的关系显而易见：

致劳埃德小姐

> 我亲爱的玛莎，
>
> 你最近慷慨地帮助我完成了棉布斗篷，为了表达我的感激之情，请允许我把你作为真诚的朋友，献上这部小作。

奥斯汀将缝制一件衣服这样的世俗的、家庭的和社交性的行为与感恩的语言（见证、感激、慷慨）和商业印刷世界（生产、作者）结合起来，让我们再次看到将手稿与印刷分开的不可能性。

中 介

前面的例子说明了手稿适应印刷的一些方式，但印刷也在相同层面上适应着手稿。正如安德鲁·派珀和彼得·斯塔利布拉斯所阐述的那样，印刷物也可以起到刺激手稿的作用。旁注就是这样一个领域【标记】。通过旁注，读者参与了印刷品的空白区域，并在此过程中纠正了早期手稿注释文本的做法。除此之外，也有很多被斯塔利布拉斯称为“印刷手稿”的例子，其中最常见的就是支票和销售票据，批量生产的礼品书也在此之列。其印刷旨在促进手稿铭文的发展，这反过来又促进了情感交流网络的建立。这些仅仅是印刷“邀请”手写的一种方式，实现了定制化和交互，并打破了印刷文本是统一或固定不变的假设。

这种融合性的一个早期例子可以在查理斯·丘吉尔（Charles Churchill）的实践中找到。在1764年发表的诗歌扉页中，他在职业生涯列表后面本该是自己名字的地方放上了一处空白，让读者自己去填补。

这样做的结果是，一个手写的署名与一个印刷的作者名字出现的位置相同，使它看起来像是一个正在完成的空白表

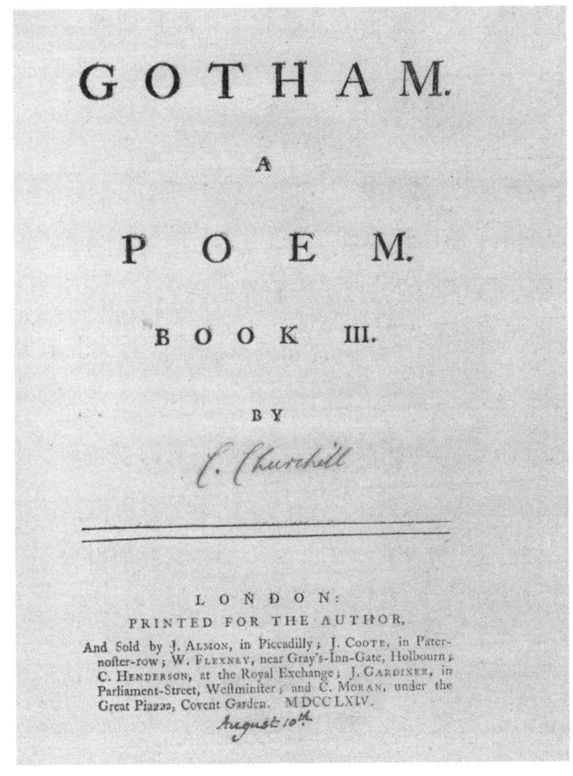

GOTHAM.

A

POEM.

BOOK III.

BY

C. Churchill

LONDON:

PRINTED FOR THE AUTHOR,

And Sold by J. Almon, in Piccadilly; J. Coote, in Pater-noſter-row; W. Flexney, near Gray's-Inn-Gate, Holbourn; C. Henderson, at the Royal Exchange; J. Gardiner, in Parliament-Street, Weſtminſter; and C. Moran, under the Great Piazza, Covent Garden. MDCCLXIV.

August 10th

图 12.3 丘吉尔发表的诗歌第三卷的扉页。来源：哈佛大学霍顿图书馆

格，而不是一个完全匿名的出版物。而这个手写名字与书籍中的诗句指向同一个人，一个大多数读者永远不会亲眼看到的人。做出这样的姿态后，丘吉尔可以拥有自己的作者身份，也可以隐藏自己的身份：他能够屈尊（从18世纪的普通意义上来说）对待自己的读者，表现得自己似乎只是一个给手稿

署名的读者——就像政治诗歌的读者经常做的那样，但同时又保持了一种控制权，而真正的匿名出版物的作者不得不放弃这种权利。就像《国王的圣像》的手写稿一样，在这种情况下，印刷品和手稿的固有含义是模糊的：丘吉尔的名字在这里设法保持一种存在感和个性，这是手稿的特征，但每个副本的内容却是一致的，这是印刷品的标志。

也许，促进这种做法的最重要的社会行为是日益流行的书籍体裁，这些书籍专门设计成礼品书和文学年刊的形式，在德国、法国、英国和北美发行。这些书有许多特点，旨在鼓励书写，比如在献词页留下空白处，让赠予者可以写下他们的名字，或者鼓励读者在日记和账簿中记录自己的日常活动。

书越来越多地与批量生产的物品联系在一起，但这些实践也表明，人们在很多方面也在越来越多地尝试让书籍再次变得个性化。这些物品是通过大规模生产产生的，友谊的语境和赠送礼物的做法旨在消除大规模流通商品的匿名性。然而，这些例子也突出表明，书写不仅仅是个人对符号的一种占有，还是一种流通和分享的媒介。书写还帮助了印刷书籍流通。读者之间日益流行的横向交互取代了作者与其赞助人之间的纵向交互，这种纵向交互在早期靠赞助人驱动的出版环境中非常常见。这种行为使得书籍从一种逆境中恢复了流通。与赞助人和作者之间的关系不同，读者之间的交互精神往往被设计成相反的方向。越来越多的书籍从父母传递给孩子，或者从丈夫传递给妻子。印刷流通的分类账簿和会计表格上也被安排了各种供人手写发挥的部分用于交易逻辑的视觉提示。在根据这些逻辑构建读者的写作行为时，写作本身被框定为一种映射交换的交互方式，而不仅仅只是在记账。通过这种方式，手稿文化中固有的社会性得以保存并适应印刷。

中间性形态

前面的例子表明了18和19世纪文字与印刷的物质和形式相互融合、相互抵触的一些方式。但我们也可以确定它们之间的遗传关系，以及它们相互融合和分离的方式。除了这些手稿和印刷品之间个人模仿或重叠的实践，我们也看到了宏观上的制度变迁，这种变迁强调了对这两种媒介形式之间关系的理解。在19世纪末打字机被发明和使用之前，手稿一直是个人或公众写作的主要方式。直到20世纪末数字纠正工具的出现，手稿也一直是纠正印刷文字的主要方式。因此，手稿是印刷过程中不可或缺的一部分，并被视为值得保存的东西。手稿不仅可以是独立的（比如直到20世纪，所有的官方档案都是手写的），而且可以与印刷结合在一起【易逝】。19世纪文学档案馆的兴起，其主要任务是保护作者生前的“文章”（在这里指文本内容，无论是书信、未出版的手稿还是标记了注释的校稿），这标志着对手稿和印刷之间关系的思考日益占主导地位。保存作者遗作的目的是为了更好地理解作者的创作过程，而不是中间流通过程。如果说直到最近，学术研究在很大程度上受益于媒介的继承理论，那么这在很大程度上是手稿在19世纪制度化的结果。

从许多方面来说，“修订本”是印刷品对原稿影响最大的一种形式。修订本是抄写出来的稿件（错误很少或没有错误），可以用来为出版社排版，或作为演示文稿，供朋友、家人或赞助人使用。它们往往是抄写员或家庭助手的产物，可以在出版前被分发出去，这种所谓的“预印本”具有较高的社会地位。即使是在一部以手稿形式传阅的作品被印刷出来之后，它也可能值得保存。特别是亲笔签名的版本，由于含有作者本人的参与，通常被认为是有价值的，具有一种不可言喻的光环。修订本本身可能就是校订的“地点”，但作者也可以将其作为一种创作过程的索引加以保存，而这种索引在印刷品中是无法被替代的。从歌德死后的遗作中，我们可以看到他是如何把一部晚期的文学作品《诺维娜》（*Novella*）修改为修订本。在其中我们看到一个有107个关键词的列表，作为他最后的文学故事的叙事基础。这本书虽然有一个更早的版本，由歌德口述，抄写员记录，里面包含歌德的注释，但那本修订本是他最终打算留世的版本。修订本不是印刷媒介，也不是排版的媒介，而是应该保存下来以表明某种非印刷品的东西。这不仅说明了写作的生命力，也说明了写作在时间长河中的形成过程。作为印刷品和手稿之间的文化中介之一，修订本因此被定义为一种捕捉个性和过程的方式，这是在印刷品中无法获得的。

准公众和手稿社交

玛格丽特·埃泽尔（Margaret Ezell）提出了一种颇具影响力的社会身份模式，认为文学作品植根于特定的社会群体。文学作品是文学文化的一种协作形式，作者和读者定期在手写体文本的创作、修订和传播中交换角色。这一模式通常被用来描述17和18世纪早期的手稿文化实践。其实，埃泽尔的观点可以延续到18和19世纪，正如我们在歌德的例子中看到的那样，那个时期的许多作家仿佛都是孤独的隐士，身上有着浪漫主义的色彩。这些观念近年来受到了挑战，但并没有完全被废除。同样，唐纳德·雷曼（Donald Reiman）关于私人的概念，尤其是关于保密手稿的关系，也描绘了一种非公共领域的文学文化。雷曼将私人手稿定义为那些仅为作者本人或极少数人所见的手稿，而保密的手稿则是那些为有限的读者所设计的手稿，这些读者要么与作者相熟，要么与作者有着共同的兴趣。

然而，那个时期的许多手写文本的地位远比简单的公共和私人分类要模糊。最著名的例子无疑是18世纪继续在法国和其他地方流传的通讯手稿。弗朗索瓦·莫罗（Francois Moureau）将其描述为“按时间顺序提供时事信息的手稿文章集”。它们在内容、发行量和成本方面可能有很大的差异。普雷夫斯特神甫（Abbé Prévost）的《古报》（*Gazette de la Cour*）售价为12苏，大约就是一份报纸的印刷费用；而最著名的通讯手稿——梅尔基奥·格里姆（Melchior Grimm）的《文学信函》（*Correspondance littéraire*）则以每年2000里弗赫的平均价格出售，发行量的区别也很大。格里姆能够开出如此天文数字的价格，是因为他提供的产品十分独特：仅生产15份，当时都被发送给了欧洲各国的元首。但并不是每个例子都遵循这样的模式，卡博·兰博德（Cabaud Rambaud）的时事通讯发行量堪比1740年中等规模的公报，达到了280本。

在内容方面，许多法国的重要新闻是关于巴黎上流社会的流言蜚语，但它们也可以富含文学特征。此外，由于所受的国家控制程度不同，手稿通讯在国内新闻传播中有较大的回旋余地。这一点在欧洲大陆尤为明显，在那里，国家允许新闻出版的垄断，会在出版之前对其内容进行审查。其实在18世纪早期的英国，议会也会限制其辩论信息的流通，使得读者只能查阅新闻以获取相关信息。此外，新闻延误和一些报纸希望把特定事件在不同时间中的内容统一印刷的做法，也意味着以手稿形式出版新闻更为快捷【书信】。在这里，我们再次遇到了这些通讯的混合性质，在定价、发行量和版式方面模仿印刷品，但在免于审查方面保留了手稿的灵活性。我们发现，印刷和手稿的界限被打破了：在这些例子中，手稿可以作为商业媒介，并且比印刷媒介更快地传播新闻。

当手稿通讯小心翼翼地介入公共领域时，我们发现了一些例外。在这些例子中，手稿写作是面向社会的，而不是面向公众。简·奥斯汀的《朱凡妮莉雅》就提供了这样一个例子：这三卷书被抄录在厚重的笔记本里，表明了作者对收集和保存那些可能丢失的资料的认真和努力。《朱凡妮莉雅》有目录、页码、插图和献词，以类文本为特色，使其内容对读者来说易于理解和浏览。这本书借鉴了印刷的惯例，但也再次表明这些惯例的出现其实早于印刷。这些书籍的材料形式，加上其用途的外部证据，以及奥斯汀去世后这些书籍传播的历史，使我们能够重建奥斯汀那些书卷随时间的推移被阅读、展现、分享和评价的方式。此外，与许多手稿汇编一样，有证据表明，奥斯汀（和其他人）在许多年间多次回到了这些手稿中，对其进行补充和修订。这些证据也表明，手写文化在19世纪一直占据着重要的社会地位。

我们在现成的、商店购买的或手工制作的书籍中，在杂录、普通书籍、相簿和其他收藏品中，都可以找到这些社交活动广泛存在的证据。许多保存下来的手稿与奥斯汀的三卷本不同，奥斯汀的三卷本在很多方面都模仿了印刷品，而很多手稿则是埃泽尔所说的“凌乱”的手稿。那些没有一般连贯性的手稿可能会包含各种各样令人困惑的材料，从叙述到诗歌，从草图到收据。有时是由几个人（常常无法确认作者）合写的书，有些没有明确的开头、中间和结尾，也有“颠倒”的书（即从后向前写），有的还有没完成或者空白的页，有的书甚至显示出被抛弃的迹象。这样的书在很大程度上不能满足传统的印刷。就如埃泽尔所言，“它们在书籍历史的研究中几乎是不会被看到的”。这样没有出版雄心的杂集既包含原始材料，也包含摘录或从手写和印刷材料中复制的完整文本。后来的例子还可以包括剪报，例如越来越流行的剪贴簿【纸张】。

另一个不同之处在于，当我们研究18和19世纪后期的手稿文化时，不管是单独的纸张，还是抄录到杂集或专辑中的很多原始文本，最终都会被印刷出来，因为，社会形式的写作更有可能在印刷中找到现成的渠道。约翰·艾金（John Aikin）和安娜·巴鲍德在他们的六卷本杂集《家中之夜》（*Evenings at Home*，1792—1796年）的序言中描述了文本从家庭和社会读者转移到更多的公众读者的过程。据我们所知，这些短文最初是为了娱乐和教导这个家庭的孩子而创作的。然而，那些拜访家庭的人，即家庭的“亲密朋友或亲戚”又做出了新的贡献。渐渐地，“其他孩子也参与了这些阅读”。这样一来，这部作品“在邻居中多少有了些名气”。最后，“它的主人终于被敦促向公众开放”这部作品。在19世纪的英国和美国，杂集成了最受儿童欢迎的作品类别之一。

类似《家庭之夜》这样的转变非常常见，我们可以找到许多其他例子，来说明手稿集的印刷如何成为这个时期印刷的主要内容。“桌子的传记”就是这样一种体裁，最著名的案例是索菲·冯·拉罗奇模仿巴鲍德的《我的施莱布蒂施》（*Mein Schreibtisch*，1799年），作者放在桌子上的手稿被直接拿去印刷出版。有证据表明，18世纪早期，就有成功的作家经常被“敦促将自己的手稿作品公之于众”，其中一个例子是温切尔西伯爵夫人安妮·芬奇（Anne Finch）的《阿黛莉亚的杂诗与两部剧本》（*Miscellany Poems with Two Plays by Ardelia*，约1685—1702年），这是一份精心制作的手稿，包含了诗歌和两个剧本。用唐纳德·雷曼的话来说，这是一份“机密的”手稿，因为它在一大群志趣相投的读者中传阅。然而，芬奇写给读者的信表明，我们不应想当然地认为手稿一直是一种受人尊敬的文学传播形式。芬奇显然觉得，有必要为自己戏剧手稿的流通进行辩护：她首先表达了对凯瑟琳·菲利普斯（Katherine Philips）的钦佩，因为在菲利普斯的有生之年，有人未经他允许就出版了他的一部戏剧和一本诗集，她痛斥那些非法出版商，强调她绝不希望自己的作品在她死后出现在修订的印刷诗集里。芬奇把自己和菲利普斯联系在一起，可能是希望将自己和一个遵循贵族教养、拒绝发表作品的人联系在一起，而非像可耻的、社会地位低下的阿芙拉·本（Aphra Behn）那样出版了大量作品。芬奇是这样描述她的剧本的：

> 它们如何，我要留给那些将要阅读它们的人来判断。如果有人能找出更多的缺点，我会认为是我错了。我只想补充一点，我从来没有想过拥有它们。我这样做只是为了满足我自己……我不知道它们会对别人产生什么样的影响，但我必须承认这一点：那些占据着我的忧郁思想，不仅是因为我自己的不幸，更多的是因为那些人的不幸，我欠他们一切可以想象得到的责任和感激。我有理由对这项事业感到满意。

在这里，芬奇为她的剧本的出版进行辩护，认为它既提供了私人的安慰，也提供了社会层面的慰藉。她的话提醒我们，在这一时期，上流社会的妇女可能会因为剧本手稿的流通而受到审查，这打破了原先的假设，即相对于危险的印刷品，手稿是一种安全的文学传播方法。

与此同时，这本文集的传播历史表明，即使在18世纪早期，作者们也很难抵制印刷作品带来的诱惑，尤其是当他们的作品通过手稿的传播证明了自身价值时。正如芬奇的杂诗手稿的前主人埃德蒙·戈斯（Edmund Gosse）所写的那样，“1713年，安妮终于被说服，出版了她的诗歌选集以及其中一部剧本，甚至还允许她的名字出现在第三期的扉页上”。和《家庭之夜》一样，这份手稿也终于在1713年以半公开、八开本的形式出版，其中包含很多诗歌以及一部喜剧。这本手稿带着从机密手稿到印刷品的层层痕迹，比如，手稿中有红色铅笔写的署名“J. B.”，代表了出版商约翰·巴伯。类似的例子还有托马斯的《国王的圣像》，这本书也有很多模仿印刷惯例的地方，扉页上有三行斯宾塞的《牧人月历》(*Sheapheardes Calender*) 中的诗句、两首赞美诗，在页面底部还有签名。

这些例子也表明，在漫长的18世纪，随着印刷作品需求的膨胀，手稿流通的做法在英国变得不可持续，特别是对著名作家手稿的需求。从巴鲍德、拜伦、拉·罗切到歌德，他们无法阻止自己的作品在未被告知和同意的情况下被抄录和印刷。然而，在某种程度上，正是手抄本的易用性和传阅效率，使其处在手稿与印刷品之间的模糊界限中。手稿的数量可能相当可观，可以传播到很远的地方。这是我们对文学和学术最珍视的部分，因为手稿在本质上是独一无二的，就像我们在理查森的《帕梅拉》(*Pamela*) 中看到的那样，B先生无法读帕梅拉写给她父母的信，直到他们把包裹还回去。但是历史记录并不能证明这一点。有些手稿是独一无二的，正如有些印刷书籍也是如此。但是更多的手稿是以多重形式存在的。信件在发出之前会被复制；人们见面时，抄本会被拿走；学生和办事员会例行公事地在同一时间复印同一篇文本。文本也可以被记住，然后通过口头传播，也就是说，不需要实体的拷贝。此外，在操作中通常有乘数效应，即使是一份手稿副本，也可能受到多次重复阅读行为的影响。不同的见证者之间显然会有微小甚至重大的差别，但问题是，在手稿未被印刷之前，它可能遭到了各式各样的介入。最后，幸存下来的手稿记录，尤其是那些最有可能在家庭以外流通的零散手稿，已经掩盖了手稿在18和19世纪早期的实际状况。即使是生活在那个时代的人，也很难理解文字在印刷之外的传播程度。

我们希望用最后一个例子来结束这一章，这个例子似乎很好地总结了这个时期手稿和印刷品之间的所有交互方式：在蒙特利尔的古尔德小姐捐赠给麦吉尔图书馆的剪贴簿中，我们发现了一本装帧精美的书，上面印着“新闻剪报”的字样，其中包含自1874年以来莎士比亚戏剧评论的剪报，均摘自《学院》(*The Academy*)和《雅典娜》(*The Athenaeum*)。在扉页上，书的主人用精美的笔迹写下了一个标题——莎士比亚杂录。在书的开头部分，她还按标题字母的顺序做了戏剧评论的索引。在这个例子中，剪切和粘贴【纸张】的行为与手稿注释的行为相交叉，叠加在打印标签的顶部，以模仿索引，用于帮助查找【索引】。同时，这本书强调了印刷品跨国界引发社会活动的能力，因为蒙特利尔的读者以这本书为媒介，富有想象力地参与了伦敦的文化活动。

— Marking —

标　记

在理查德·布林斯利·谢里丹（Richard Brinsley Sheridan）的《情敌》（*The Rivals*，1775年）一书中，莉迪亚·朗格什和她的女仆露西一起抱怨斯莱特恩·朗格夫人经手过的书。露西注意到，莱特恩夫人“把一本流动图书馆的情感小说弄得又脏又臭，连基督徒都读不下去”。莉迪亚无奈地承认，莱特恩夫人“有一个极善观察的大拇指，我相信她平素真爱她的指甲是为了在阅读时做一些旁注”（第一幕，第二场）。谢里丹的妙语讽刺了在书中做记录是一种不整洁的破坏，尤其是在图书馆的书里，这让我们注意到人们与印刷品交互的本质。莱特恩由于太懒而不用铅笔写字，更不用说鹅毛笔，因为那需要削尖笔头，准备墨水、蘸墨，才能写字，还要在翻页之前把写好的字晾干。莱特恩夫人在她的书页上用一种离手最近的工具，也就是她的拇指甲做标记。她那“极善观察的大拇指”寓言式地揭示了印刷品和读者之间的物理互动，表明读者翻阅书籍有时会留下痕迹。

许多人认为，这样的痕迹和修改是一种污损，但最近的学者考虑了书籍中标记的证据价值，尤其是旁注，它们可能会告诉我们关于过去阅读习惯的信息。在这一章，我们认为标记涉及更广泛的互动，超越了阅读，更广泛地涉及书籍参与的社交生活以及读者交互时留下的痕迹。首先我们强调，标记是一种物质决定的现象，它可以告诉我们这一时期的书籍拥有者的社会角色。正如利亚·普赖斯（Leah Price）所表明的，印刷品除了文本内容之外还有很多用途。书本上的标记通常反映了一系列与阅读无关的目的和用途。由于纸张相对昂贵，18和19世纪的书籍空白处都写满了手写练习、图画、清单、财务记录和其他标记。这些标记暗示了文本流通的文外世界【空白】。交互的痕迹留存了下来，反映了该书随着时间推移而产生的各种经历。我们可以把18世纪的故事《纸币历险记》（*The Adventures of a Quire of Paper*）看作是这种经历的典范。此外，标记实践是由各种物理因素决定的，比如铅笔和钢笔的可用性、一本印刷书籍中的空白纸数量、在家中阅读或路途中阅读时书本的尺寸大小。

其次，我们举了一些例子来说明这一时期印刷书籍所采用的某些传统标记方法。这不是读者的个人行为，而是印刷文本的一种对“空白”的扩充或完成。与传统上将边注作为私人阅读证据的理解不同，我们提供的这些例子是社会行为的标志。例如18世纪的读者在主题诗的上方虚线中写上名字，确认他们掌握了其中的知识，这使他们有资格在一本书定稿时成为合作者。这种做法表明这一时期出现了一种日益常见的现象，出版商越来越多地制作文本，通过空白空间积极地邀请读者添加内容。正如安德鲁·派珀在18世纪末所写的那样，“大量的杂集里有印刷的空白处，甚至还有特别设计的一页，让送礼者可以把这些书献给收礼人。无论是装饰性的书页……或是空白处以受赠人的名义写的献词……杂集始终使用空白来鼓励用户在其中进行写作”。

最后，我们研究了一些19世纪的标记例子，这些例子强调标记的社会、家庭和纪念功能。书的使用者们找到了将书籍变成交互终端的方法，将其作为交流的对象、表达的空间，以及在社会和家庭圈子中阐述个人身份的平台。在书中做标记有一种准公共性质，它能唤起一个更大的、跨时代的、潜在的读者群体，这使旁注表达了一种超越狭隘的作者—读者渠道的愿望。正如赫斯特·特拉勒（Hester Thrale）在《特拉勒日记》（*Thraliana*）中所写的那样，做标记的读者“渴望说些什么”，不管是对作者，对自己，还是对后人。但是，为什么“说点什么”要采取在书上做具体形式的标记的方法呢？标记的位置和重要性是什么？是什么原因使得标记对18和19世纪的读者如此有吸引力？这样做有很多实际的好处，杰克逊提出，“只要注释永久地附在文本上，文本就可以用来对原文进行提醒、解释和纠正检查，注释图书构成了现成的归档和检索系统”。但是特拉勒也曾表明，在书上做标记是一项充满活力的活动，它超越了单纯的便利性和实用性。我们需要更好地理解图书标记在物质形态中所起的社会和心理作用。

物质性交互

主动在书中写标记显然是使用书籍的表现（虽然不一定是阅读的标志），然而，即使是一本未读的书，也会留下自己的历史痕迹。安娜·巴鲍德（Anna Barbauld）注意到，小说这样的书“很少是没有打开过的……它们占据了客厅和更衣室，而更高级的作品经常在书架上积满灰尘”。书上的灰尘和霉菌讲述着它们自己的故事。华盛顿·欧文（Washington Irving）在威斯敏斯特教堂查看了一系列未曾被读过的古代神学书籍，他说：“当我环顾书架上那些已经发霉的旧书时……我不得不认为，图书馆是一处文学的墓穴，在那里……作家们……在尘封的遗忘中变黑发霉。”同样，哈特利·柯勒律治模仿了华兹华斯不太受欢迎的作品《她住在人迹罕至的地方》（*She Dwelt Among the Untrodden Ways*），这样嘲讽道：“他那未被读过的作品——他的‘奶白色母鹿’/带着灰尘，黑暗而朦胧/它还在朗文出版社的书店里，哦！/这与他不同！”他声称，这首诗“写在一个流动图书馆的一卷华兹华斯的书上”。

这些书中的标记可以说明，读者选择忽视这些内容，或者彻底放弃了阅读。

不管读与不读，在这段历史时期，书籍随着读者的不断流动在家庭空间甚至更远的地方流通。在书页和书脊上留下的标记可以表明它们的旅程。流动图书馆正如其名称所暗示的，见证了这些书繁忙的交互。查尔斯·兰姆深情地谈到了“被玷污的书页”和“非常难闻的气味”，他写道：“汤姆·琼斯，或者韦克菲尔德牧师！人们那成千上万个拇指是多么高兴地翻着书页啊！”书页承载着人类手指、食物、饮料和自然元素留下的沉淀。德昆西写道：“华兹华斯一边喝茶一边从书架上拿下一本未拆封的书，他迫不及待地想找到一个合适的工具，于是一把抓过黄油刀，每一页上都留下了油腻的痕迹。”这些痕迹一直留存到了今天。书上的标记也可以暗示更戏剧化的用法。在不幸的航海旅行中，雪莱带着济慈的诗歌集，在那迫在眉睫的危险时刻，把它用力塞进夹克口袋，以至于把书脊劈裂了。1851年玛丽·雪莱去世时，在她留下的物品中发现了丈夫的心脏，包裹在雪莱写给济慈的著名挽歌《阿童尼》(*Adonais*)的一页纸中。

在18世纪的小说中，书和身体之间的联系经常被主题化，比如塞缪尔·理查森的书信体小说《帕梅拉》引入了“即时写作”的技巧，读者在文中看到帕梅拉的写作是她正直道德的必然结果【增厚】。理查森通过关注帕梅拉写作中的材料来保证她的美德。对于B先生抱怨说她更在意她的钢笔而不是她的针线，帕梅拉提供了一种标记方法：“我的笔不知怎么弄丢了。我写好稿子以后就到朗曼先生的办公室去，请他给我一两支笔和一两张纸。他说，是的，没问题，我可爱的姑娘！他给了我三支笔、一些干胶片、一根蜡和十二张纸。”朗曼先生的礼物挽救了帕梅拉的美德，同时也让她得以写作我们正在读的书。帕梅拉后来想象用同样的方法来拯救自己：“我决定把我的一支笔藏在这里，另一支藏在那里，因为我害怕会被拒绝，我把一点墨水藏在一个破瓷杯里，又在另一个杯子里藏了一点，在我的亚麻布中间放一张纸，再加上一点蜡和几块干胶片。我在好几个地方都放了这些东西，以免被搜查。我想，可能会有什么东西，通过这些或其他方法，开辟一条解救我的道路。”帕梅拉把身体和文字结合在一起，赋予了写作的物质工具以及道德品质。

在长老联合会之前，亚当·吉伯牧师同样把写作工具与道德品格联系起来，用于审判。这种对爱丁堡长老会的滑稽模仿（呈现为一场模拟审判，邀请读者在一本书上标记原告的名字）暗示着书写工具可能会成为道德控诉的工具。一个笨手笨脚的办事人员应该以下列方式被解雇：“约翰·里德被带到上述会议，一手拿着笔，一手拿着墨水瓶。然后，吉伯牧师把笔在他头上折断，把墨水倒在他脸上，把一张纸贴在他胸前，上面写着这样的字：这是对不忠和无能的奖赏。”和

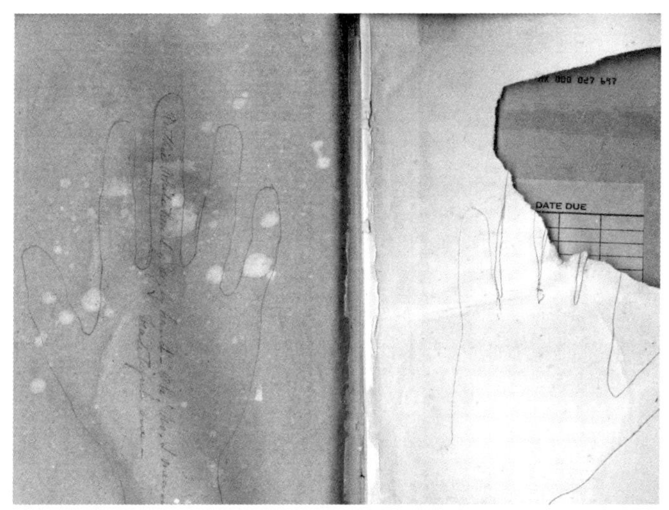

图13.1　莎士比亚作品（1853年）中对手的描摹。来源：弗吉尼亚大学奥尔德曼图书馆

帕梅拉一样，把里德的写作工具打碎和打翻会显现出他的缺点或者美德。在这里，吉伯牧师是作者讽刺的对象，他对里德的态度也说明他的品格。因此，书写工具可以用来衡量品德，以中伤或赞美的题词形式表现出来。

书籍与身体之间的联系不仅仅在于笔墨纸砚。有些书含有人类的痕迹，比如一缕头发，或者读者手的痕迹，比如弗吉尼亚大学收藏的一本1853年纽约版的莎士比亚作品。在这本书空白的尾页上，米丽亚姆·特罗布里奇（Miriam Trowbridge）绘出了她朋友的手，并注解道："露丝·怀特黑德的丑手——哦！不，我是说她漂亮的手。"（图13.1，彩图10）

这是一本19世纪的书，承载着19世纪一只手的痕迹，这是一个很好的隐喻例子，说明了书是如何随着时间的流逝被身体和工具进行了标记。许多人在扫描版图书中看到过类似的干预，扫描人的手无意中在页面快照中被捕获到。无论是19世纪露丝·怀特黑德的手还是当代扫描电子书中的手，都让我们看到了阅读的触觉过程，呼吁我们把书的历史作为一个物理接口来关注，暗示了我们所继承的、书中仍然存在的过去。

题字的实践

读者在他们的书中进行标记时，会倾向于遵循从其他标记文本中学到的模式。正如杰克逊所展示的，读者在书中做标记的位置是非常传统的。关于所有权的题字会写在一本书的前面（通常写成一个矩形，在右上角）。前衬页上可能会包含如何获取此书、书的归属者、对盗窃者的威胁和诅咒、自写的目录、其他与此书相关的内容抄写以及对文本重要性和准确性的评估。文本页的上方空白处通常写一些具有辅助性质的内容，侧边和下边空白处通常记录对特定单词和段落的评论。印刷行之间的标记通常是注释、翻译和勘误的更正，书结尾处的空白则留给整体判断、摘要和/或索引。这些标记中的大多数都与印刷书籍自有的标记极为相似。例如，绝大

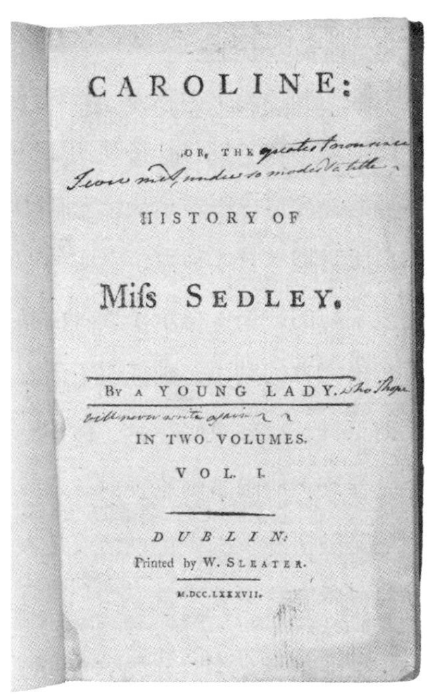

CAROLINE:

OR, THE

HISTORY OF

Miſs SEDLEY.

BY A YOUNG LADY.

IN TWO VOLUMES.

VOL. I.

DUBLIN:

Printed by W. SLEATER.

M.DCC.LXXXVII.

图13.2 塞德利所著《卡洛琳；或塞德利小姐的历史》的扉页题词。来源：辛格－门登霍尔收藏，基斯拉克特殊、罕见书籍和手稿收藏中心，宾夕法尼亚大学

多数的扉页右上方都能找到拥有者的姓名，而书籍的作者姓名通常会以印刷形式出现在扉页的右下方。

有些读者甚至把他们的题词和印刷文字的句法结合了起来。宾夕法尼亚大学收藏的《卡洛琳；或塞德利小姐的历史》（*Caroline; or, The History of Miss Sedley*）一书中，一位读者将排字栏上的署名扩展为“一位年轻女士”，并附了一份手写的附录：“我希望再也不用给她写信。”（图13.2）。

不管读者是用钢笔、铅笔、羽毛笔还是指甲做标记，他们都不可避免地会在印刷书页中加入另一种媒介，即广义上的手写。手写可以使印刷书籍个性化，将其变成一个独特的、个人化的副本。手写的补充也可以显示出读者对印刷文化习俗的了解，例如标明出版日期、真实地点、真实的作者。对文本价值的粗略评价（或了解的缺失）显示了读者的品位，而对文本的更正（往往远超出官方的勘误）则证明了印刷文化培养的编辑思维模式。辅助工具，比如页码指示、标题、目录或摘要中的草图，有助于引导读者的眼睛浏览页面、章节和整本书。不管是奇怪的标记还是随手写下的评论，又或是大量的非语言符号，例如用下划线或感叹号来表示重要性、同意或愤怒，这些都揭示了读者对印刷文本智力上的和情感上的投入。

在18世纪的书籍中有一种很常见、很有趣，但却很少被人关注到的标记。这种明显的标记可以被称为"读谱"（reading à clef），这个短语包含至少四种不同的标记：补充单词中缺失的字母（通常是某个名字）；在最靠近缺失字母的单词的空白处写下这些单词；在空白处写下所谓的虚构人物（或虚构地点和机构）的"真实身份"；在扉页上写下名字和页码列表，作为文本的"关键"。这些标记做法之间显然有着很强的相似性，它们都证明了凯瑟琳·加拉格尔（Catherine Gallagher）所说的，"那个时代渴望打开每一本书，看到一些文字之外的现实，读懂每一件事情"。但是，每一种标记表现出的"参考之风"都

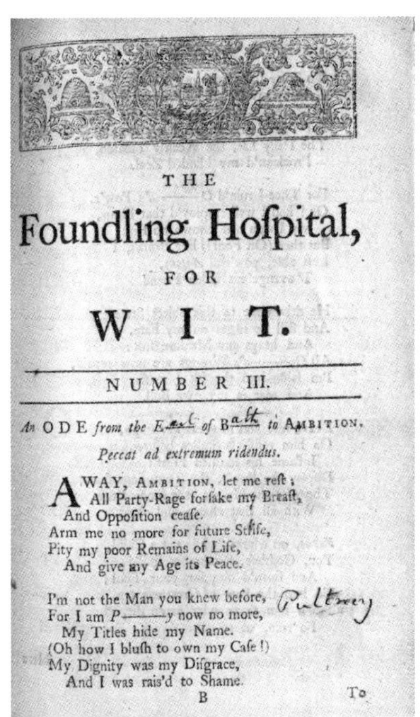

THE

Foundling Hoſpital,

FOR

WIT.

NUMBER III.

An ODE *from the* E—— *of* B—— *to* AMBITION.

Peccat ad extremum ridendus.

AWAY, AMBITION, let me reſt;
All Party-Rage forſake my Breaſt,
And Oppoſition ceaſe.
Arm me no more for future Strife,
Pity my poor Remains of Life,
And give my Age its Peace.

I'm not the Man you knew before,
For I am *P*——*y* now no more,
My Titles hide my Name.
(Oh how I bluſh to own my Caſe!)
My Dignity was my Diſgrace,
And I was rais'd to Shame.

B To

图13.3 《智慧孤儿院》一书中夹杂的手写痕迹。来源：杰罗姆·劳伦斯和罗伯特·E. 李戏剧研究所，俄亥俄州立大学图书馆

有所不同，因此，这不仅可以帮助我们更好地理解为什么某一种标记会以某种形式出现，还可以帮助我们更好地理解为什么读者会感到困扰以及这些参考的必要性。

18世纪的书中充满了匆忙拼凑出来的词语，或者说是"消失了"的词语。举个例子，《智慧孤儿院，第三期》(*The Foundling Hospital for Wit. Number III*，1746年）的开篇诗中就有着"from the E——of B——"这样的表述（图13.3）。

这并非出于伪装的目的。任何熟悉18世纪40年代早期英国政治的人都能在几秒钟之内猜出，这里应该填写的是巴斯伯爵（Earl of Bath）威廉·普尔特尼，据说他为了在上议院获得一个席位而背叛了反对派中的盟友。这段插曲在几十年来一直让他臭名昭著：我们没有理由认为，任何一个对一首关于“野心”和“派对狂热”的诗感兴趣的人，会忘记巴斯的变节。那么，为什么早期阅读俄亥俄州立大学《智慧孤儿院》的人得不辞辛劳地在印刷体E的后面写上arl，在印刷体B的后面写上ath呢？答案与这些字母的物质性和位置有关：这相当于在一种媒介中完成了文本，这种媒介与有空白出现的媒介既连续又对立。它们是用黑墨水写的，所以看起来就像是印刷出来的诗，仿佛是在用信纸上的污渍来嘲弄巴斯。但这些字迹又都是手写的，所以在18世纪，它们便拥有了手稿所具有的意义，即稀缺性和个性化，以及“与手的积极联系”。因此，这些标记能使它们的读者与诗人（一个同样忠实的反对派成员）保持一致，并通过更大胆或“更完美”等方式将读者与诗人区分开来。但是，如果没有这种笔迹的存在，这些连续性和对立都将不可能产生。标记及其位置不仅仅是阅读之前的行为痕迹，也是阅读本身不可分割的一部分。

把“Pultney”（普尔特尼）的全名写在“P——y”的最右侧，可以让我们看到这类标记的不同构型。在这里，手写的全名与印刷版中的横线呈现出了一种分离的状态，这使得右侧的全名成为一种方便被找到的辅助工具：如果你想用带有党派内容的话题来活跃一场派对，可以快速翻阅这本《智慧孤儿院》，通过右侧的手写全名定位到一首羞辱普尔特尼的诗。这表明，关于这首诗，最重要的是了解其假定的说话人身份，因此书中的这些标记能让得到书的人被立即赋予这种身份。同时，通过提供这些标记工具，还能展现出本书的所有者比那些留空白的人更精明、更体贴。

还有一种方式：把一个虚拟的名字转换成一个真实的名字，比如把“瓦卢斯”（Varus）转换成“查斯特菲尔德”（Chesterfield）。读者无法简单地依靠韵律和猜测来对此进行识别，比如用“P——y”进行识别（最近有多少被授予爵位的人的名字以 p 开头，以 y 结尾？）。相反，他们需要知道，或者至少对罗马帝国有所了解，才能推断出哪个冉冉升起的新星最像普布利乌斯·坎克特留斯·瓦卢斯。在历史上，瓦卢斯是一个被派去治理日耳曼尼亚的官员，最终导致了灾难性的后果。但是，如果这种猜测无关紧要，其社会价值也就相当有限（只有在与关系相近的人的谈话中提及相关话题，才可以使用这种猜测）。把某人的身份写在书页空白处，然后让自己的书在外面流传，这样的做法能够很好地证明一个人的政治智慧，但也伴随着风险：如果搞砸了，就会显得尴尬甚至遭受诽谤诉讼；如果消息传到查斯特菲尔德的朋友那里，说不定会引发肢体冲突。

最后一种相关的标记，即是经常能在扉页上发现的手写“关键”信息。比如一本收藏在耶鲁大学善本图书馆的查尔斯·约翰斯通（Charles Johnstone）的《几内亚历险记》(*Chrysal; or, The Adventures of a Guinea*，1760—1764年)。这些关键信息类似于一种默认的主张，即文本的主要意义在于其涉及的主要内容“到底是什么”。根据这一逻辑，任何能够系统解读其所指对象的人，都一定拥有令人羡慕的大量相关知识。然而我们要再次申明，物质性和位置都很重要。这些标记被“分配”在相关书籍前面的空白处，从而变成了一种目录，使那些制造了这些标记的人成为这本书的另一位制造者。事实上，在有限的范围内，这些关键信息的创建者甚至可能比作者本人更有用，因为标记与标记之间常常跨越很多页数，超越了叙述，比如某些标记暗示，56页和127页之间没有任何有趣的信息。

社会性对象

“读谱”是利用书本上的标记来达到理想的社会目的的一种重要方式；针对类似的目的，也有其他的标记模式。随着赠书在19世纪早期的兴起，独特的印刷方式出现，通过提供有插图的书页来规范题词仪式，个人可以在上面写自己的名字和书籍受赠者的名字。这些书本主要为别人购买，被称作赠书、年刊、年鉴或年历，其中的一些标题为:《女士口袋书》《纪念品》《勿忘我》，等等。它们在市场上出售，以供情感交流之用，通过题词的行为，这本书从商品变成了一件礼物，被标记的书也因此成为人与人之间情感交流最有力的象征之一。

书中的标记被用来促进各种各样的社会互动，包括真实的和想象的。它们可以作为传给子孙后代的记录、展现自己智慧的方式、一种调情工具、展示特定社会角色的道具、友谊的象征、一种融入更大的群体或组织的姿态。约翰·卡斯帕·拉瓦特（Johann Caspar Lavater）在《人类格言》（*Aphorisms of Man*，1788年）一书中建议他的读者:“将阅读中对你产生愉快影响的格言标注出来，在那些给你留下不安感的地方打上记号，然后把你的抄本给你喜欢的人看。”这本书最有名的读者是威廉·布莱克，他通过回应式和分享式阅读来附和这种通向自我认识和友谊的邀请。甚至在折叠装订之前，他就开始在稿子上做出强调性的下划线、批注，表示赞同、反对或不安，以及一些更长的批评意见。当布莱克的继承人出售这本稿件时，一位经销商抱怨说，这本稿子“用破旧的羊皮包着，脏得不行”。书中墨水和笔迹的差异性是否意味着布莱克经常重读这本《人类格言》呢？又或者他确实在朋友之间传阅了自己加了标记的稿件？我们无法确定。但是，他在扉页上印有拉瓦特的名字的位置旁边标记了一个心形，还有他手写的自己的名字，足以证明这些标记在情感网络中起着构想中的社会交互作用。

围绕拉瓦特另一部著名作品《观相术》(*Physiognomische Fragmente*，1775—1778年)的互动无疑最具有社会性。由于德国原版的四卷对开本价格过高，使得它成了德国各地读书会的宠儿——这些图书会往往选择购买插图丰富的书籍。共同阅读《观相术》推动了相术解读的流行，即根据面部特征来识别人物。由于拉瓦特的目标之一是定义真正的美和天才的本质，因此，《观相术》一书也可以被解读为跨时代的文化精英名人录，涵盖了从与阿波罗同时代的古代神话时期到与歌德同时代的当下。魏玛宫廷学会的部分成员聚集在一起，阅读安娜·阿马利亚公爵夫人(Duchess Anna Amalie)的私人收藏版《观相术》，一起辨认那些匿名的肖像和剪影。通过在图像下面标记名字，他们展示了自己的知识，以及在文学界的身份，并声称他们在创造和保存永恒的美丽和天才方面有所贡献。现存于苏黎世档案馆的一份带注释的副本，其中的标记反映了一种更为谦逊的做法。这位读者对精英阶层不那么感兴趣，他更关心苏黎世周围纯净而幸福的居民的相关记录，进而延伸到瑞士这个国家。这些印刷出来的肖像和剪影下面写着农民和工匠的名字，使得他们成了有明确时间和地点的社群中的一员。尽管这些标记可能是真实社会互动的记录，但在《为促进知识和爱心而生的人类》那卷，它们也致力于构建想象中的社会。

书中的标记也可能会催生出现实中的社群。罗伯特·骚塞曾有过一本《非洲、埃及和叙利亚之旅》(*Travels in Africa, Egypt and Syria*, 1806年),其中写有他购买的日期(1812年10月30日),还记有一段骚塞去世那年留下的题词:“献给约翰·华兹华斯。这本书是我于1843年6月在葛利塔会堂的一次拍卖会上买的,当时我父亲的一小部分书被卖掉了——凯瑟琳·骚塞,1843年10月,于凯西克。”凯瑟琳·骚塞将这本书作为礼物送给了尚在襁褓中的约翰(生于1843年9月21日,当时他出生还不到六个星期),这进一步加强了华兹华斯和骚塞家族之间长久以来的联系。这本书的特殊装帧(它被骚塞的妻子或某个女儿用印花棉布重新装帧)使凯瑟琳的题词具有了双重意义【装帧】。据透露,她曾在拍卖会上购买了一件女性家务劳动产品,并迅速将它交给了父亲曾经的邻居和朋友威廉·华兹华斯的侄孙。约翰出生在伦敦附近(远离凯瑟琳在凯西克的家),他是华兹华斯家族的一位神职人员。约翰的祖父克里斯托弗是剑桥大学三一学院的学者和院长,他的父亲(也叫克里斯托弗)则在1869年成为林肯主教。因此,凯瑟琳的行动向前且向后延伸,通过两个家族在过去共享的地理层面的回忆以及在当下共享的神学层面,打造了一个家庭式的稳固社群。

精美插图版本的《约翰·济慈诗选》(*The Poetical Works of John Keats*, 1855年)同样呈现了题词如何利用地理边界来实现社群区分。1855年7月30日，佛罗里达州的詹姆斯·德·巴里奥斯·邓拉普·巴伦（James de Barrios Dunlap Balen）将此书题写给詹姆斯·本杰明·克拉克（James Benjamin Clark）先生。前者详细地在礼物的题词中说明了自己现在的位置："马萨诸塞州坎布里奇"，以及将"最好的祝福送给亲爱的朋友"。两个人共同的母校哈佛大学，架起了两个南方州之间的桥梁。这本书厚重的纸张、宽阔的页边空白和精美的插图印证了两人在这个由哈佛毕业的南方绅士组成的社群中的地位。这些绅士对文学领域投入巨大，他们在这个群体中的地位通过书的版本得到了重申，特别是理查德·蒙克顿·米尔内斯（Richard Monckton Milnes）的《济慈回忆录》。米尔内斯毕业于三一学院，是使徒俱乐部的成员。还有阿尔弗雷德·劳埃德·丁尼森（Alfred Lloyd Tennyson）和亚瑟·哈勒姆（Arthur Hallem）等人。在一本精心挑选的书上标注他们目前的居住地时，这本书把两人带入了一个文学社区，从马萨诸塞州的剑桥，到宾夕法尼亚州的费城（这本书的出版地），再到英国的剑桥。巴伦的题词超越了国家即将到来的南北分裂状况（克拉克在1861年加入南方联盟的第十八密西西比军团），促成了一个由诗歌爱好者组成的国际团体。

无论从个例还是整体来看，这些标记都有力地支持了杰森·斯科特-沃伦（Jason Scott-Warren）的提议，即"现代早期著作"应该被视为"准公共环境"，是"日常社交活动的附属物”。尽管如《情敌》这样的文本提到了被动的、孤独的、堂吉诃德式的阅读习惯，但从根本上讲，18和19世纪的书籍都是社会性的，它们邀请用户与它们进行交互，并通过自身让人与人进行交互。

人们可以在书上做记号，不是为了标明那些用姓名首字母、星号或破折号来掩盖的人的“真实”身份，而是为了根据自己的情况来使用文本。有些读者会在诗集的页边空白处注明他们读这首诗的场合，有时还会注明他们是向谁朗读了这首诗。这样，诗就可以作用在读者的情感生活中。例如，一起读诗的情侣可以选择将自己与诗歌中的人物联系起来，或与诗歌的朗诵者和听者联系起来。这种“专用”的标记意味着不仅可以把一本书标记为自己的，还可以将标记作为与个别诗歌联系起来的一种方式，将它们与特定的时刻或关系联系起来。

以弗吉尼亚大学收藏的1869年版流行叙述诗《露西尔》（*Lucile*）为例，这首诗是欧文·梅雷迪思（Owen Meredith，布尔沃–莱顿之子爱德华·罗伯特·莱顿的笔名）于1860年所写。书上写着赠礼题词：“给珍妮·泰勒/一位朋友/1869年8月。”赠予者在第79页将诗歌的语句做出强调，来传达信息：“我们各自的路平坦清晰/而这两条路将我们分离。”他在空白处写着“69年7月”。这首诗本身是关于阿尔弗雷德勋爵和一位法国公爵争夺贞洁的露西尔的故事，也关乎爱人之间的误解。在这本书里，这位身份不明的“朋友”将时间记录下来，并把诗的语言用于自己的抒情，大概是在他和珍妮·泰勒之间的关系存在危机时做出的及时补救。他将这本书送给珍妮，作为请愿书或告别辞，在此之前的一个月，这段关系陷入危机（后来，珍妮在1875年嫁给一位名叫莫蒂默·罗杰斯的上尉）。在这本书的一些书页上，这位身份不明的朋友在几行字上做了这样的标记：“我的生命永远为你留一个位置/我们曾经相遇，却又分开了”（第74页）；“对我来说，你曾那么重要”（第75页）；以及在快要结束的时候写道：“爱情是怎样毁掉一生的！”（第238页）我们可以从日期记录和示意给珍妮的题词，看出这些强调的用意。虽然对大多数书籍来说，这类痕迹往往显得比较模糊，但类似这样的案例呈现出一种普遍意义上的挪用和再利用行为。

通过各种形式的标记和题词，读者把书变成了他们自己的东西，将书本带进了个人交互的过程中，让后世时而能够读到那些痕迹。事实上，一些题词揭示了一本书多层次、多时间的性质，表明读者多年来一直在重新阅读。许多18和19世纪的家庭《圣经》记载着几代人出生和死亡的手写记录，这些《圣经》在这里可能具有象征意义。这样的书总是能唤起一种感觉，即书籍是活生生的社会对象，就像古时候被人收养的孩子。类似的案例，我们也可以参考托马斯·哈代的诗《她姓名的首字母》（*Her Initials*），这首诗最初收录在《威

塞克斯诗集》(*Wessex Poems and Other Verses*) 中:

我写在诗人的书页上
写下她名字的两个首字母。
她似是光辉思想的一部分
启发那歌者的灵感。
我又翻开那一页,
诗句间依然闪烁着不朽之光。
但她名字的首字母
却因时光失去了光辉。

——1869年

托马斯·哈代的这首诗可以说是对魅力消退后的后浪漫主义描述。诗中带有年份声明,结束语的日期是1869年,这标志着诗人所处的时间,即这首诗出版前近30年。这首诗还唤起了一段更为深刻的过去:那是一段古老的时光,他在"诗人的书页"上刻下所爱之人名字的首字母。从那时起,时代和情感都发生了变化,但这个标记一直没有改变,成为一个在阅读时可以造访的纪念碑。人们在阅读时能够感受到,"歌者的灵感"让他想起她,书页也因为读者眼中的爱意而变得闪耀。这些标记让我们将书籍看作不断发展的物体,就像人类本身一样,承载着不断变化的痕迹以及所经历的各种相互作用。面对书页，我们发现了一个具象化的寓言，其流通触及人类与印刷交互的核心。

— Paper —

纸 张

1769年夏天，教育理论家约翰·伯哈德·贝斯多（Johann Bernhard Basedow）正在寻找一种既结实又不易划伤孩子的纸张，以便用于印刷一本有关儿童教育的开创性新作品。这本名叫《元素工作》（*Das Elementarwerk*）的书带有插图，一共四卷。他最终在约翰·卡斯帕·拉瓦特（Johann Kaspar Lavater）的帮助下在瑞士找到了自己心仪的纸张。

《元素工作》的出现是一种明显的迹象，表明人们对儿童读物的兴趣正在兴起，这种兴趣逐渐成为18世纪整个欧洲的标志。贝斯多的书提出了一种新的思维方式，即让儿童读物成为一种特别适合儿童与世界以及与印刷品进行交互的途径。但这也表明了罗伯特·达恩顿（Robert Darnton）所说的那个时期独特的“纸张意识”。作为书写经济的材料支持和基础，无论是活字印刷、雕刻或手稿，纸张在生活日益商业化的过程中不可或缺【泛滥】。到了18世纪末，出版商经常将纸张质量作为一种营销手段来吸引不同的读者。“荷兰纸”和“仿犊皮纸”等词分别被用于不同的书籍版本，以向读者传达不同的价值。“荷兰纸”表示精美的手工制作纸张，而“仿犊皮纸”是一种模仿皮质的光滑纸张。纸张的质量，与纸张规格和尺寸一样，也成了社会地位差异的关键标志。

到了19世纪，纸张质量的下降向读者发出了一个社会现象的信号，即大众读者的崛起。在这个时代，机器生产的纸张开始大行其道。在18世纪，纸张曾经是质量的终极标志，但到了19世纪中叶，纸张已经成为印刷传播领域越来越缺乏实体性的标志。就像人们对引进纸币的恐惧一样，到了19世纪中叶，人们对印刷纸张的消失有了更深的认识【易逝】。

纸张这种过时的幽灵如今又突然进入人们的视野，并且成为一种有趣的研究对象。在过去10年中，为了理解纸张在构建社会关系方面所做的工作，人们引入了很多新的专业术语，比如“文书工作、文书知识、纸张意识”（paperwork，paper knowledge，paper consciousness）。纸张成了一种公共物品。无论是作为官僚政治的手段、知识文献，还是大众媒介的象征，纸张都对群体的产生起到了一定的作用。

在这一章，我们通过捕捉个人在历史上对纸张的使用呈现出的交互类型，将问题转变为一种全新的角度。我们的问题不是纸对人做了什么，而是相反：人们用纸做了什么？在以这种方式构建我们的研究框架时，我们希望利用最近在阅读嵌入性方面的研究方法，即研究我们与媒介的交互本身对媒介的影响。如果说纸张是一种承载文本的重要材料，有助于在18和19世纪建立新型的连贯阅读群体，那么它也制约了人们与印刷材料和非印刷材料的新型交互。凭借着“对大众的开放性和将自己融入众多惯例的能力”，纸张支持、塑造并激发了从教育学、科学到社会学和艺术学的各种文化惯例和技术。因此，我们在这里关注的是三种主要的交互形式：折叠、剪切和粘贴，以及这些交互在不同社会群体（包括儿童读者、国内收藏家、学术编辑和宗教团体）中为不同目的服务的方式。

围绕可操纵性这一概念重新思考纸张的“意识”，这一关注手指和心灵之间的关系以及在它们之间进行调节的技术，可以帮助我们远离更大的抽象概念，比如公众或观众，后者在很大程度上占据了这个主题的研究。关注读者与纸质物品之间的手势交互，不仅能使我们进入日常生活具体行为的范畴，还挑战了“读者”作为印刷材料使用者的身份。我们这样做的目的不是回避对社会的兴趣，而是反过来进行理解：并非某些特定类型的文档如何构成社群，而是如何通过一系列与文档相结合的交互实践来定义社群。

折　叠

对理论家来说，在阅读的物质性中，折叠一直是纸张重要的特征之一。折叠允许了概念上的两面性，允许对纸张思想进行调整，也是日常生活中处理纸张使用问题的一种普通做法。从书页的折角到信件或笔记，从使用折页式地图到通过可折叠标签进行学习阅读，折叠让我们接触到了纸张的基本触感，这种触感在18世纪成为思考纸张更广泛意义和印刷书籍具体意义的基础。

弗里德里希·贾斯汀·贝尔图赫（Friedrich Justin Bertuch）在他广受欢迎的《儿童画册》（*Bilderbuch fur Kinder*，1790年）一书的开篇写道："应该允许孩子像玩玩具一样自由地摆弄它。"对于贝尔图赫和他那个时代的许多教育理论家来说，在约翰·洛克的心智理论影响下，年幼的读者被鼓励将书作为一种接触复杂的书面语言的途径。正如洛克在谈到儿童读物时所说的："了解事物的乐趣不知不觉地令他获得了语言能力。"对新一代年幼读者来说，纸的触感对于阅读一本书来说是不可或缺的。正如贝尔图赫所想象的那样，纸的中介功能同样也促进了人们在阅读和绘画之间的活动。在18世纪，阅读建立在一种身心连续统一的过程之上，是一种由手到眼再到想象视觉的"有意识—无意识"回路。

18世纪出现的阅读感觉运动理论使得儿童读物中出现了

各种新形式的可折叠特征。早期最著名的例子是罗伯特·塞耶（Robert Sayer）在18世纪70年代开始出版的一系列哑剧书，其中包含反映小丑行为的幽默场景。这些书被称为“变形记”或“滑稽表演”，其中一些可以用于教育目的，比如本杰明·桑兹（Benjamin Sands）的《圣经》故事集《变形记》（*Metamorphosis*，1816年）。其中的文本谜语，以图画符号来解答，比如：“现在我有了金银财宝，富人向我贿赂，穷人是我的走卒/还有什么世俗的忧虑困扰着我？把书页往下翻，你就会看到了。”小读者若是打开折叠的书页，会发现一副骷髅和一张临终者的照片。

在19世纪，这种折页会被更复杂的展开方式所取代。触感和视觉变化之间的联系被一种新的折页方式和发展方向所补充。比如卡尔·约翰·西格蒙德·鲍尔（Carl Johann Sigmund Bauer）随书附赠的可折叠地球仪，它有六个可折叠的部分，用线连接起来，并配有一本折叠小册子，里面有“54个世界的代表”，直观展示了用折叠物体构成世界的方式。然而，直到19世纪70年代，通俗意义上的立体书才正式发明出来，人们得以利用书籍来展现一个世界。像慕尼黑的洛萨·梅根多弗（Lothar Meggendorfer）、纽伦堡和伦敦的欧内斯特·尼斯特（Ernest Nister）这样的设计师，如今被广泛认为是这种形式的早期创新者。例如，梅根多弗的《马戏团》（*The Circus*）提供了一页页令人眼花缭乱的三维视觉全景。对这些艺术家来说，纸张不再是一种促成场景变换的机械装置，而是有着自己的展开方式。虽然可能会有标签或翻页来吸引读者，但此时书籍的维度已经独立于读者，将雕塑和自动化结合在一起。一本书拥有了空间自主性，包含了一个内在的世界，让我们在阅读的时候沉浸其中。

书籍中可折叠和可移动的部分成为一种新的阅读发展理论的标志，这种理论在18和19世纪逐渐出现。折叠和标签还会涉及一些重要的宗教实践并发挥作用。纸张的可折叠性有助于在读者和更广泛的道德准则之间建立个性化的关系。宗教手册《忏悔书》（*La confession coupée*）在1634年首次以拉丁文出版，并在18世纪中期多次重印，其中大部分是法文版本（图14.1）。

这本手册声称提供了“一个为忏悔做准备的简单方法”，其中一部分，是根据所触犯的戒律提供了将近一千宗罪的清单。当读者准备忏悔时，可以浏览这份清单，看看自己犯了哪些罪，从而得出一个比自己可能会想到的更全面的解释。例如在第一戒中，读者不仅要考虑他们是否参与了异端邪说，还要考虑自己是否向新教徒“提供过武器和弹药”，而这种罪行可能只是叛国，而不是宗教意义上的罪恶。同样，根据第五戒（禁止谋杀），读者们会被问到，他们是否在放荡的生活中把“白天变成了黑夜”——大概是因为醉酒后违反白天的秩序会引发致命的伤害。这份清单的范围之广，似乎足以让

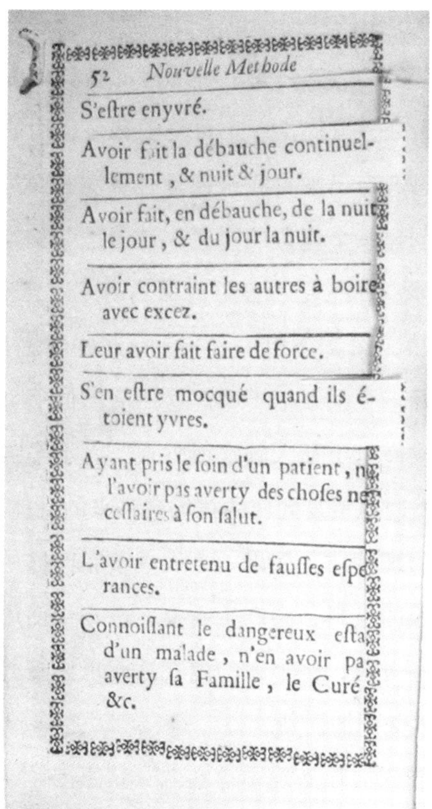

52 *Nouvelle Methode*

S'eſtre enyvré.

Avoir fait la débauche continuellement, & nuit & jour.

Avoir fait, en débauche, de la nuit le jour, & du jour la nuit.

Avoir contraint les autres à boire avec excez.

Leur avoir fait faire de force.

S'en eſtre mocqué quand ils étoient yvres.

Ayant pris le ſoin d'un patient, n l'avoir pas averty des choſes ne ceſſaires à ſon ſalut.

L'avoir entretenu de fauſſes eſp rances.

Connoiſſant le dangereux eſta d'un malade, n'en avoir pa averty ſa Famille, le Curé &c.

图14.1 《忏悔书》。来源：杰罗姆·劳伦斯和罗伯特·李戏剧研究所，俄亥俄州立大学图书馆

人们对自己避开的所有罪恶感到宽慰或沾沾自喜。当然，它可能也为罪恶开辟了一些新的前景，比如："你的意思是我可以开一些不必要的药来赢得药剂师的喜爱？"

然而，让《忏悔书》脱颖而出的不是它列出的罪恶清单

的全面性（中世纪的忏悔者也能提供同样丰富的选择），而是它们可以被记录的方式。每一种罪恶都被打印在一张长标签上，可以抽出来，以提供一个可见的和可触的罪恶记录，借此强迫读者思考自己的自我审视是否真实、详尽。（或者说，他们也可以创建一个虚假的罪恶，目的是欺骗当权者，或是希望通过身体动作感受一种更为深刻的虔诚，比如："跪下，动动嘴唇祈祷，你就会相信。"）一旦这些罪恶得到了救赎，读者就得把标签弹回纸框下面。这一活动似乎可以提供一种不同寻常，或许也更私人的宣泄方式，而不是跪在石头地板上，一遍又一遍地重复同样的祷词会带来的身体不适。而且，由于纸张的物理性质，如果一个人继续犯同样的错误，标签作为一种特殊的材料，会产生折痕，进一步使用可能会被撕裂。通过这些方法，一个人的内在缺陷可以被外化，从而使他们的内在感受更加强烈。

这种感受的加强是确实存在的，其原因非罪名清单或者忏悔本身，而是因为这些纸质标签在空间中的可移动属性。《忏悔书》将手指在选择标签时的"虔诚"和一个人所作所为的持久而可逆的记录结合了起来。作为与宗教真理相关事物的一部分，标签式的罪恶清单的背后是对教会的教义、诗篇和祈祷的提醒和思考。因此，纸张的可操纵性使得新的隐私性和彻底的忏悔成为可能，而且值得推广（这本书持久的商业成功也证明了这一点）。

我们想要关注的最后一种形式可能也是最为大众所熟知的。纸张的可折叠性是古老的学术传统的一部分，这种学术传统使用折页将表格和图表附加到书籍中。作为资料的补充，折页补充了书中所载的资料，但打乱了原本的逻辑。通过折页，这本书实现了一种“拓展”。与此同时，打开折页的动作打断了阅读的动作，在读者继续阅读之前，必须重新折叠页面。折叠的存在表明，个别书籍的装帧并没有将自己的内容完全“包围住”【装帧】。

随着18世纪的发展，纸张和书籍一样，变得越来越大。启蒙运动时期“最大”的文献之一，是林奈的《自然系统》(*Systema Naturae*)，于1735年首次以六页对开纸正反面印刷出版。最初的文本包括11页带网格的纸，这是当时在市面上流通的最大纸张。林奈的《自然系统》在其各种版本中突破了造纸技术的极限，也突破了这本书的终极目标——古抄本是植物系统的天然栖息地。纽约公共图书馆的一份藏本曾被折叠保存了许多年。那些未经整理的书页有许多折痕，可能直到19世纪才装订好。据推测，该书的一些版本是以卷轴的形式存储的，正如林奈穿着拉普兰裙子的著名画像中所描绘的那样，背景中有一卷轴的对开本。这些松散的纸张，无论是以折页的形式被展开还是以卷轴的形式被展开，最终都可以把整个网格系统展现出来。放在桌面上后，这些松散的纸张得以提供一个自然系统的全面视角，邀请读者对自然王国重新进行安排。后来，林奈把许多散页纸（实际上就是索引卡片）放进橱柜里，不断按照物种、属和性系统进行分类和举例。林奈在他的整个职业生涯中，一直竭力反对从抄本中获得固定不变的知识，他在自己所有的出版物的个人所有的副本中穿插留下了空白页，以容纳注释和新的示例【增厚】。和18世纪后期的图书管理员一样，林奈放弃了装订目录，而是使用活页卡片。他那些折叠起来的大张纸和松散卡片表明，书目关系的发展超越了特定古抄本的范围。

我们把18世纪书籍中越来越多的穿插空白页或折叠页看作是发展的另一个标志。例如，在牛顿的《光学》（*Opticks*，1704年）中，有四份独立的折叠纸被装订进这本书。这些折叠页可以彼此组合，使得光线呈现在书的右侧页，成为文中描述的实验中研究折射和反射光线的图解。这种几何图解超越了牛顿的散文式描述。同样，伊弗雷姆·钱伯斯（Ephraim Chambers）的《百科全书》（1728年）、丹尼斯·狄德罗（Denis Diderot）和让·勒朗·达朗贝尔（Jean le Rond d'Alembert）合著的《百科全书》中都含有折页，展开时超过了书的版面大小。就像林奈的《自然系统》一样，对开本经纵向装订后，必须展开才能阅读，这个系统以一种概括性的观点表现了百科全书式对知识的容纳。

折叠的概要性身份和书的系统身份之间的这种紧张关系并没有减弱，而是成为19世纪阅读的一个构成性问题【索引】。

伟大的理论家杰里米·边沁（Jeremy Bentham）在他的主要教育理论著作《有益的学习》（*Chrestomathia*，1815—1817年）第二版的序言中反思了自己的观点表达方式：

> 在接下来的几页中，作者不禁对读者表示出同情，因为这部作品的独特之处在于，从标题页到正文的每一页，似乎除了笔记什么都没有。如果整本书——所有的印刷文字和笔记——都以通常的折叠方式或书本的形式印刷出来，这种奇怪的现象就可以避免了。但是，在作者看来，如果不借助眼睛以无限的速度扫视区域内的每一个部分，就不可能对整体概念形成任何可以接受的充分判断。因此，在作者看来，按照不同的顺序发生变化是必然的。在这些顺序中，几个部分是可以进行调查和比对的，从而把它们呈现在同一个地方，比如在一张桌子上，这是有必要的。

对边沁来说，理解他的教育体系的关键在于概括的可能性，不是从局部到整体，而是一下子看到整体："以无限的速度，用眼睛扫视区域内的每一个部分。"正如边沁之后的浪漫主义知识分子一样，认知的瞬时性对边沁后期的知识理论至关重要。折叠成为一种物质手段，使书籍原本不能做到的事情成为可能。

剪 切

我们常常想象，读者在读书时手里拿着钢笔，而不是小刀或剪刀。然而，至少在19世纪开始的头几十年里，剪裁一本书的书页往往是读者与他们的书的第一次交互。人们把不同书页装订在活页夹里，它们会被折叠起来，然后收集在一起，但通常不会被裁剪。这是许多交互类型中的第一种，涉及削减书籍的页数。在这一部分，我们特别关注两个例子，这两个例子突出了这个时代剪切书页如何促进了印刷品的流通，并且在这个过程中帮助定义了不同的用户群体。正如18世纪中叶一位读者在巴黎提到的那样，当时人们喜欢把装饰性图案挂在墙上或盖在烟囱上："每个人都在剪切！"虽然有些剪纸行为是为了鼓励纸张的自由属性，但在许多情况下，无论是以家庭剪贴簿还是学术目录的形式，剪纸也自相矛盾地加强了书籍作为一个保存空间的封闭性。拼贴的书籍改变了印刷品的绝对位置，保持了实用性。同时，剪切也可以呈现为一种活跃和繁殖的姿态，无论是作为儿童的玩具剧场，还是日益流行的剪纸艺术，剪切都起到了将一件物品变得更加鲜明的作用，进而有助于给纸张的世界下定义。

拿着剪刀的学者是一种常见的视觉形象，可以追溯到康坦·马西斯（Quentin Massys）1517年给伊拉斯谟斯画的肖像画。画中，伊拉斯谟斯坐在一个满是书的角落里写字，一把剪刀挂在一颗钉子上。从印刷初期开始，剪纸就是伴随着学术阅读的一种文化技巧。到19世纪，包含剪纸的书籍成为一种家庭习俗。杰西卡·赫尔芬德（Jessica Helfand）写道："剪贴簿是最初的开源技术，是一种独特的自我表达形式，是视觉采样、文化融合以及对现有媒介的占有和再分配。"到了19世纪30年代，出版商开始销售带有坚固空白页的大幅面书籍，精巧的装订通常印有"剪贴簿"之类的标题，以及装饰性的页眉，以鼓励读者剪贴和收藏。1834年在伦敦出售的一本剪贴簿的封面上，我们看到一对时尚的夫妇在他们精心布置的客厅里和一位旁观者一起翻看一本剪贴画的相册。看客可能是他们的朋友，也可能是他们已成年的女儿。从插图书或活页纸上精心剪下印刷品，作为一种重要的展示，又被转移到书中。在这种背景下，剪贴簿成为新兴中产阶级时尚社交活动的一部分。

剪贴簿有行为表达的维度，但也非常有助于建立家庭记录，是一种家庭身份的记录技术。剪贴簿保存了属于一个家庭的印刷品和手稿，取代了早期通过纹章符号或家谱表记录贵族血统的书籍。曾经生活在利物浦的艾伦巴齐尔夫人有一本可以追溯到19世纪最后30年的剪贴簿，如今是麦吉尔大学的特别收藏品。我们在其中看到了从印刷品和手稿中剪下来粘贴在页面上的各种物品，例如利物浦女红行业协会的行为准则、一个缝纫用的分类表（包括长袍、衬裙、连衣裙、睡

图14.2 黑尔家族的剪贴簿（19世纪），从多个方向阅读。来源：俄亥俄州立大学比利爱尔兰漫画博物馆

袍、背心、裙子和围裙）、一张参观莎士比亚墓地的入场券和无数亲笔签名的剪纸，还有一份慈善义卖的报纸文章，刊登了她的丈夫——一个当地的啤酒花商人曾捐赠“1100磅牛肉

和100吨煤”作为新年礼物。其中还有一个特别有说服力的例子：我们看到一张新犹太教堂建设捐款的剪贴清单，当它折叠起来的时候，下面就会露出一朵压制好的花。剪切、粘贴和折叠在这里统一起来，表现出这本书的层次感和其中包含的情感符号。

剪贴簿的吸引力在于其推翻了人们长期以来持有的观念，即纸质品或书籍是一种连续性的媒介。这些剪贴簿不仅有一种长久的中介作用，将新闻纸、贺卡、印刷品、照片、信件和亲笔签名收集到一个空间，还有一种明显的多向性，掩盖了沉浸式阅读或连续阅读的方式。剪贴簿不仅超越了一本书的未读【增厚】，也体现了书籍善于容纳事物的方式，强调了人们从不同方向和角度阅读一本书的能力。以现在俄亥俄州立大学收藏的黑尔家族剪贴簿为例，其中包含了精心排列的剪贴画（图14.2，彩图11）。在第三页的背景上，我们看到了新加冕的维多利亚女王下棋的图片，覆盖在一幅印刷品上，意在展示“良好教养”和“教育”之间的斗争。这幅印刷品又部分覆盖了另外三幅印刷品和两份剪报，完全覆盖了另外五份涉及夜壶、贩妻、海军争斗和一座乡村别墅的剪报。无论这些视觉线索彼此之间有什么关系，它们的意义都与它们的位置以及对读者的定位方式密不可分。玛格丽特·埃泽尔曾这样描述家庭相册：“人们可能会说，这样的文本有太多的开头、结尾、标题和签名，它们塑造了我们对内容的预期，但实际存在的东西只会让我们感到困惑和惊讶。”可旋转的平面书页允许无数个入口和出口的存在，也允许同时阅读。在朱丽亚·玛格丽特·卡梅伦（Julia Margaret Cameron）的相册中，她特地将照片放在不同的方向，以便两个人同时观看。

在我们这个时代，剪切东西不仅仅是以保存和编辑的名义进行的，也可以很容易用来解放和赋予“生命”。在18和19世纪之交的德国沙龙里，装饰性剪影就是这样一种流行的艺术形式，其根源可以追溯到18世纪最后几十年人们对剪影和其他基于轮廓的艺术形式的兴趣，甚至可以追溯到人们对收集名人肖像画的兴趣。精心剪切的剪影轮廓成为理想化的人际投射形式。人们可以在一块空白处投射出深刻的情感反应，反映出从页面中提取出来的感知运动关怀。在18世纪变得越来越流行的、错综复杂的花卉剪纸也是这样一种类似的情感空间实践。例如，玛丽·德拉尼（Mary Delany）在70岁开始生产一系列的植物标本拼贴画。在她对车叶草的描绘中，我们看到了230张被组合在一起的精致剪纸，捕捉到了静态纸张的表现潜力（图14.3，彩图12）。

这种页面剪切的流行也在家庭中向下延伸，正如19世纪玩具剧场的流行所表明的那样，这种流行的目的是扩大儿童消费阶层。从19世纪头十年开始，出版商开始出版印有剧本人物的出版物，例如改编自波科克的《磨坊主和他的手下》

图14.3　玛丽 · 德拉尼的车叶草剪贴簿，由230张剪纸制成。来源：大英博物馆

（*The Miller and His Men*）和库珀的《四十大盗》（*Forty Thieves*）（图14.4，彩图13）。有时仅仅是角色肖像，有时是由特定的熟悉演员扮演的形象。虽然出版商最初的设想似乎只是把这些纸张当作纪念品，但孩子们，尤其是十几岁的小男孩，很快就开始剪下这些人物，把它们装在硬纸板上，以便重新演

图14.4 《红色漫游者》中的角色。来源：俄亥俄州立大学图书馆

绎这些戏剧，或者设计出属于他们自己的故事。作为回应，出版商扩充了他们的产品，包括马匹、戏剧中复杂得多的人物场景（如战争或游行）、戏剧中的布景以及装饰剧院的建筑装饰品，这一切都印在人物出现时的那页纸上。一些有创业精神的玩具店委托木匠用木头建造剧院模型，为那些没有能力（或仆人）自己动手的男孩提供玩具。到了19世纪30年代，许多现有剧目的剧本都被缩短了，它们会附上特别说明，介绍如何利用玩具剧场来实现各种各样的戏剧效果。

理论上说，提供给孩子们的（剧本、布景、战斗、戏剧装饰）越多，他们就越没有空间去发挥想象力。然而，情况似乎恰恰相反，一个富裕的家庭可以积累大量玩具戏剧材料，孩子可以根据这些材料进行任何人都无法预测的组合和配置。这远不是一种被动的行为，比如，仅仅是重新表演先前的演出，就需要把角色剪下来再装上去。如果没有上色，还需要给角色进行上色，把它们与其他角色和场景（包括其他戏剧中的角色和场景）重新放置和定位在一个剧院里。这鼓励了即兴创作，远远超出了专业舞台所能提供的。事实上，玩具剧场提供了一种能够与印刷品进行交互的模式，也就是说，对待印刷品时，就好像它们是活的，是脱离书籍本身的一种拟人化形象。因此，玩具剧场可以帮助我们重新思考，那个时代的“纸上意识”是如何被卷入一个更宏观的人与物之间的关系系统中。这个系统建立在大规模的纸张生产之上，维持了一种神奇的生命力。

粘 贴

正如我们之前看到的，将纸张粘贴到其他纸张上的行为是家庭剪贴簿在收集行为中的一项重要技术。粘贴可以对松散的纸张起到保存功能，也在学术背景下的各种注释实践中扮演了重要的角色。在18和19世纪的作者论文集中，经常能找到黏着的起修正作用的纸张。在高度修订的文本中，粘贴创建了更多的注释空间，和折叠一样，扩展了抄本的范围。

粘贴注释不仅是一种常见的创作实践，也是编辑书籍时有用的工具。这些书籍由出版社发行，并最终成为19世纪印刷经济的主要部分。此处我们以收藏于福尔杰莎士比亚图书馆的1802年版《莎士比亚集博伊德尔修订版》为例。18世纪90年代，威廉·布尔默（William Bulmer）在伦敦的莎士比亚印刷所印刷了这本书。他整理完书页后，一个仆人把校样带给编辑乔治·斯蒂文斯（George Steevens），后者住在汉普斯特公园附近，但经常待在剑桥。斯蒂文斯收到未经校正的版本后，使用标记和粘贴条的组合来校正文本。他每编辑完一张对开页，就把它折起来，像折叠信纸一样，完成后给布尔默寄回伦敦。因为两人很少在同一个地方居住，布尔默和史蒂文斯就用这种方式来传达编辑内容之外的各种信息。

作为精装书，这种校样要求读者接受一种高度饱和的媒介形式。读者可以就内容与文字编辑的观点相抗衡，但也可以通过折叠和注释的形式讨论莎士比亚之外的内容。这些纸张实际上是一种嵌套在另一种形式之上的流通形式，读者在对生活和工作进行短暂记录的同时，参与了伟大作品的编辑实践。这两种交际语域——无论是斯蒂文斯的权威编辑还是身体力行地参与到作品之中——都深刻地影响着阅读体验。在阅读中，读者除了要实行所有装订书籍都要求做的翻页行为之外，还必须对该本书进行仔细检查，在翻页时把粘贴的纸条提起再放回原处。

斯蒂文斯在许多页面上粘贴了折叠校订（图14.5）。斯蒂文斯的粘贴纸条和其他手工制作的标记一样，是人类与印刷物体交互的痕迹【标记】。然而，在视觉标记之外，粘贴的折叠内容邀请读者提起纸条来检查下面的原作。作为一种编辑选择，粘贴纸条有两个优于印刷的重要特点。首先，它要求读者接受校订，因为校订本身会覆盖印刷文本，令其“隐形”。其次，粘贴纸条甚至邀请读者重申斯蒂文斯的权威性，允许他们查看印刷文本，然后又强迫他们再次覆盖。这种做法用编辑自己的手破坏了纸媒的权威。这也意味着后来的每一位读者都用手和眼睛参与了一种等级制度，在这种制度下，斯蒂文斯的学识支配着布尔默的印刷生产。

剪切、折叠和粘贴作为实践是不容易分离的。虽然它们确实是与纸的不同的、具体的互动，但通常协同进行。它们可以用于教学，例如通过展示一具尸体那令人惊讶的糟糕状况来教导年轻读者不要贪婪；它们可以用于学术，例如编辑和自然哲学家在扩充书目的实践中的所作所为，在书本上剪下、折叠和添加零碎的纸片；它们可以用于家庭，以纪念家庭身份，因为与纸张互动成了一种通过时间来确定家庭身份的方法；它们可以用于审美，例如装饰性剪影或玛丽·德拉尼的花卉拼贴画；最后，与纸张的交互还可以用于玩耍，比如玩具剧场中

图14.5 粘贴着乔治·斯蒂文斯纸条的《莎士比亚集博伊德尔修订版》。来源：福尔杰莎士比亚图书馆

的角色被剪切、折叠、粘贴在一起，或者在剪贴簿上讽刺性地使用印刷品，创造出关于当今时事的多重政治信息。在所有这些情况下，折叠、剪切和粘贴的手势交互挑战了纸张的统一性和稳定性，而纸张的这种特性定义了我们这个时代的印刷文化。纸张的可操纵性挑战了围绕着“印刷”或“书籍”等产生的各种身份，它可以帮助我们看到不同的素材，看到围绕着纸张交互的经验异质性，而不是作为一种将公众划分为可识别的群体的媒介。

— Proliferation —

泛 滥

18和19世纪，当欧洲社会努力探索与印刷品交互的新方式时，遍布欧洲大陆的咖啡馆、沙龙和书店里经常出现这样的争论：印刷品的传播对一般知识，尤其是文学来说，究竟是利还是弊？虽然国家和地区的文化素养、消费支出和言论自由的不同导致了欧洲印刷文化的不平衡发展，但印刷品的普遍泛滥是无可争辩的，特别是18世纪晚期。以国家为标准来确定印刷书籍的准确数量是不可能的，但国家图书馆目录的数字化和诸如英文短标题目录等数据库的建立，使书籍历史学家能够做出越来越可靠的估计。尽管19世纪的数据仍然参差不齐，但埃尔乔·布林（Eltjo Buringh）和扬·吕滕·范赞登（Jan Luiten van Zanden）已经提供了从6世纪到18世纪整个欧洲手稿和书籍数量的详细估计。

在他们保守的统计中，英国印刷书籍的总数从17世纪的1.22亿本上升到18世纪的2.28亿本。欧洲其他主要国家也有类似的增长速度：法国从17世纪的1.46亿本增加到18世纪的2.31亿本；荷兰从4500万本增加到9400万本；意大利（按照今天的边界定义）从7800万本增加到1.23亿本；德国（也用今天的边界来定义）从9800万本增加到1.95亿本。根据布林和范赞登的研究，在18世纪后半期（1751—1800年），英国的人均图书消费量比前半期（1701—1750年）高出14%，而在西欧和中欧的其他地方，增长速度甚至更高。比较1701—1750年和1751—1800年其他各个国家的数据，德国每年人均图书消费增加了23%，荷兰增加了25%，爱尔兰增加了26%，比利时增加了45%，西班牙增加了53%，意大利增加了79%，法国增加了100%，波兰增加了127%，瑞士增加了127%，瑞典增加了149%。即使考虑到18世纪欧洲大部分地区出现的人口激增，这些数字仍然表明，人均印刷书籍在迅速增长。

18和19世纪图书交易的爆炸式增长似乎是一种无可争议的社会趋势，但这一时期的批评家们倾向于将自己置于两个极端的阵营。双方都有一个共同点，那就是明显倾向于用社会进步或衰退的想法和术语来表达他们对印刷品的看法。一方面，文化保守主义者倾向于把一个充斥着新书和期刊的世界看作是美学、道德和结构性衰退的悬崖边缘。当然，由于生活在印刷业霸权的巅峰时期，这些评论人士常常发现自己处于一种非常尴尬的境地。他们没有有效的手段来宣传自己的关切，而自己的行为本身又增加了他们所谴责的问题。另一方面是那些为文字的丰富性而欢呼的人，他们认为文字是智力进步的前沿阵地，能够实现启蒙运动中哲学家们的期望。更多的印刷品意味着更多的读者。对这些评论家来说，印刷品的泛滥是文化民主化的证据，这一进程本身必然是真正的民主的先兆。对欧洲许多思想家来说，一个消息灵通、思想活跃的阅读群体的出现，能带来社会的普遍改善。

在这一章，我们记录了这一时期印刷品数量的增长，调查了普通读者和著名的时尚引领者对印刷品激增的不同反应。特别要提及的是，我们对所谓的印刷品泛滥的“第三轨”感兴趣——这是一种新兴的监管论调，极具争议，其目的不是限制或促进印刷，而是进行控制和管理。这种论调之所以如此有力，是因为它不同于论战或谩骂。它可以有多种形式，在体裁方面，规范化印刷采取了各种形式，包括风格指南、阅读入门、书评、行为手册以及哲学、小说家和福音派的论著。除了印刷的书页，这种对出版材料进行控制和系统化的推力还体现在这个时代对私人借阅图书馆、严格的编目计划、有选择性的阅读俱乐部、标准化的索引规范和明确划分的学术学科。简而言之，印刷业的普及不仅催生了更多印刷语言，还催生了更为完整的物质和文化基础设施，旨在使印刷品的泛滥更加可控和易于管理。因此，信息管理作为一种物质的、制度的、散乱的形式出现了，成为18和19世纪最伟大的新兴产业之一。正是基于这一点，人们对印刷品泛滥所产生的真正影响感受最为深刻。

衰　退

18世纪晚期，对印刷品泛滥之最尖锐的回应之一，是1795年艾萨克·迪斯雷利写的《文学人物的礼仪和才华》(*Essay on the Manners and Genius of the Literary Character*)。他是一位受人尊敬的学者，也是未来首相的父亲（其子本杰明·迪斯雷利是英国保守党政治家，曾两次担任首相）。在迪斯雷利的心目中，过度生产导致的文学价值下降使得“文学人物……在公众心目中异常堕落”。迪斯雷利哀叹道：“即便是最优秀的作品，在公众心目中也产生不了任何警醒和赞扬，它们只是被阅读、认可和继承。作家的存在也不再像以往那般，会给他的同伴带来荣誉。”看起来，文学似乎已经成为另一种商业模式，受奴役般地致力于时尚，陷入一种循环。在这个循环中，几乎任何新书都会很快被更新潮的竞争对手淘汰。

哈兹利特在1827年的《论阅读新书》(*On Reading New Books*)中声称：“人们对文学的品位随着文学的普及而变得肤浅。”针对这一问题，迪斯雷利不仅将其归咎于书籍的过剩，也归咎于社会问题和人们的知识水平。迪斯雷利认为：“亚历山大责备亚里士多德使学问大众化，而他所担心的事情已经发生在现代文学上。通过普遍散发书籍，学习和才能已不再是原来的学习和才能。”这样的说法不仅仅是在反对明显过剩的写作，也反对了印刷品的流行。普遍或者近乎饱和的传播连带着“持续不断的工业”，把书的价格推到了“最底层的工匠也能买到”的水平。迪斯雷利认为，文学作品的产量似乎在无休止地增长，这对那些亲身经历着这种增长的人来说是一种令人头晕目眩的悲哀。他写道：“每一本文学期刊都涉及50—60种出版物，其中至少5—6种是资本运营的产物，剩下的大部分也鲜有价值。当我拿起笔，试图用这些给定的数目计算下个世纪一定会出版的书籍数量时，我陷入了一种困惑的境地，我迷失在了数十亿、数万亿、数千万亿的量级之中。我不得不放下笔，在这个无穷的数量面前选择停止。”把这么多作品和这么多读者结合起来的最终结果会是什么呢？迪斯雷利总结道：文学已经变成众多商品中的一种，而它的创造者，所谓的“文人”，不再具有他们曾经拥有的高雅品质。

当然，并非所有担心文学衰落的人都认可“印刷业的饱和和大众阅读的兴起是文学衰落的唯一（或者是主导）原因”这样的解释。1792年2月，《城镇与乡村》（*Town and Country Magazine*）杂志上的一篇文章《论诗歌品位和才华的衰落》（*On the Decline of Poetical Taste and Genius*）提出了另一种看法：真正的诗歌源于天生的热情和有教养的理性之融合，而在现代社会，人们对奢侈和精致的偏爱对伟大诗歌的产生是不利的。根据这一理论，文学衰落的罪魁祸首与其说是印刷品的爆炸性增长，不如说是奢侈、娇贵和消费主义【纸张】。1794年1月，一封写给《绅士杂志》的信抱怨道："在我看来，在当今社会的诸多奢侈品中，没有什么比印刷艺术的广泛流行更不利于社会整体福祉的事物了。如今，科学家的著作，如果没有昂贵的装饰，比如镀金、刻字、不必要的雕刻、热压以及像宫廷贵妇的裙摆一样的阔幅，就很难出现在公众面前。"这种基于奢侈品的破坏性的强调，是对18世纪晚期开始出现的现代商业文化的谴责的一部分。正如保罗·基恩所阐述的那样："在英国的商业现代化中，和许多现象——从动物表演到乘坐热气球飞行，再到科学展示——一样，文学也占据了一席之地。"事实上，文学和商业社会这种所谓的奢侈品之间的融合，最明显地体现在"藏书癖"的兴起上。"藏书癖"是一种嗜好，指人们沉迷于阅读和购买书籍。就像一部于1779年3月6日出版的名为《文学的苍蝇》（*Literary Fly*）的作品中所述的，曾经"收集飞蛾、怪物、野草和贝壳的人"已经越过了公认的领域，现在开始"管理我们的公共文学宝库"。

改　进

许多评论家认为，尽管印刷品的普遍性使得越来越多的人能够阅读各式新书，但这造成了品位的普遍下降，尤其是文学品位的下降。不过，这并不是一个得到普遍承认的理论，迪斯雷利看到了不断加速的文学生产的反乌托邦式未来，其他人则呼吁扩大阅读群体，呼吁大量旨在培养新读者品位的新期刊的出现。例如，1820年的一期《回顾评论》（*Retrospective Review*）在开篇就承认，即便是那些“对文学持友好态度”的人也必须承认，“图书的数量一直在增加，越来越多。应该开始做减法了”。然而，在承认了这一点之后，这篇文章又援引小普林尼的观点进行论证：“书籍数量迅猛增加，我们从中所能看出的唯一、真正的弊端是，它很可能通过诱导学生进行大量阅读，而非有质量地阅读，因为书籍的数量过多，分散了他们的注意力，打乱了思考能力。”也是因为这一点，《回顾评论》将自己视为精挑细选出的期刊类型，相当于文化领域内的“堤坝和泥滩”，能够“让公众免于印刷品泛滥的危害”。

在众多主张印刷品对人类具有正面效果的作者中，安娜·拉埃蒂茨娅·巴鲍德或许是立场最坚定的一位。在从18世纪70年代到19世纪头十年的出版生涯中，巴鲍德经常将社会在知识和行为方式上的进步归功于印刷。因此，她清晰地表达了一种媒介变革的目的论模型，这种模型通过写作以及随后的出版物来追溯人类的进步。例如，在早期的散文《论修道院体系》（*On Monastic Institutions*，1773年）中，巴鲍德回顾了书写的历史，认为印刷术（和纸张的发明）加速了知识的保存和传播过程。她将中世纪欧洲人几乎无法接触书籍与同时代人的精神生活进行了对比，她认为，如今人们生活在一个“开明而优雅的时代，学问遍及各个阶层，许多商店的店员比半数中世纪文人拥有更多真正的知识”。因此，用伊丽莎白·爱森斯坦（Elizabeth Eisenstein）的话来说，巴鲍德表达了她对印刷品的理解，认为印刷品是“变革的代理人”。正如爱森斯坦在两个世纪后所阐述的那样，印刷品促进了知识的进步，因为它可以被保存和标准化，并且比口头或手写的交流方式更方便。

巴鲍德不是唯一持有这种历史观的人，这一点在约翰·麦克里（John McCreery）于1803年出版的《出版社，一首诗：作为印刷样本出版》（*The Press, a Poem: Published as a Specimen of Typography*）一书中得到了证明。麦克里认为，在描绘人类知识发展的过程中，口口相传将知识的传播限制在“记忆的有限力量”中；写作则赋予思想以更大的持久性，但却限制了这些思想的传播，因为复制这些思想需要不断的劳动；最后，印刷最为充分地促进了人类的交流与发展。在一段文字中，麦克里对人类社会步入印刷时代做了描述：

> 一群文士书写着他们缓慢的艺术
> 天才的智慧无法惠及众人，
> 我惊讶地看到了一双手
> 是印刷术，它把劳力送向了各地。

因此，印刷的出现是一种启蒙，而不是堕落；是进步，而不是衰落。

那些希望将印刷品传播开来的人往往会指出，儿童书籍的蓬勃发展是一件有益的事情。巴鲍德再次成为这一立场的主要拥护者。在她的开创性作品《儿童教育——第一部分：针对2—3岁儿童》（*Lessons for Children. Part 1. For Children Two to Three Years Old*，1787年）的序言中，巴鲍德赞扬了最近为儿童书写的“大量书籍”，她认为，出版这样的书是一种“谦逊的而非卑鄙的行为。这是奠定一座高尚建筑的第一块基石，是植入人类头脑中的第一个思想，这对任何人来说都不是耻辱”。在漫长的职业生涯中，巴鲍德率先发起了一场围绕着儿童的教育革命。正如她在这本书的序言中所说的，这场革命强调了故事的重要性，即“适应不同年龄段儿童的理解”。她还通过在儿童书籍的排版和布局方面的创新，含蓄地强调了印刷的重要性。除此之外，她还在这篇序言中提出要求，儿童读物的特点是“用纸好，字体大而清晰，空白处多”。

近20年后，巴鲍德在《家中之夜》（1796年）的结语中进一步强调了将精心设计、深思熟虑的印刷品送到孩子们手中的重要性。这本书由她和弟弟约翰·艾金（John Aikin）合著，是一本非常受欢迎的儿童教育故事集。结语部分总结了前面所讲述的31个睡前故事，用种子的隐喻暗示了印刷品对儿童的培育功能：

> 愿智慧的种子在每个人心中播种，
> 土壤适宜，栽培细致；
> 愿每一株丰茂的植物都有着充满活力的嫩芽，
> 然后好好地结成果实。

几行之后，巴鲍德借用了洛克的话，把孩子们的思想比作“一张白纸”。她在《儿童教育》中举例说明了印刷与智力、道德修养之间的联系，这种联系在玛丽亚·埃奇沃思（Maria Edgeworth）等其他深受她作品影响的作家的作品中得到了进一步发展。

当然，在一个印刷品泛滥的社会里，巴鲍德对生活的热情不仅仅局限于她对儿童书籍的倡导。正如她为自己的《英国小说家》（*British Novelists*）写的介绍性文章中呈现的，她为那些经常被评论家拿出来挑刺的文学流派进行了辩护。就像简·奥斯汀在《诺桑觉寺》中嘲笑那些因“每一部新小说”哀叹的评论家，巴鲍德也提出质疑，认为人们对这一文学类型缺乏尊重。两位女性都赞赏了小说给人带来快乐的能力。巴鲍德指出：“这些书很少有没被翻过的，它们占据了客厅和更衣室，而更高级的作品往往堆在书架上，落满灰尘。”巴鲍德还主张，小说“在灌输道德原则和道德情感方面具有非常强大的效果……它们唤醒了一种比普通生活的商业激励更美好的感觉”。事实上，巴鲍德明确地将小说的兴起与家庭礼仪的改善联系起来。她说："或许可以毫不夸张地说，如今我们柔和高雅的礼仪，以及我们能一眼看出人性罪恶中的显著特征，都是因为我们那些戏剧性的著作和虚构故事所给予的培养。"在这里，巴鲍德提出了印刷品泛滥的另一个直接好处，即通过小说这一类型培育人文价值的能力。

控 制

我们看到，迪斯雷利和巴鲍德呈现了印刷品泛滥的两个极端，一方将其视为衰落的力量，另一方又将其视为进步的工具。然而，很大程度上来说，只有通过培养特定类型的读者，才能确保现代印刷文化与发展进程之间的平衡。在印刷饱和的新世界里，缺乏自制力和鉴赏力的读者很容易把生命浪费在低级的出版物上。正如德国学者约翰·格奥尔格·海因茨曼（Johann Georg Heinzmann）1795年在《我的民族：论德国文学之瘟疫》（*My Nation: On the Plague of German Literature*）一书中所写的那样：关于德国文学的瘟疫，不受管制的读者可能很容易染上阅读瘾或阅读狂症。

这种关于书太多或阅读过度的抱怨不仅是描述性的，也是规范性的。每一个关于"书太多"的抱怨都伴随着一个或明或暗的主张，关乎一个人应该如何阅读，或关乎所有这些书应该如何被阅读。正如德国学者约翰·戈特弗里德·霍什

（Johann Gottfried Hoche）在1794年发表的《论战中的亲密信件：当前的阅读瘾及其对家庭和公众幸福的不良影响》（*Intimate Letters: The Current Reading Addiction and Its Influence on the Reduction of Domestic and Public Happiness*）一文中所说的：

> 阅读成瘾是将一件好事进行了愚蠢和有害的误用，是一种非常严重的邪恶，就像费城的黄热病一样，具有传染性。它是儿童道德退化的根源，给社会生活带来了愚蠢和错误……因为阅读变得机械化，变得没有任何理由和情感。人们的思想变得野蛮，而非高尚。没有目的的阅读吞噬了一切，人们从中什么也享受不到。一切都变得仓促，人们仓促地阅读，然后仓促地遗忘。

我们无法简单地通过更好或更有效的印刷技术来控制印刷的饱和，这需要道德上的技巧和策略，以形成特定类型的读者。这一修正后的观点使学者们能够将讨论转移到道德和伦理约束以及自身能力上来。从本质上说，对印刷品的管理需要一种自我约束——一个人不仅要阅读正确的书籍，还要以正确的方式阅读。

在欧洲的环境下，这种自我约束实施得比较明显的方式之一，就是通过“品位”进行论述。对18世纪早期的作家来说，正如让-巴蒂斯特·杜博斯（Jean-Baptiste Dubos）在1719年出版的《对诗画的批判性思考》(*Réflexions critiques sur la poésie et sur la peinture*)中所写：品位是一种基于感觉的识别形式。因此，品位使那些被认为缺乏理性或受教育不足的人——换句话说，即那个时代的“普通大众”——能够发展甚至表达具有一定合理性的审美判断。除此之外，甚至在男权文化中，复杂的品位也通常被认为是属于女性，而非男性的。然而，尽管如此，许多文学界的领军人物还是认为，真正高雅的品位并不纯粹是与生俱来的。例如，伏尔泰和《悲剧的推理》(*Ragionamento sopra il diletto della tragedia*，1762年)的作者梅尔基奥尔·塞萨罗蒂（Melchiorre Cesarotti）都强调，品位好的人也需要一定程度的训练，以便形成正确的审美判断，包括对文学和艺术传统的理解。因此，尽管那个时代关于品位的某些论述有望赋予女性和中产阶级读者权利【会话】，但到了18世纪后期，相互竞争的论调威胁到了这些读者的偏好和风格选择。

18世纪关于品位的出版物的另一个重大发展，是日益强调限制和过剩的概念。正如休·布莱尔（Hugh Blair）在《修辞学与纯文学讲座》(*Lectures on Rhetoric and Belles Lettres*，1783年)中所言：“(我)利用一切机会告诫读者……反对矫揉造作和轻浮地使用修辞。我认为，目前这种肤浅的写作品位太时髦了，如果努力尝试一下，就会发现它并不能带来一种更扎实的思想和更男性化的简洁风格。”数量方面的问题越来越多地与质量方面的问题交织在一起，比如风格化修饰和图形装饰【空白】。正如我们在1794年1月一封写给英国《绅士杂志》编辑的信中所看到的，作者抱怨道："如今，科学家的著作，如果没有昂贵的装饰，比如镀金、刻字、不必要的雕刻、热压以及像宫廷贵妇的裙摆一样的阔幅，就很难出现在公众面前。"

然而，品位本身也可以被视为一种舶来品。例如詹姆斯·乌雪（James Ussher）在1767年6月发表的《品位论》（*Clio; or, A Discourse on Taste*）中不冷不热地认为，"品位"是一个完全现代的阴险概念，具有可疑的外国血统。"古人根本不知道这个词。"评论者抱怨道，声称"这个词最初是现代法国人从意大利人那里弄来的，然后被移植到英格兰。而后，'品位'一词收获了极大的成功，在文学层面，它比英语中任何其他单词都更受欢迎"。高雅的品位所带来的精致似乎是一把双刃剑，它促进了原本应该受到反对的奢华和尊贵感。

尽管品位问题在关于印刷品泛滥的长期文化影响的文章中不断被提及，但到了19世纪初，人们的注意力开始发生转向——需要对读者过度被激发的想象力进行规范。除了对印刷时代物质过剩的这一"传统"的担忧，还有一种对精神层面过剩的新的担忧。阅读与睡梦的广泛联系，是将阅读与过度想象联系起来的一种常见方式。J. R. 史密斯（J. R. Smith）的《梦》（*The Dream*，1791年）是19世纪众多类似的图像之一，

图15.1 J. R. 史密斯的《梦》。来源：大英博物馆

这些图像将书籍与沉睡读者头脑中无意识的幻想联系在了一起（图15.1，彩图14）。

过度思考（华兹华斯所谓的“强烈情感的溢出”）被认为是非常危险的，需要进行监管，尤其是对女性读者。举个例子，在查尔斯·威廉姆斯（Charles Williams）的讽刺小说《奢华舒适的伦福德》（*Luxury, or, The Comforts of a Rumpford*, 1801年）中，一位女性读者一手拿着马修·格雷戈里·刘易斯（Matthew Gregory Lewis）的《修道士》（*The Monk*），另一只手伸入自己的衣服之下（图15.2，彩图15）。在这个典型女性出现的家庭场所中，印刷的数量（注意桌子和地板上那些读了一半的书）和带有隐晦意味的行为在壁炉前惊人地结合在一起。显然，正如威廉姆斯所阐释的那样，由书籍过剩产生的精神过剩急需监管。

在整个19世纪，这种管制将呈现出多种形式。奥斯汀在《诺桑觉寺》和《傲慢与偏见》中所描绘的时尚书籍教会了年轻女性读者如何选择正确的书籍。在德国，一些专门的书籍应运而生，比如约翰·亚当·贝克（Johann Adam Bergk）1799年出版的《阅读的艺术》（*Die Kunst, Bücher zu lessen*）和卡尔·摩根斯坦（Karl Morgenstern）1808年出版的《生活的计划，阅读的计划以及女性教育的界限》（*Plan im Leben nebst, Plan im Lesen und von den Grenzen weiblicher Bildung*）。同样，风格手册也可以作为作者的行为指南。19世纪中叶一位评论家声称，他已经收集了548本关于英语语法的手册，还说塞缪尔·柯卡姆的《英语语法》在1823年出版后的头18年里更新了53个版本，到世纪末将会有110个版本之多。这些都说明了这种写作自律指南的流行。1920年，威廉·斯特伦克

图15.2　查尔斯·威廉姆斯的讽刺小说《奢华舒适的伦福德》。来源：大英博物馆

（William Strunk）的《风格的要素》大规模出版，成为有关标准化和控制过度写作的权威手册，这标志着19世纪大规模印刷时代对规范写作的关注达到了顶点。

除了本书先前涉及的监管论述（品位、风格、行为、想象力）以及其他相关实践，18和19世纪还出现了数十种创造性的技术解决方案，以控制印刷的膨胀，其中包括：为图书馆管理员制订的书写标准（即“图书馆写法”），要求他们在进入牛津大学博德利图书馆前背诵强制性的宣言；图书馆为那些被认为亵渎神明、具有煽动性或色情内容的文本建造带锁的笼子；还有一种技术一直沿用至21世纪初，那就是卡片目录（图15.3）——从19世纪中期到20世纪末期，这种简单的技术一直是档案馆的主要组织方式，直到数字革命的出现，令它逐渐过时。

作为早期流通图书馆中标签的后代【纸张】，最广泛采用的基于卡片的索引系统是由哈佛大学图书馆助理馆员埃兹拉·阿伯特（Ezra Abbot）发明的。他从19世纪60年代早期开始创建哈佛大学图书馆的卡片目录，后来，其模型成为一个可扩展的公共信息系统模型。“我建议，”阿伯特写道，“把这些书名写在卡片上，卡片长约5英寸，宽约2英寸，厚度适中，便于插入和抽离，而且卡片材料不会因使用而轻易磨损。”对阿伯特来说，耐用性是这种卡片最重要的特征之一，因为图书馆目录不再仅仅被看作专家的工具，也是普通读者的工

22

Cut of 22f Case. Size, outside, 78 cm. (27 in.) long, 37½ cm. (15 in.) high, 50 cm. (20 in.) deep.

22f Outfit, for cards 5 x 12½ cm. (2 x 5 in. approximately), consists of 8-drawer case in oak, walnut, or cherry, 32 angle blocks, 160 zinc guides, 400 bristol guides, 16 lock-guard rods, 16 label-holders, with set of printed labels, label ink, pen for writing on zinc guides, and cards to fill the case. Rods, blocks, and label-holders are fitted.

Price, complete, ... **$57.50**

Outfit without cards, ... **29.00**

8-drawer case, no cards or fittings, ... **15.00**

Unless otherwise specified, **12,000 No. 32x** cards are included in this outfit. **16,000 No. 32r** or **24,000 No. 32l** may be substituted, if preferred to the 32x, without affecting price of outfit.

图15.3 《图书馆目录》（*Library Bureau Catalog*，1890年）中描述的卡片目录。来源：哈佛大学霍利斯图书馆

具。搜索和使用变得密不可分。因此，原本被视为容器【装订】的书籍被阿伯特重新想象成一种可以自我容纳的东西，像放在桌子上一样被收进抽屉。卡片目录就像手推车或可移动书架一样，成为众多新技术中的一种，使得图书馆成为一个充满活力的技术创新空间。梅尔维尔·杜威（Melvil Dewey）的十进制编目系统在1876年出版的《图书馆文本的分类和主题索引》（*A Classification and Subject Index for Cataloguing and Arranging the Books and Pamphlets of a Library*）一书中首次提出，随着该系统的发明，印刷品的量化将会以最真实的方式超越印刷品的泛滥。

— Spacing —

空 白

在16到18世纪之间，印刷纸张上的空白处变得越来越多。早期印刷文本的页面通常都是文字或图像，一直填充到页缘。但是随着印刷的发展，印刷商和作者开始利用空间和排版元素进行创新和重组，对页面中空白处的安排也随之发生了变化。他们使用标点符号、页边距、分段、字体大小和颜色以及空白来表达页面，并引导读者与页面进行交互。17、18和19世纪早期是历史上一段伟大的实验时期。在这一章，我们将重点关注印刷元素和页面空白之间的关系，以及不同的配置所造成的读者分支。

例如，在18世纪中期的英国，小说家使用了空白、黑色或大理石花纹页面，以及省略、打断和停顿等排版标记（比如星号和破折号）来突出非语言在更广泛的意义系统中的作用。小说家通过页面上的标记和框定的空间来呈现无法表达的、不雅的、不可想象的内容，又或是表达遗忘、沉默或悬疑的氛围。在这里，我们列举了一些典型的印刷行为，这些实践重新聚焦和组织了页面空间，并邀请读者以新的方式参与到印刷行为之中。这种重新编排的页面劝告读者去解释、去反思、去评论和对话。它们扰乱、调节、塑造并形成了阅读体验。简而言之，这些印刷页面的排版操作促进了人们与印刷的交互。

因此，这一章追溯了物质实践和现象学效应之间的细微差别。出版商、作者和读者使用和利用印刷品页面空间（标记页边距或以其他方式标记页面空间【标记】）的方式，引发了人们对一个重要问题的思考——作为印刷技术的产物，页面的物理布局如何形成并影响了读者对印刷页面的体验和交互？页面布局如何赋予文字一种情感潜力和一种激励力量？在我们所有的例子中，印刷页面不仅仅是一个技术操作的惰性对象，它更像是一种人类交互现象。正是在这种相互作用中，在技术与人类不可分割的联系中，印刷品才得以存在。

页面留白

随着时间的推移，页面的空间在物理结构和意义层面都发生了变化。印刷历史学家描述了16到18世纪之间书页的“白化”，这是由印刷术、纸张和油墨制作以及版面设计的创新所带来的。

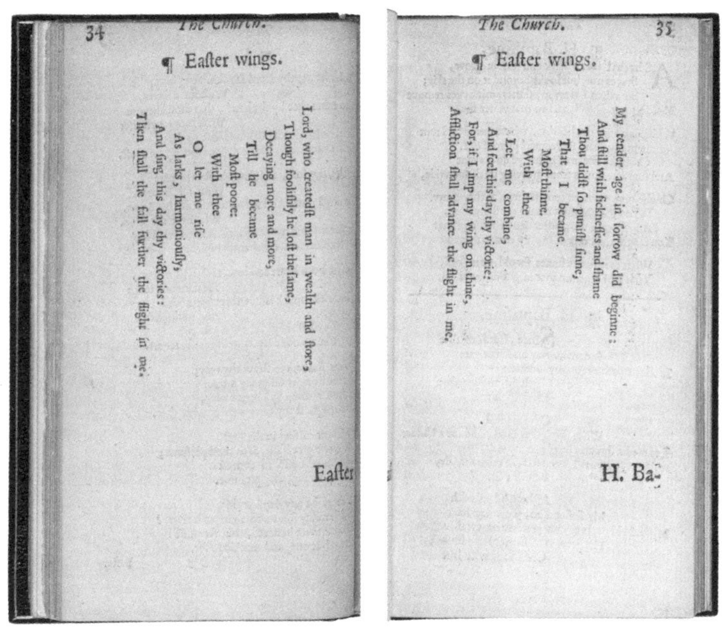
34 The Church.

¶ Easter wings.

Lord, who createdst man in wealth and store,
Though foolishly he lost the same,
Decaying more and more,
Till he became
Most poore:
With thee
O let me rise
As larks, harmoniously,
And sing this day thy victories:
Then shall the fall further the flight in me.

Easter

The Church. 35

¶ Easter wings.

My tender age in sorrow did beginne:
And still with sicknesses and shame
Thou didst so punish sinne,
That I became
Most thinne.
With thee
Let me combine,
And feel this day thy victorie:
For, if I imp my wing on thine,
Affliction shall advance the flight in me.

H. Ba-

图16.1 乔治·赫伯特诗集《圣殿》中的《复活节之翼》。来源：福尔杰莎士比亚图书馆

从古典手稿时代的诗学发展而来的早期现代格律诗证实了印刷时代“留白”的强大作用。在乔治·赫伯特（George Herbert）的英文祷告诗中，比如《圣殿》（*The Temple*）中收录的著名图案诗《复活节之翼》（*Easter Wings*），其页面的空白部分起到了聚焦和框定中心印刷内容的作用。在读者看来，赫伯特虔诚的创作行为，成为一种献身般的视觉形象（图16.1）。

页面空间并非一个给定的、先验的静态实体，也不仅仅涉及装订线和边距。它是一个系统，在这个系统中，动态的张力在不同的价值体系中发挥作用。页边距框定的不是一个惰性空间，而是一个界定文本和页边之间张力的区域，它对页面上的其他元素施加了一种视觉艺术层面的力量。

在赫伯特的诗集《圣殿》（1633年）的最早期手稿和第一版印刷品中，空白部分只支持字体和语言上的表达，而没有使用图廓线或插图。它强化了视觉形式和语言意义，突出了文本的“形象性”和虔诚力量。

赫伯特的这种空白与文本的关系，类似于15世纪晚期创作的罗马字体与空白之间的关系，比如尼古拉斯·詹森（Nicholas Jenson）和弗朗切斯科·格里佛（Francesco Griffo）根据意大利人文主义剧本设计的字体。与15世纪中期法国和德国的印刷商从美因茨带来的黑体字或纹理字相比，詹森和格里佛简单的罗马线条增加了字母内部的空间，令其更为清晰，便于阅读。到了16世纪中叶，罗马字体在英国和法国占据主导地位，成为启蒙时期文本的关键要素。对此，18世纪法国文献学家米歇尔·梅塔尔（Michel Mattaire）提出了讽刺的提问：既然已经引入了这种“美丽的罗马文字”，为什么詹森还要费心用黑体字打印呢？马泰尔驳斥了黑体字的使用，认为它“丑陋……难以阅读，看起来有些变形”。

随着欧洲各地推出新字体，以及生产出更亮的纸张和更好的墨水，广泛采用的段落写作使得印刷页面中空白渐渐变多。亨利–让·马丁（Henri–Jean Martin）认为这是“空白空间对黑色字体的压倒性胜利”，并指出空白空间“促进了流畅的阅读”。罗杰·夏蒂尔（Roger Chartier）认为，这是“16到18世纪文本印刷方式的最大变化”，他展示了在法国再版的平装《蓝色图书馆》（*Bibliothèque bleue*，在17世纪初到19世纪中叶流行）是如何仅凭印刷字体的选择鼓励人们重新阅读“同样的文本或同样的体裁”。印刷商和出版商将整个文本分成独立的“单元”，将长段落分段成小段落和缩进段落，并在较长的文本单元之间插入空格和段落标题，引入“页面呼吸空间”。他们把页面的视觉衔接设计成一种“呼应”，让散乱的论点变得一目了然。通过这样的排版印刷，《蓝色图书馆》的再版带来了一个新的局面，不仅将经验不足或没有受过教育的读者引入印刷领域，而且通过将页面组织成更易访问的空间单元，帮助他们成为印刷品的读者和消费者。

空间的交互

留白和其他形式的语言空白也可以指向不成文的和无法明说的内容，因此具有更加尖锐的意义，能够引发新的交互形式。例如《佛罗伦萨杂记》（*The Florence Miscellany*，1785年）这样的诗集，你会发现许多诗歌中本应出现文字的地方出现了空白。在奥地利统治者利奥波德公爵（Duke Leopold）对所有出版物进行严格审查的时候，这本书在佛罗伦萨出版了，书中的几个空白处标志着它的政治立场，不仅向读者传达了哪些地方的诗歌是最具政治性的，还邀请他们用自己的诗句填充这些空白。对于自己的朋友，《佛罗伦萨杂记》的作者私下打印了缺失的文字，可以粘贴到书中。因此，这本书现在至少有三个独立的版本：包含原始空白的版本、粘贴补充后的版本，以及手写参与的版本【纸张】【增厚】。

随着拿破仑时代在法国（1800年1月）和德国（1810年）开启审查制度，空白的标记也带有了政治意义。海涅在1827年对德国审查制度的讽刺作品中，使用了空白、破折号和“德国审查员”“白痴”等字样，以表明审查员强加的疏漏和改动。19世纪早期的法国期刊也展示了如何操纵和设计空白，以此来作为一种媒介。例如在1831年，《讽刺漫画》使用了破折号和空白来塑造一个影射路易·菲利普国王的梨形象【干扰】；而《小丑》（*Le Bouffon*）杂志的编辑采用了一个更为传统的做法来强调审查制度，他对前一期漫画（1868年2月2日）因当代审查制度而出现的空白页进行了冗长的讨论和道歉。在类似的例子中，出版商和作者都在试图激发特定文体与印刷品之间的交互。

但并非所有的破折号和空格都有明显的政治性，或是繁多的审查造成的延迟效应。在德国文学中，最著名的破折号可以在海因里希·冯克莱斯特（Heinrich von Kleist）的《侯爵夫人O》（*Die Marquise von O*）的第二段中找到。当伯爵F从俄罗斯军队中救出侯爵夫人之后：

> 他伸出胳膊，用法语礼貌地向这位女士打招呼，把她带到火焰还没有烧到的宫殿另一侧。在那里，她已经被折磨得说不出话来，昏倒在地。然后——他指示受惊吓的侯爵夫人的仆人们去请一位医生来，向他们保证她很快就会康复，随后，他更换了帽子，重返战场。

克莱斯特这里的这个破折号被传统上解读为隐含了侯爵夫人O被伯爵F强奸的情节，在这个场景之前，伯爵F一直被描绘成一个英勇的士兵。许多学者把这种空白理解为表达的缺失，但正如我们已经表明的那样，它们也可以被理解为一种鼓励交互的方式。他们邀请读者通过想象、语言或文字来补充被审查者删除的内容或作者决定不直接写出来的内容。这些空白被特意强调，展现了其中要表达的深层次意义。它们能促使读者思考、说话或写作，具有某种言外之力，指出了他们所表达的界限。正是对页面空间的排版和正式组织，使得这种交互产生了特定的读者人群。

空白处的时间和感觉

在《帕梅拉》第二版中，塞缪尔·理查森在小说情节的关键处使用了页面空白。那天早上，帕梅拉终于嫁给了B先生，她正在为新婚之夜做准备——这是一个棘手的话题，但在一本如此关注男性性欲和女性性美德的书中，是无法忽略的。这时，帕梅拉一丝不苟地记录着时间的移动，用一条黑线将时间分割开来，黑线贯穿整页："晚上8点"到"晚上10点"再到"周四晚上11点"，此时显然是睡觉的时间。帕梅拉承认："在上帝的仁慈下，他让我经历了那么多奇怪而恐怖的场面，来到了幸福而可怕的时刻。"她祈求父母为她祈祷，但是他们在这些时刻结束之前根本不可能看到她写的信。她写下了重复的词语，并且用了破折号："晚——安，晚——安！上帝——保佑我，上帝——保佑我。阿——门，阿——门，如果这是他的圣旨。"另一条又粗又黑的线把帕梅拉的题目和内容隔开，题目是"星期五晚上"，内容的开头写的是对B先生的感叹："啊，这个亲爱的、优秀的人是多么溺爱我！"这些线条和它们周围的空白代表了帕梅拉在她的新婚结合之前的持续拖延，在书页的空白处体现了她对新婚夜晚性行为的恐惧。

珍妮·巴查斯详细阐述了理查森在小说中如何运用排版设计来管理世俗事务。巴查斯特别关注了理查森对花纹装饰的使用，她认为，这些图形使得理查森"缩小了书信体形式上的时间裂缝，对小说中令人不安的叙事不协调时刻施加了更大的控制”。她注意到，理查森拥有作者和印刷者的双重角色，花纹装饰使他“在印刷书页的视觉空间中清晰地表达出小说中的时间和空间”。

18世纪中叶小说中的这种图形实验反映了当代哲学趣味对情感和思想的影响，也反映了印刷和白话教学的实践发展。这些发展在约翰·梅森（John Mason）的著作中得到了例证。他在1748年发表的《论朗诵和发音》（*Essay on Elocution and Pronunciation*）中将标点符号纳入了空间结构。梅森旨在提高英国公众演讲的艺术水平，朗读印刷文本的改革对他来说至关重要。他转而使用标点符号来达到演讲的目的，他认为这些符号是演讲中停顿的视觉指示，而非句子语法结构的信号。梅森认识到，诉诸情感与诉诸理解同样重要，敦促大众“正确地发音”，向听众传达“作者想要传达的思想”和“所感受到的激情”。梅森将话语中的停顿用他新定义的符号进行标记，主张使用所谓的“双句号”或“空白行”的规则。“双句号”表示在语句中加入一个相当于两个“空格”的停顿，并建议在两个段落之间插入一个“空白行”。他声称，长时间的停顿具有沟通功能，能在读者和听众内部发挥作用。它们能“予心灵以平静，并施加影响，给人时间去思考”。“因此，”他继续道，“在印刷一篇论文最感人的部分时，应该（正如我们有时看到的那样）经常使用长的停顿……比如句号、空白行和分段处理。”

于是，梅森以一种激进的方式，利用页面中的空白来传达感人的、允许思考的停顿。他还把标点符号的范围与18世纪中期人们对情感和共情的广泛关注联系起来，从而引起大众对人与人之间这种互为主观的关系的基本关注。思想和情感在头脑中的位置、如何传达它们以及产生共鸣所需的时间等问题，都被带入到关于印刷页面的排版组织的讨论之中。空白行和印刷页面上的空白空间反映了思维和感觉主体之间的空间，以及在大声朗读和演讲中弥合这种距离的手段。

空白的升华

到了1800年的英国，作者们已经开始宣扬页面空间中非语言元素的重要性。其中最著名的例子是1798年柯勒律治与约瑟夫·卡托协商出版《抒情诗集》时写给他的信。柯勒律治写道：

> 卡托，我亲爱的卡托，我本想给你写一篇关于印刷术的形而上学的文章。但是我没有时间——不提那些对你表示好感的深奥理由了，接受一些暗示吧——1页要有18行，要印得很密，比《琼》的那些行字更密（比我跟华兹华斯还要亲密）——等量的墨水&巨大的边距。那就是美——它只要一接近你就能让你感到美的升华！

43

And trample on the tyrant's breast,
And make Oppresion groan opprest.

F 2

图 16.2 《骚塞诗集》的最后一页。来源：加州大学图书馆

内容中插入的包含华兹华斯的括号让人们注意到两位作者在合作过程中的身体距离，也表明了他们在字体设计和线条间距上的共同喜好，这与同时期其他八开本书籍的格式不同。与维西西姆斯·诺克斯（Vicesimus Knox）1796年出版的《优雅的诗歌摘要》（*Elegant Extracts in Poetry*，1796年）或当时版本的《考珀诗选》（1798年）中那些杂乱无章的双栏页面相比，柯勒律治和华兹华斯的目标是清晰的文字和宽阔的页边距。在卡托以前出版的一些著作中，比如1797年的《骚塞诗集》——到处都是华丽的印刷花朵装饰（图16.2）。而

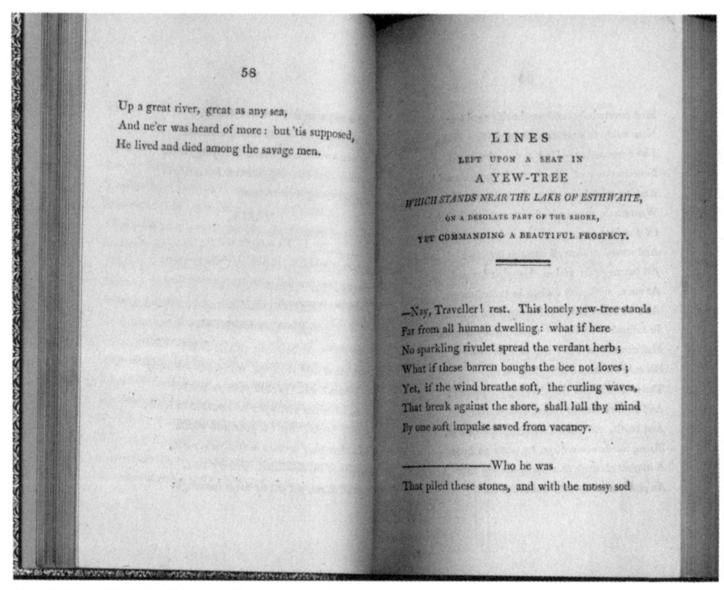

58

Up a great river, great as any sea,
And ne'er was heard of more: but 'tis supposed,
He lived and died among the savage men.

LINES
LEFT UPON A SEAT IN
A YEW-TREE
WHICH STANDS NEAR THE LAKE OF ESTHWAITE,
ON A DESOLATE PART OF THE SHORE,
YET COMMANDING A BEAUTIFUL PROSPECT.

—Nay, Traveller! rest. This lonely yew-tree stands
Far from all human dwelling: what if here
No sparkling rivulet spread the verdant herb;
What if these barren boughs the bee not loves;
Yet, if the wind breathe soft, the curling waves,
That break against the shore, shall lull thy mind
By one soft impulse saved from vacancy.

——————Who he was
That piled these stones, and with the mossy sod

图 16.3 《抒情诗集》中的一页。来源：俄亥俄州立大学图书馆

1798年出版的《抒情诗集》，其中刻意保存了大片的空白，唯一的装饰就是标题和诗歌之间的双实线（图16.3）。

人们对柯勒律治和华兹华斯对印刷的兴趣方面给出了无数的解释，但并未将其与1800年左右印刷术的大变革联系起来。和《抒情诗集》一样，18世纪晚期的诗歌类书籍，页脚常常散落着注释。伊拉斯谟斯·达尔文的《植物园》（1789—1791年）也许是作者注释实践中最极端的例子。此外，托马斯·格雷（Thomas Gray）的诗集也以添加脚注而闻名，威廉·梅森（William Mason）在格雷死后为其出版的《格雷先

生诗集》中又对脚注进行了成倍地扩充。然而，印刷潮流在世纪之交开始改变，尾注开始取代脚注。1806年，夏洛特·史密斯（Charlotte Smith）在给出版商约瑟夫·约翰逊（Joseph Johnson）的一封信中总结道："在结尾处印上笔记似乎是当下的时尚；有时用'见尾注'来表示。在这种情况下，添加的相关内容有很多，包括历史、作者传记和当地的事实等。"史密斯有效地指示出版商把她的大量笔记放在书的后面，而不是放在页脚。

罗伯特·骚塞在《毁灭者塔拉巴》（*Thalaba the Destroyer*，1801年）的注释问题上遇到的麻烦，标志着尾注在19世纪初成为一种时尚。在反复讨论该把注释放在哪里之后，最后选用了脚注的形式出版。这种格式是骚塞的常用写作方法，他编纂、选择和整理其他来源的引文来构建诗歌的情节和意象。这种情况引起了评论家弗朗西斯·杰弗里（Francis Jeffrey）的嘲笑，他说这首诗"只不过是他的普通作品的复制而已"，每一页诗都"完全由碎片构成"。因此，对于杰弗里来说，这件作品的和谐之处在于，非常像"拼接窗帘"的图案。在努力地（骚塞声称）抵御抄袭指控的过程中，他采取了更为极端的实践。似乎是为了炫耀自己对线性阅读和史诗惯例的漠视，骚塞十分强调页面底部注释带来那种混乱和破坏性倾向，直到被注释的内容和注释中一连串的联想所淹没。正如1798年《抒情诗集》中经常提到的那样，骚塞似乎对使用页面空间令读者失去平衡很感兴趣。

长期以来，批评注释实践的人一直认为，脚注改变了读者阅读文本的方式和体验。帕特里夏·怀特（Patricia White）对学术出版的讨论证实了阅读带注释的页面可能产生的影响：当读者的眼睛从一块文本移动到另一块文本时，线性阅读的连续性被破坏，给人以一种潜在的迷惑体验。在18世纪注释文本的页面布局中，注释所解释的段落开头通常用星号表示，邀请读者选择与之互动的方式。读者可以选择阅读文本然后阅读注释，或者只阅读文本，或者只阅读注释。有些注释页面还通过在页面上设置不同字体的文本块，并用明显的空白区域将之隔开，从而向读者展示令人眼花缭乱的各种可能性。

在演讲运动（elocutionary movement）及其对标点和页面空间的认知效果的关注之后，骚塞、史密斯、华兹华斯和柯勒律治开始想象，人们可以通过操纵页面的布局和行距空间来打乱“某些已知的联想习惯”，正如《抒情诗集》的序言所宣称的那样。换句话说，在世纪之交，诗人们开始相信，他们可以通过印刷一本“与目前普遍认可的那些诗歌大不相同”的书来改变读者的心理习惯。印刷页面空间的排版组织不仅能塑造（或破坏）阅读的瞬间感受，也能塑造（或破坏）整个阅读实践，引导读者“思考，思考，再思考”。

但是，印刷空间中的排版元素也可能对读者产生负面影响。伊曼努尔·康德（Immanuel Kant）在《学院冲突》（*Conflict of the Faculties*）一书的结束语中提出，当代印刷品损害了读者的眼睛。他们用灰色墨水代替黑色墨水，用小型字体而非宽阔字体来“攻击”读者的眼睛。“墨水的颜色和字体的排列方式打断了我的思考。”康德抱怨说，“有时，当你阅读时，一种亮度突然在纸上蔓延，混淆了所有字母，直到它们完全无法辨认。”印刷页面的重要性超越了印刷文本所要传递的内容，使得哲学推理变得不再纯粹。但是，康德含蓄地承认了时代对印刷等技术的需求。他呼吁的不是一种更为纯粹的形而上学，而是要求更好的印刷工艺。1798年的哲学需要的是一种更清晰、更易读的字体，人们需要在更好的印刷页面上进行思考。

— Stages —

舞　台

在18和19世纪的文化空间中，舞台表现为一个特别复杂的交互场所。利奥·休斯（Leo Hughes）、马克·贝尔（Marc Baer）、吉莉安·拉塞尔（Gillian Russell）和丹尼尔·奥奎恩（Daniel O'Quinn）等戏剧历史学家都生动地捕捉到了英国剧场放荡不羁的本质。安杰拉·艾斯特哈默（Angela Esterhammer）和埃里克·辛普森（Erik Simpson）提醒我们注意，意大利演员所产生的吸引力，不仅仅是那些喜剧元素，还有他们的即兴表演与欧洲观众的互动。当然，表演的互动性部分可以归因于他们表演的空间——那时候的剧院灯光明亮，用数百支蜡烛照明，环境嘈杂、喧闹，演员和观众都能看到彼此。从这个意义上说，他们向我们展示了一种真正的社交媒介形式：观众们为自己喜爱的表演者欢呼，互相抛媚眼，无论他们的表演是好是坏，这种参与往往是一个晚上的表演最重要的部分。想确认这一点，只需记住简·奥斯汀《诺桑觉寺》（1818

年）中发生在果园街剧院的两个关键时刻：第一，凯瑟琳·莫兰成功地融化了亨利·蒂尔尼的冷漠，她在演出开始时看到他坐在自己对面的包厢里；第二，也是更重要的一幕中，约翰·索普发现提尔尼将军也在场，于是加入了他的行列，以哗众取宠的方式夸大凯瑟琳的财富，从而激起了将军的贪婪，邀请凯瑟琳去诺桑觉寺。这一切都发生在演出进行时，因为剧场就是一个社交空间。

然而，这种交互性远远超出了表演者和观众的范围，扩展到了印刷本身。18和19世纪的戏剧可能经常以表演的形式首先登场，但这并不妨碍它们被制作成大量的印刷文本，包括报纸广告、海报、小报和观众最喜欢的台词、歌曲和合唱曲目汇集而成的小册子。演员的表演被宣传和评论，演员的回忆录和各种幕后故事也广受欢迎。此外，一旦一部戏剧开演，剧作家就会频繁地出版剧本以获得更高的利润。这里存在着另一种交互——一种媒介式的交互——在这种交互作用中，表演的短暂性与印刷品的永久性形成了对话。

对许多书籍和戏剧历史学家来说，表演和印刷之间的关系是一种困扰。由于戏剧文本的不稳定性和戏剧表演的变化性，通过印刷品恢复过去的表演似乎是一项不可能完成的任务。D. F. 麦肯齐（D. F. McKenzie）甚至称文本考证和戏剧之间的关系为“尴尬的阳痿”。佩吉·费伦（Peggy Phelan）则坚持认为，如果没有“表演之外的其他东西”，表演就不能被保存或记录下来。但是其他人，包括罗伯特·休谟（Robert Hume）和杰弗里·考克斯（Jeffrey Cox）则通过展示剧院的印刷作品来告诉我们表演风格和名人地位、个人表演的政治风险以及什么样的体裁组合最适合构成一场完整的晚间娱乐，这些都可以被印刷品记录。因此，本章内容坚持印刷与表演的不可分离性。尽管相关的例子大多局限于伦敦的舞台，但关于戏剧与印刷物的关系的基本争论已经超出英国，扩展到一个更大的领域，在18和19世纪，尽管具体形式不尽相同，但纸质记录与舞台之间的相互作用构成了一种属于欧洲的戏剧体验。

演出前

对18和19世纪大多数英国戏剧观众来说，戏剧表演在剧院开门前好几个小时就开始了，通常始于一日的晨报【广告】。在报纸中，你会发现地区剧院为当晚的演出做广告，经常会强调各种各样的新鲜诱惑，比如增加了新的表演者或服装，有原创音乐或特别布景。许多报纸将剧场广告放在头版的左上角，证实了剧场在城市文化中的中心地位。至少对伦敦的读者来说，没有其他任何一种宣传能与当天的演出同等重要。此外，剧院和每日报纸所共有的昼夜节律，促成了这些文化媒介之间的亲密关系【易逝】。正如斯图尔特·谢尔曼（Stuart

Sherman）谈及大卫·加里克（David Garrick）的公共关系策略时所指出的："正是媒介和剧场共有的短暂性（从词源学的角度来看意味着'白天性'），那些演员和观众、新闻作者和新闻读者、经理和出版商都认识到，今天的'产品'必定被明天的'产品'所取代，加里克提出的报纸互动因此得到了推动。"在安排好第二天其余的新闻内容之后，编辑们会在深夜派人到每家剧院等待第二天的演出通知。因为次日的演出要在最后一刻才会确定，当晚观众的掌声或反对声往往决定了第二天的演出内容。只有收到这条最后的重要消息，报纸才会开始印刷。

即使是那些无法每天接触新闻的剧院观众，也不缺少可以与之互动的印刷资源。在18和19世纪，托马斯·贝特顿、安妮·奥德菲尔德、多萝西娅·乔丹、莎拉·西登斯、约翰·菲利普·肯布尔、范尼·肯布尔·奈特、埃德蒙·基恩、查尔斯·麦克里迪、艾伦·特里和亨利·欧文等著名演员将"表演者"这一身份变成了"明星"，雕刻师和版画家们则通过戏剧发现了一个利润丰厚的行业。与委托制作的肖像画不同，这些版画对中产阶级来说价格是非常亲民的，而且许多版画的印刷数量巨大。正如希勒·韦斯特（Shearer West）所指出的，戏剧版画之所以有如此大的影响力，是因为印刷厂把戏剧中体现出的戏剧性瞬间陈列在了橱窗里。由于伦敦剧院附近的街道上有许多印刷品商店，顾客们在一场演出前后都能体验到这些画面。换句话说，按照理查·谢克纳（Richard Schechner）的理论，接近、进入和离开剧院的阈限是由表演者的可视性展示所框定的，这让观众做好了体验的准备。节目单以更直接的方式表现了同样的过程，以一种既经济又生动的方式呈现了丰富的相关信息。和其他形式的广告一样，节目单构成了一种便携且强大的印刷广告和发行形式。有观众会从特定的表演中收集节目单，把它们整理成剪贴簿。节目单的形式给报纸广告和评论提供了新的模板，甚至成为政治讽刺的工具。正如约翰·巴雷尔所证明的那样，18世纪90年代，政治讽刺的流行和有效性让它们成为日常印刷文化形式，是无处不在的。

演出中

一到剧院，人们与印刷品的互动就会进一步加强。海报会张贴在入口处，有时还会在最后一刻解释演员阵容的变化。偶尔也会有观众偷偷送来传单，希望支持或谴责某位表演者或管理人员的行为，比如1737年在特鲁里街和1809年在科芬园因提价而引发的骚乱。随着18和19世纪最为流行的哑剧的出现，印刷品在舞台上扮演了更为重要的角色，常常充当语言的角色，把音乐、舞蹈、戏法和滑稽表演合为一体。这些印刷品在“非法”剧院中尤其必要，之所以这样称呼，是因为这些剧院的剧目没有得到皇室的批准，被禁止演出。在语言不能言说的内容中，必须使用歌唱或者印刷品来替代。表演者在表演中会用符号或印有内容的大型卷轴来展示给彼此和观众。因此，在1811年新奥林匹克剧院上演的哑剧《一只脚踏陆地，一只脚踏海洋》（*One Foot by Land & One Foot by Sea*）中，我们能够看到巴格万·霍带领一支盛大的队伍去评判一场狩猎比赛，他将奖品授予鲁宾斯基男爵，并通过卷轴向男爵宣布："现在是我们进攻的时候了/向着篡夺者。"这里的印刷文字起着和无声电影字幕一样的作用。

作品越新颖、越壮观或越像哑剧，印刷品就越有可能在观众对特定表演的体验中扮演某种角色。这么做的部分原因是让表演更清晰明白。著名的剧目几乎不需要介绍，但为了防止这场表演特别成功或产生争议，剧院还是会定期在现场出售印刷版的剧目。一般来说，新剧本的作者都会等上几个星期才出版剧目，以防止竞争对手的盗版。这对于在正规剧院首演的新剧来说尤其有可能，因为这些剧作的观众奢侈地享受了舞台上的角色表演，不需要印刷品的辅助，而那些在小剧院上演的新作品或知名度较低的作品则不然，在那里，观众通常需要某种大纲、总结或脚本的帮助，让他们知道自己即将看到什么。剧院很乐意提供帮助，他们会出售文本来帮助观众识别角色，并在适当的时候为观众提供剧中歌曲的歌词和基本曲调。有一些印刷品更周到，会提供剧中人物、场景摘要和歌曲的歌词。现存最早的这类作品是一本叫作《亡灵巫师》或《花衣小丑浮士德博士》的印刷品，出版于1723年或1724年，在林肯酒店的皇家剧院上映。印刷品中完整地记载了剧目中的台词部分，一开始是浮士德医生的简短叙述，然后是他如何成为著名的魔术师。这本印刷品当时在瑟尔街拐角处的书店印刷和销售，就位于林肯因河广场上的约翰·里奇剧院附近。虽然我们不清楚当时的人究竟如何使用这类印刷品，但我们知道，这样的文本通常都有着某种目的。就像现代歌剧爱好者经常在每一幕开始前阅读情节大纲一样，哑剧和其他剧目的观众使用这些指南来分析某个特定场景的动作是如何融入更大故事中的。在这里，戏剧的“体验”是由印刷与演员表演的交互构成的。一个人可以选择不购买印刷品，但如果不熟悉剧目，其观剧体验就会产生实质上的减损。

重 演

完整的戏剧文本是这种戏剧指南的极端版本，可以利用这种方式来补充舞台表演，对当代观众和现代文化史学家来说都是如此。在已经出版的戏剧文本中，尽管它们主要是为戏剧观众准备的，有时在剧院内出售，但也为我们提供了最完整的戏剧演出记录。顾客可能会以纪念品的形式收集这些作品，以纪念他们的经历，或厘清他们对戏剧的印象。因此，

18和19世纪的读者可以通过戏剧文本唤起他们对表演的记忆，因为戏剧文本除了戏剧本身之外，还提供了大量的元素，包括序幕、尾声、戏剧人物和舞台指示。

此外，包含这些元素的戏剧文本能够进一步影响读者的感知和经验。例如，威廉·康格里夫（William Congreve）《以爱还爱》（*Love for Love*）印刷文本的最初版包含1695年首映式的剧中人物演员名字、尾声和两个序言——一个是演员阿内·布拉塞吉德勒（Anne Bracegirdle）在该剧开幕式上“要说的开场白”，另一个实际上是《王朝复辟》的男演员托马斯·贝特登（Thomas Betton）说的。这些似乎都是专门为想要回忆1695年的这场演出或通过这种方式进行体验的读者设计的。1695年的这一版本可以说是在幕后对戏剧进行偷窥，窃听着戏剧的制作过程。之后，第二个序言在1720年之后就被删除了（除了1731年的都柏林版本），出版商照例印刷了1695年的演员名单、第一个序言和尾声，直到18世纪中叶。然而，随着1768年和1770年的两次印刷，文本再次改变，不再以序言、主人公和尾声中原始演员的名字为特色。1770年的印刷版包含一个由穿着现代（18世纪70年代而非17世纪90年代）服装的演员组成的卷首场景，去除其在17世纪晚期起源的效果，邀请读者想象某种理想或现代形式的表演。20年后，约翰·贝尔（John Bell）在1791年出版的版本中接纳了这种改变形式，剧中的主人公都是最近在特鲁里街和科芬园演出过的演员，但保留了早期的书目形式。

作为一个整体，这些版本体现了约瑟夫·罗奇（Joseph Roach）称之为“代位”的实践，即现在的表演者试图使自己成为前辈的替代者，直到观众要么忘记原来的表演记忆，要么让现在的演员足以替代过去的回忆。最起码来说，重印的文本将某一场特定的演出复杂化了。这种理想化和现代化的模式甚至在剧本插图中得到了呼应【卷首画】，其中一些图片让人联想起特定的演员、手势和场景，还有一些图片则源自想象。贝尔在18世纪70和90年代的印刷品中推广了这种做法。后来的一系列剧目，如坎伯兰的《英国戏剧》（*British Theatre*），将这一做法扩展到了对每个角色服装的印刷描述，以及展现某个新角色的正面肖像。它们的目标是印刷出最赶时髦的服装，同时为读者提供帮助，使他们可以在家中尝试表演某一特定人物。

印刷品不仅塑造了读者对表演的体验，也塑造了表演的后续影响——在戏剧与印刷物交互的历史中，这一点经常被忽视。在这种情况下，编辑们对印刷版本的选择，或者艺术家们对主题的选择，有可能塑造人们对戏剧的体验和记忆。

在已出版的戏剧文本中，这一点在艺术家让演员扮演他们实际上没有演过的角色时表现得最为明显。在剧院里，换角色是一件令人讨厌的事。一般来说，主要的角色都属于特定的演员，所以当18世纪的观众去看《以爱还爱》时，他们希望主角瓦伦丁只由托马斯·贝特登（Thomas Betterton）扮演，直到他退休后才由其他人来扮演；1772年的一个晚上，观众们因为剧院宣布由查尔斯·麦克林扮演麦克白而闹事；1813年，我们发现简·奥斯汀和亨利·奥斯汀放弃了观看，因为他们发现萨拉·西登斯（Sarah Siddons）将不会在《约翰国王》（*King John*）中扮演康斯坦斯。然而，在戏剧文本方面，观众似乎更愿意接受不同的演员阵容【卷首画】。对此，出版商约翰·贝尔再次以革新者的身份出现。正如卡尔曼·伯尼姆（Kalman Burnim）和菲利普·海菲尔（Philip Highfill）所指出的那样，贝尔出版的《英国戏剧》的卷首插画中近三分之一"呈现的是没有扮演过该角色的演员"。我们可能会在这种实践中发现现代"幻想狂热"的早期版本，即参与者把现实中不可能的人组合在一起。但是，这些收藏品和其中的戏剧肖像的影响非常深远。由于贝尔的戏剧系列作品和其竞争对手《新英国戏剧》（*The New English Theatre*，1776年）的大多数戏剧都是旧剧目，因此，其影响不仅是将这些剧目内容重新印刷成戏剧经典，还将这些剧目以同样理想的形式进行重新塑造。

当然，并非所有演员肖像的选择都是出于提升他们的名气。贝尔在1786年创作了流行女演员兼歌手玛丽·安·赖顿（Mary Ann Wrighten）的正面肖像就是一个反例。在那一年贝尔出版的《英国戏剧》中，赖顿在《驯悍记》（*The Taming of the Shrew*）中饰演凯瑟琳，一个她从未演过的角色。然而，在18世纪80年代，她曾多次在加里克改编的莎士比亚戏剧《凯瑟琳与彼特鲁乔》（*Catherine and Petruchio*，由《驯悍记》改编）中扮演凯瑟琳。但无论如何，《凯瑟琳和彼特鲁乔》不是《驯悍记》，贝尔很难证明赖顿是凯瑟琳这个形象的完美选择。更有可能的是，他希望利用赖顿的恶名——在这张肖像出版之前的几个月里，赖顿离开了自己的演员丈夫和女儿，转投另一个男人的怀抱。这张肖像里的她，姿态显得有些不守规矩，容易让人想起她之前的角色，这对《驯悍记》是有好处的。贝尔将赖顿的名气与莎士比亚笔下女主角的野性进行了结合。最重要的是，这说明了，贝尔曾试图利用公众渴望了解演员生活细节的心态。

通过增加更多的插图和肖像，戏剧文本得到了增厚【增厚】。在许多方面，这一活动代表了这一时期观众内心倾向的延伸——他们把插图、用过的戏票和节目单收集到了剪贴簿中。然而，这个过程又得到了进一步发展：首先，某部特定的剧本或剧本集会被拆散，然后与空白页交错排列，在空白页上附上插图和其他印刷文件，以扩充原始卷的内容和尺寸。通常，这样的做法都会留给人们喜爱的剧作家，许多保存在档案馆中的都是莎士比亚的作品。但如果这些加厚的版本仅仅用作欣赏的功能，那就错了。正如斯图尔特·西拉尔斯（Stuart Sillars）指出的，许多附加插图的莎士比亚剪贴簿结合了去剧院看戏的纪实证据，比如演员肖像以及更多的“对人物和场景的生动研究”。因此，它们为我们提供了观众在戏剧本身消逝之后依旧参与其中的详细例子。在看完一部戏剧后，剪贴簿的制作者将戏剧工艺品、演员肖像和书籍交织在一起，所有这些构成了一个人对戏剧的反应和对戏剧的扩充。至少，它们证明了看戏的人更愿意使用各种印刷文件来创作带有他们自己注释的、个性化的戏剧版本。这些结果并不代表特定的作品，而是代表个体戏剧爱好者在文本和观演上积累的经验。

精神戏剧

到目前为止，我们只关注印刷品在帮助构建戏剧体验方面的作用。在这里，我们还要讨论印刷品在没有公开演出的情况下的历史功能，即一出戏从未上演过、只在私人场合上演过或只在想象空间里独自阅读的情况。18世纪晚期到19世纪早期出现了一个越来越普遍的现象：许多戏剧在公开演出之前就被印刷出来，而且经常代替公开演出，因此，许多戏剧作品是通过书页而不是舞台来体验的。目前尚不清楚这种现象是否促成了戏剧批评的流行。在戏剧批评中，评论家们认为阅读戏剧比观看戏剧表演更为优越。到了19世纪早期，戏剧评论家们——包括塞缪尔·柯勒律治和威廉·哈兹利特——都提出，即便是莎士比亚悲剧这样经常上演的戏剧，也可以通过独自阅读来更好地体验。 类似的批评在西登斯

（Siddons）、肯布尔（Kemble）和基恩（Kean）这样的伟大演员存在的时代变得流行，非常引人注目，而且还出现在各种戏剧作品中，比如拜伦勋爵的《曼弗雷德：一首戏剧性的诗歌》（*Manfred: A Dramatic Poem*，1817年）、《萨达那帕拉，一场悲剧》（*Sardanapalus, a Tragedy*）、《两个福斯卡里，一场悲剧》（*The Two Foscari, a Tragedy*）和《该隐，一场神秘剧》（*Cain, a Mystery*，1821年），以及珀西·雪莱的《解放了的普罗米修斯：一场抒情戏剧》（*Prometheus Unbound: A Lyrical Drama*，1820）。这些戏剧的出版表明舞台在作者想象力中的中心地位。然而，正如最近许多戏剧历史学家所认为的那样，将拜伦关于精神戏剧的观点仅仅看作是一种反戏剧的戏剧，这种观点是错误的，尤其是考虑到，拜伦在19世纪前十年里积极参与过特鲁里街委员会的工作。在维多利亚时代，拜伦所有的戏剧都成功上演了，而且是反复上演，这至少能够证明他对舞台艺术的了解。

在这场关于戏剧文本功能的争论中，乔安娜·贝利（Joanna Baillie）的作品为浪漫主义戏剧提供了最重要的澄清之一。虽然她起初把自己的戏剧《激情》（*Plays on the Passions*）写成三卷（分别发表于1798年、1802年和1812年），但她的评论性介绍清楚地表明，她打算把自己的作品搬上舞台，甚至希望它们成为常驻剧目的一部分。在1804年出版的《杂剧》（*Miscellaneous Plays*）中，她明确宣布了自己的意图，“添加几部我们国家永久的表演戏剧”。无论是在《艾斯瓦尔德》（*Ethwald*）、《奥拉》（*Orra*）、《德蒙福德》（*De Monfort*），还是《巫术》（*Witchcraft*）中，她最精彩、最令人痛心的场景都是那些与某种形式的痛苦和孤独相伴的人物。然而，1800年《德蒙福德》首次在特鲁里街上演，由当时的两位悲剧演员约翰·菲利普·肯伯（John Philip Kemble）和莎拉·西登斯主演，却并没有获得成功。1810年，贝利的《家族传奇》（*The Family Legend*）在新开的爱丁堡剧院获得了令人振奋的成功，但即使是这一胜利和后来《德蒙福德》的复兴，也不能消除“贝利的戏剧读起来比表演更好”的普遍感受。

这种相比舞台更偏爱书页的现象，在查尔斯·兰姆的评论中得到了升华。他的理论认为，观看戏剧的经验具有篡夺读者想象力的力量。对兰姆来说，阅读允许想象存在的可能性，而这种可能性一旦被表演所固定，就会遭遇“变化和减少”。毫无疑问，这种批评引发了一场高度浪漫主义的争论，将一种视觉凌驾于另一种视觉之上，将想象凌驾于感官之上。正如兰姆的著名论点所表现的那样：“莎士比亚不像其他任何戏剧家那样精于舞台表演。”兰姆对印刷品阅读特权的假设是一种身临其境的体验，在公共剧场空间难以实现。不过，同样重要的是，兰姆和柯勒律治也是戏剧作家，两人都有登台的野心，都成功地把自己的戏剧搬上了伦敦的舞台。兰姆的两部滑稽剧《H先生》（*Mr. H*）和《典当商的女儿》（*The*

Pawnbroker's Daughter）都没有获得成功，前者被特鲁里街的观众坚决地谴责，兰姆甚至也加入了针对自己戏剧的嘘声之中。不过，柯勒律治的《悔恨》（*Remorse*，1813年）在舞台上获得了成功，成为19世纪初上演时间最长的剧目。

因此，尽管兰姆曾宣称在书斋里阅读戏剧的优越性，柯勒律治也曾对戏剧想象和莎士比亚笔下的人物进行研究，印刷在戏剧体验中所扮演的重要角色的基本观点依然存在。兰姆和柯勒律治都是经验丰富的戏剧作家，他们既喜欢舞台上的戏剧，也喜欢私下里的戏剧。他们不仅理解两种媒介的不同之处，也理解它们之间的关系。换句话说，两个人的观点反映的都不是对印刷品在舞台上的等级优越性的坚持，而是对我们所呈现的舞台和纸张的基本属性的充分揭示。正如兰姆所指出的，他本人在意的"并非是否应该把《哈姆雷特》搬上舞台……而是把《哈姆雷特》搬上舞台能起到什么样的作用"。

作者和公众对印刷品与表演之间关系的理解，构成了将英国经验与欧洲大陆经验联系在一起的共同线索，尽管它们有时存在重大差异。在法国大革命之前欧洲大陆的印刷市场上，日报是很少见的，在18世纪的巴黎，演出很大程度上依靠音乐来吸引观众。此外，出版前的审查是大多数欧洲国家都有的规范，比如，在帕多瓦上映的《改革者》（*Riformatori*），其剧本在出版前必须要进行内容审查。但是，这些细节并没有改变这样一个事实，即印刷和表演共同促进了对这种背景下的作品的动态理解。因此，如果说节目单为英国上演的哑剧提供了文本，那么在威尼斯刊行的剧本也提供了在舞台上说话的机会。无论是在英国，还是在欧洲大陆，观众同时也是读者和社会演员，他们与表演者、印刷工、作曲家和剧作家一起，为舞台文化的影响做出了贡献。

在1789年后的法国，这种文化冲击本身就是一个令人惊愕的话题。戏剧批评者抨击了它的掩饰倾向，及其将演员与观众分隔开来、向观众灌输一种不健康的被动态度的方式。正如保罗·弗里德兰（Paul Friedland）和玛丽－伊莲娜·于埃（Marie-Helene Huet）等学者所描述的那样，剧场与革命带来的新政治表现形式之间的界限往往很模糊，令人苦恼，而且，剧场越来越与政治透明的要求相冲突。这些问题在18世纪90年代定期组织的为纪念和重演革命关键事件的盛大公众节日中达到顶峰。1793年11月，在巴黎圣母院举行的理性节（Festival of Reason）上，有一位来自“歌剧代表自由”的组织的歌剧女演员，坐在了一座石膏制成的“山”上。巧合的是，这位女演员是一位名叫安托万－弗朗索瓦·默默罗的书商的妻子。这样的表现形式虽然是短暂的，但它们以印刷文本和图像的形式永存，提供了一种超越时间限制的节日参与方式。蚀刻画和雕版记录了这些革命节日，以及伴随这些巨大的户外舞台而产生的歌曲、诗歌、地图、旅游指南、行程表和其他印刷材料，在定义戏剧表现的文化和政治意义方面发挥了至关重要的作用。

— Thickening —

增　厚

当约翰·布尔（John Bull）把詹姆斯·格兰杰的两卷本《英格兰传记史》（1769年）扩充到35卷时，掀起了一股“格兰杰式插入法装饰”热潮。布尔分解了格兰杰的书，把文字切成小块，然后重新贴在裱有肖像画的底纸上。正如罗伯特·沃克（Robert Wark）所指出的那样，布尔至少用了两本格兰杰的书，才完成了他那本额外配图的书。这样一本书的目标是“把传记简化成一个系统”，让读者“了解肖像”。按照格兰杰的设想，传记历史可以作为一个人整理藏书的指南；布尔则将目录文本重新设计成一系列说明性文字，放进装裱好的印刷图像中。翻阅布尔校勘的60卷本《女王伊丽莎白》和100多卷的《查理一世》可以发现，布尔所做的并非缩减，而是通过扩充，对文本进行了大规模的转变。

这是图书出版史中的一个突出的例子，我们从它讲起，是因为它是更广泛的读者交互范围的典型，涉及个性化的书籍定制【标记】。在这一章，我们研究的是通过将印刷品、亲笔签名信、印刷页面、地图、原创艺术拼和其他材料粘贴到出版书籍中来达到“增厚”目的的做法。将这些过程简单地描述为“添加”是没有意义的，这与把一系列小册子或剧本装订在一起的做法不同【装订】。额外使用的交错插图表明，读者对印刷书籍进行了更彻底的修订和改造。我们认为，这种做法既是对话性的，也是自反性的。在形式上，增厚的书籍有意识地将“增厚”作为与印刷文本进行互动的一种形式，从而进行反思。作为注释的一种形式，交错的插图和附加说明的作用类似于个别读者的旁注，他们插入的材料以不同的方式重申、阐明、修订、改写、辩论和批评现有的文本。不过，增厚的书也复制了印刷文本所处时代的特征，尤其是18世纪下半叶历史和文学书籍中的脚注，比如爱德华·吉本（Edward Gibbon）在《罗马帝国衰亡史》（*Decline and Fall of the Roman Empire*）或罗伯特·骚塞所做的笨拙的史诗注释。被引用的材料可能会破坏甚至吞噬原有的印刷文本，让人对其产生怀疑。在19世纪的头几十年里，这些独特的、多媒介的印刷集合品经常上演一种激烈的互动，一种可能会混淆、误导、扰乱或嘲笑印刷文本的行为。在这样做的过程中，人们废除了布尔及其同时代人所追求的百科全书式的目标。

19世纪上半叶，书籍增厚的做法经历了一场变革。正如我们所展示的那样，随着出版商开始生产带有空白书页的图书，以便接收特定商业化生产的图像，增厚图书的对话性、反思性和互动性变得越来越同质化。这一转变是对印刷生产新技术的回应，也是对印刷分销网络扩展的回应，比如铁路使传播速度更快、更高效。虽然专为增厚而制作的书籍仍然允许某种程度上的印刷品个性化，需要读者与文本和/或书籍之间的交互，但随着其物质基础变得更加同质化和更容易获得，人们对书籍进行额外插图的补充实践也变得更加同质化。原本属于贵族的消遣方式变得民主化，增厚的书成为一种组织经验的调节机制，通过与文本的交互作用来引导读者和社会【泛滥】。

实现：印刷业的布尔

早在18世纪中叶这股风潮在英国流行之前，读者们就开始裁剪印刷品，用于增厚书籍。早期的读者出于各种各样的原因参与到这个过程中，有人虔诚地收集学术内容，也有人收藏时尚装饰。亨廷顿图书馆的一件藏品给人一种感觉，即交错布置印刷品的方式能将公共和私人的关注点结合起来（图18.1，彩图16）：经授权的英文版《圣经》与《公祷书》和《诗篇》连成一体，其中还包括天主教持不同政见者威廉·费索恩（William Faithorne）的艺术作品。在17世纪的英格兰，天主教徒被迫参加新教徒的礼拜，通过这种交错陈列，他们即

图18.1 经授权的《圣经》英文版（1890年），与《公祷书》和《诗篇》交错陈列，其中还包括天主教持不同政见者威廉·费索恩的艺术作品。来源：加利福尼亚圣马力诺亨廷顿图书馆

使在简陋的圣公会教堂里也可以凝视虔诚的图像。因此，增厚的内容为表达个人的神学信仰提供了一个平台，同时也引发了关于国家授权信仰和天主教徒政治权利被剥夺的激烈公开辩论。

剪切和粘贴插图也可以用于追求知识。17世纪充斥着后来被称为“纸质博物馆”的收藏品，这些藏品有着百科全书式的目的，其中最著名的是罗马的卡西亚诺·德尔·波佐的纸上博物馆。德国学者约翰·安德烈亚斯·法布里奇乌斯（Johann Andreas Fabricius）建议读者把他的作品《博学通史纲要》(*Outline of a Universal History of Erudition*，1752年)作为“一本普通书籍的基础”，这样读者就可以“将纸页交织在一起，从而添进他们在各处找到的额外的、奇怪的东西，不需要花费太多的成本和努力就可以收集到好的历史宝藏”。这是文学史作品中的一个经典案例。对于法布里奇乌斯来说，增厚书本是一种储存原始材料和信息的手段，学者可以在他们自己的作品中进行检索和使用。然而，在某些情况下，在这种收集和整理的实践中，书本并没有被想象成最终的产品。正如德国学者西格蒙德·雅各布·阿平(Sigmund Jacob Apin)在他的《如何有效收集名人和学者肖像》(*Anleitung wie man die Bildnisse berühmter und gelehrter Männer mit Nutzen Sammlen soll*，1728年)一书中所写的那样，当他身边的每个人都忙着把肖像粘贴到书里时，他却在努力把它们取出来。他认为储存知识的理想容器应是分类好的柜子，而非书本。

尽管布尔扩充的《英格兰传记史》类似于早期其他国家增加额外插图的做法，但还是在英国掀起了一股前所未有的插图热潮，也为我们提供了一个模板，帮助我们理解增厚书籍的一些关键属性，以及它们与18世纪下半叶乃至19世纪其他印刷交互形式之间的关系。例如，布尔对他获得的许多肖像画进行了细致入微的注释，记录了他在拍卖会上购买的特制插画和支付的价格，以及这幅插画与其他雕版插画相比的价值之所在。布尔的“注释”还经常包括一些其他的材料，比如手稿信件书法。这些材料为书籍空白处的注释增加了更多层次和立场。添加对印刷文本内容的评述，是布尔和格兰杰典型的增厚书籍的方式。例如，托马斯·彭南特（Thomas Pennant）为自己出版的手稿式地形图添加了插图（包括真实的和想象的），而布尔在彭南特的作品里又加入了额外的插图，包括委托彭南特的私人绘图员摩西·格里菲斯（Moses Griffith）绘制的水彩插图。这些例子除了将布尔和彭南特通过他们创作的艺术联系了起来，还对已出版和未出版的手稿、作者和读者、文本和类文本进行了混淆。这些额外的插图本展示了一种特定的多模式和跨媒介的印刷交互，在响应和/或转换印刷品对象的实践中起着作用。和读者的旁注、作者的前言和出版商的广告等其他辅助材料一样，粘贴或引用的印刷品、插画对文本进行了评论，同时也对文本进行了历时性的扩展。与注释或旁注不同，增厚的书在概念上和实质上将文本翻了一番，将书的物理空间和概念空间增加了一个数量级。

这种空间放大效应与18世纪英国的交错陈列热潮有着密切关联。布尔的增厚版本从根本上改变了格兰杰的文本，但即便如此，无论是他切割了原来的文本并重新添加了说明文字，还是格兰杰在后续版本中根据布尔的书进行了修改，布尔的36卷版本仍然与原印刷版本保持了基本的一致。除了他们的私教和社会联系之外，对历史的共同看法也为格兰杰的文本和布尔的额外说明实践提供了基础。自格兰杰的书首次出版以来，收藏家们就不仅仅把这些传记历史当作传记素描的收集或肖像收藏指南，而是真正意义上的对历史的收藏。不同于早期通过雕刻师或者人的分类来组织印刷品的方法，格兰杰的目录遵循王室继承的历史进程，按照统治者和他们各自统治的时间序列来记录。因此，格兰杰的文本通过艺术家、雕刻师和插画，追溯了一条正在进行的王权统治链条。这种模式在布尔的36卷本中得到了具体化和延伸。布尔在他的汇编中，用19卷书把内容带到了原始文本时间轴的末尾（格兰杰年表停止于1688年），随后，布尔增加了16卷来延伸他所处的乔治三世统治时代的轨迹。布尔不仅仅是“有些失控地”添加了信息，还试图实现格兰杰的愿望——解释整个王室继承的全部图景，表明一种同时具有前瞻性、持续性和综合性的历史概念。换句话说，布尔的增厚过程实质上是格兰杰文本中隐含的概括性和百科全书式历史观的执行【索引】【目录】。

布尔通过对印刷品的反思，尤其是印刷品的生产和复制，来实践这种历史观。在对印刷品之间的关系进行注释的同时，布尔试图通过回溯一系列版画重印品的原版艺术品，来寻求一种代际起源关系。在这一点上，布尔还从格兰杰的文字中得到了启示：格兰杰的文字反复强调了插图之间的代际关系，并煞费苦心地追溯了原始来源、地点以及他所确认的复制品的世系。因此，布尔对格兰杰的文本做出了扩展，满足了从原始插画（绘画、雕塑）到雕版再到复制品的愿望。在布尔添加的额外插图中，人物肖像不仅是对查尔斯或伊丽莎白的简单复原，还复制了一种历史愿景，即格兰杰认为的王室统治过程中所蕴含的历时性和概观性。增厚过程将格兰杰宣扬的历史观变成现实，是对历史时期在印刷品上的映射过程的一种自反性注释。

格兰杰的文本和布尔的额外插图之间的协调在很大程度上取决于可获得性。布尔和格兰杰都属于社会精英圈子，这个圈子里还包括霍勒斯·沃波尔（Horace Walpole）和托马斯·彭南特。这个群体有时间、有可以牺牲的收入来获得罕见的肖像画，而且，他们的研究方法还依赖于紧密联系的社会网络，这能促进信息和复制品的流通。在格兰杰的文本中，王室组织被细分为沿着社会阶梯向下的一系列阶级，重申了财富和社会地位在历史观念中的中心地位和重要性。但是，随着将书籍增厚的做法从古物研究转移到更具经济和社会多样性的公共领域，这个小圈子提出的阶级编码受到了个性化、商业化的竞争挑战和重塑。

破坏：主体和文本

和18世纪百科全书一样，增厚的书所要表达的雄心壮志经常被它们需要解释的大量内容所阻碍。与布尔版本的《英格兰传记史》一样，最雄心勃勃的增厚版图书不仅仅是简单地将图像穿插或粘贴在一本书上。相反，不管原始印刷书籍的尺寸如何，这些增厚书籍都试图尽可能多地包含信息，其导致的结果便是大量的折叠和重叠纸张，这不仅增加了物理体积，也增加了与其进行交互的复杂性【纸张】。当印刷品或文件大于可用的书页，或者书页上可用空间已被占用时，它们就需要被折叠，有时甚至要多次折叠以适应书本合上时的体积。因此，任何人想要看到其中的图像或文字，就必须小心地打开这张硕大的纸张，这就立即改变了他们与这本装订书籍的时空关系。为了在不撕裂纸张的情况下展开，读者需要把书作为一个实体来触摸和观察，无论读者此时正在进行什么思考，都必须暂时停顿思绪，集中到手上的操作。这些过程包括触摸、观看和注意，因此不利于对文本的吸收，更不利于幻想或得到启示。例如，任何试图“阅读”收藏于亨廷顿图书馆那本《圣经》的人，都会立即意识到自己无法一眼看完整个开篇，这就加剧了读者与内容的脱节。增厚书中的某一部分总是要以牺牲一部分易读性为代价。这就引申出了一个发人深省的悖论：增厚的书越想要系统地包罗万象，就越难看到它们想要收集的全部证据，也越难把注意力集中在其关注的主题上。在增厚的过程中，书中的内容会延伸出任意数量的阅读排序和模式，强烈地扰乱读者的时空连续性体验【编目】。

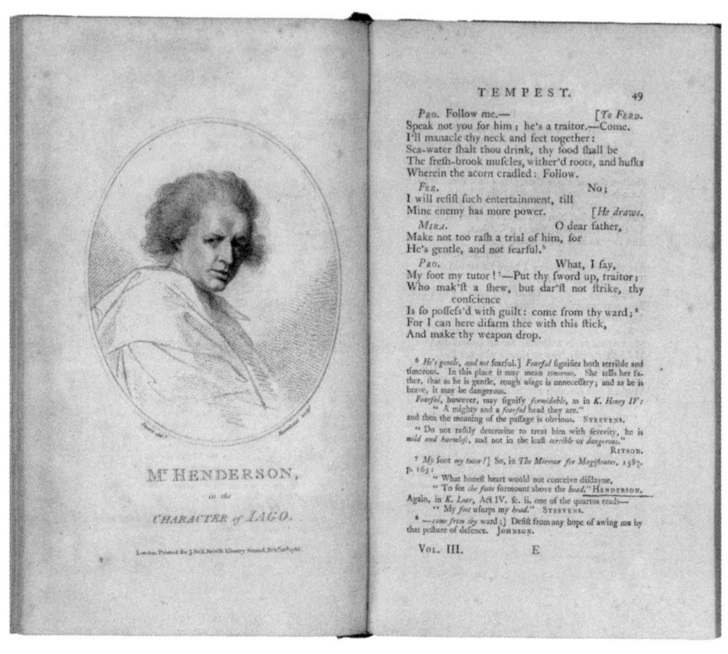

Mr HENDERSON,

in the

CHARACTER of IAGO.

TEMPEST. 49

Pro. Follow me.— [*To Ferd.*
Speak not you for him; he's a traitor.—Come.
I'll manacle thy neck and feet together:
Sea-water ſhalt thou drink, thy food ſhall be
The freſh-brook muſcles, wither'd roots, and huſks
Wherein the acorn cradled: Follow.

Fer. No;
I will reſiſt ſuch entertainment, till
Mine enemy has more power. [*He draws.*

Mira. O dear father,
Make not too raſh a trial of him, for
He's gentle, and not fearful.[6]

Pro. What, I ſay,
My foot my tutor![7]—Put thy ſword up, traitor;
Who mak'ſt a ſhew, but dar'ſt not ſtrike, thy conſcience
Is ſo poſſeſs'd with guilt: come from thy ward;[8]
For I can here diſarm thee with this ſtick,
And make thy weapon drop.

[6] *He's gentle, and not* fearful.] *Fearful* ſignifies both terrible and timorous. In this place it may mean *timorous*. She tells her father, that as he is gentle, rough uſage is unneceſſary; and as he is brave, it may be dangerous.

Fearful, however, may ſignify *formidable*, as in *K. Henry IV*:
"A mighty and a *fearful* head they are."
and then the meaning of the paſſage is obvious. STEEVENS.

"Do not raſhly determine to treat him with ſeverity, he is *mild and harmleſs*, and not in the leaſt *terrible or dangerous*." RITSON.

[7] *My* foot *my tutor!*] So, in *The Mirrour for Magiſtrates*, 1587, p. 163:
"What honeſt heart would not conceive diſdayne,
"To ſee *the foote* ſurmount above the *head*." HENDERSON.
Again, in *K. Lear*, Act IV. ſc. ii. one of the quartos reads—
"My *foot* uſurps my *head*." STEEVENS.

[8] —*come from thy* ward;] Deſiſt from any hope of awing me by that poſture of defence. JOHNSON.

VOL. III. E

图18.2　18世纪晚期弗朗切斯科·巴托洛齐在雕版中呈现的约翰·亨德森扮演的伊阿古形象。来源：福尔杰莎士比亚图书馆

和逸事集、格言集或《圣经》诗篇集一样，目录可以在连续性的内容中起到分离的效果。因此，交错使用格兰杰式的传记片段和印刷品目录，就不会像对一部戏剧或小说增加额外插图那样构成破坏。对戏剧和小说这般具有连续性的内容进行增厚时，选择性也可能与全面性的尝试一样，会构成破坏。查尔斯·沃姆斯利（Charles Walmesley）将1793年版的《威廉·莎士比亚戏剧》与塞缪尔·约翰逊和乔治·斯蒂文斯

编辑的注释穿插在一起，演员约翰·亨德森（John Henderson）饰演《奥赛罗》中伊阿古的肖像被插入到《暴风雨》的文本中，但在对页的脚注中提到的亨德森却是另一个人。

沃姆斯利或许只是犯了一个错误，用一个亨德森替换了另一个亨德森，但当读者从一个文本转到另一个文本时，交错的注释也会造成障碍。在这里，这幅肖像画的作用就是一种累赘，增加了读者和文本之间的距离。从文本上说，它打断了读者的阅读；从概念上说，它增加了人物形象图，从而阻碍了连贯性。因此，《暴风雨》的剧本被视觉和语言的双重注释打断，突出了肖像作为一种增厚手段的破坏性潜力，这与布尔的《英格兰传记史》是不同的。沃姆斯利的增厚可能借用了《英格兰传记史》中人物肖像的列举方法，但他在交错上采取的做法不同于格兰杰精心设计的王室家谱和阶级等级。当编辑们“变身成”在剧本之间来回跳的演员或角色时，内容就会被破坏。（伊阿古究竟憎恨谁？他能代表卡利班说话吗？[1]）在增厚注释版修正后的空间里，一系列的关联取代了有条不紊的历史。

早在18世纪下半叶这股热潮开始之前，文学读者就已经清楚地意识到书籍增厚的潜在破坏性。当塞缪尔·理查森把

1 伊阿古是莎士比亚剧《奥赛罗》中的反面人物，卡利班是莎士比亚剧《暴风雨》中的半人半兽形怪物，由于编辑在增厚时的行为错使两者进行了混用，让读者怀疑是不是两部不同的作品中的人物之间有关联。——译者

一本特别装订的两卷本《帕梅拉》送给朋友亚伦·希尔（Aaron Hill）的女儿们时，他在书中插入了空白页，希望她们能在空白页上记下对这本小说的反应。阿斯特丽娅（Astraea）和密涅瓦（Minerva）提出了异议，认为“把我们的笔记写在象征（帕梅拉的）纯洁的白色上无异于玷污它”。年轻的女士们没有对小说做出回应，而是决定用“我们铭记着她的谈话带给我们的好处”来填补空白。理查森将帕梅拉这个人物与《帕梅拉》书籍等齐，作为回应，希尔姐妹把增厚的书（以及空白的插页）作为帕梅拉美德的物质推论。在决定与文本对话而不是对其进行评论时，阿斯特丽娅和密涅瓦将增加对话作为一种实践，拒绝实施其潜力中的破坏性。

希尔姐妹的拒绝与托马斯·贝多（Thomas Beddo）的协调和努力形成对比，贝多试图将柯勒律治和华兹华斯的作品合集《抒情诗集及其他》（*Lyrical Ballads, With a Few Other Poems*，1798年）进行增厚。他创作了一首题为《家中诗篇》（*Domiciliary Verses*）的模仿作品，用与《抒情诗集》相同的字体和纸张进行印刷，并装订在华兹华斯的《红豆杉下座位上的诗句》（*Lines Left upon a Seat in a Yew-Tree*）和柯勒律治的《夜莺》（*The Nightingale*）之间。贝多故意把纸张和字体搭配起来，以掩饰自己增厚的行为，从而抹去这种做法中读者对书的操纵。就像用隐形墨水进行注释一样，贝多通过与文本对话，将文本据为己有。但他也有意抹去文本与注释、印刷与原著、模仿与诗歌之间的物质差异。贝多的这本书秘密地增加了厚度，模仿和嘲弄了原版印刷书籍的内容和风格，暗示了他在介入更广泛的文学争论时的个性化愿望。但是，贝多这种隐形的增厚伎俩反而使他的行为更加突出，而不是让他和原作更接近。

在这些例子中，最终增厚的书都混淆了原本印刷文本的概念轨迹和目标。与布尔的《英格兰传记史》相反，原本的《英格兰传记史》中，格兰杰试图用文本阐述一系列社会、文化和国家的立场，但布尔的增厚版本却偏离了这本书原本的意识形态。事实上，原作者的文本越具有一种规定性，读者的增厚行为就越有可能是破坏性的。沃姆斯利的插页式伊阿古肖像对社论脚注的权威性发出了挑战；理查森对阅读回应的要求，导致希尔的女儿们与帕梅拉而不是作者展开交谈；1798年出版的华兹华斯和柯勒律治诗歌合集中的对抗性内容，导致读者抛弃自己“预先建立的决策准则”，做出伪装成自我讽刺的滑稽表演。

然而，在额外添加插图和内容的书籍中，这种秉持与原作相反态度的增厚行为迄今仍是少数。暂不论与增厚书籍交互的物理体验中潜在的破坏性，大多数这类书籍的目的都是力求合并与控制。19世纪，这种行为渐渐变得商业化，合并行为几乎带有了管理的属性。商业化生产并被增厚的书籍，使得个性化成为管理和改写一个人对世界的体验的一种方式，而不仅仅是一种巩固现有社会结构的机制。

同质化：印刷的形貌

贝多那奇怪的个性化伪装模式，可能受到了19世纪初出版商刺激和利用增厚趋势的推动。1793年托马斯·韦斯特（Thomas West）出版的《韦斯特莫兰、坎伯兰和兰开夏的湖泊指南》（*Guide to the Lakes in Westmorland, Cumberland, and Lancashire*）就是这一趋势的产物。该版本的背景材料中列出了艺术家约瑟夫·法灵顿（Joseph Farington）的“湖泊二十景”，可供读者“从肯德尔的彭宁顿先生”处购买。购买者还可以用一种更“昂贵的装饰品”来扩充他们的文本，这是“普通用途的作品”不可能提供的。材料中的广告语还提到，“一系列大小合适、可与韦斯特的指南搭配得当的湖泊景观画”将在“今年内”发行，为其自身简单而系统的增厚远景提供了蓝图，而且花费“不会超过一基尼”。这种行为吸引了当时社会中的上层阶级人群，当时，这些人认为“这一类附属物”代表着品位。

《湖泊指南》的作者和出版商通过向他们的消费者提供一系列艺术形式及其价格，增加了作品销量，促进了图书增厚做法的流行。1814年，安布塞德的艺术家威廉·格林（William Green）出版了一本《英国湖泊60景》（*A Description of a Series of Sixty Small Prints of the English Lakes*）。这本书分为两部分：一是对蚀刻画的描述以及对“景”的描述，然后是一系列不上色或单色水彩蚀刻画。这本书在安布塞德的书店里出售，游客还可以选择同时购买彼得·克罗斯韦特（Peter Crosthwaite）广受欢迎的五幅湖区地图，或是单独购买《英国湖泊60景》中一系列蚀刻画的彩色版，可以将它们装订进书中，也可以单独保存。格林的这种增厚式广告促进了景观印刷品的消费行为，这些潜在的增厚选项预示着19世纪中期多模式（和预加厚）指南书籍的出现。通过选择可自行插入的地图或风景画，购买者可以将自己抬高到景观之上，通过印刷品增厚的程度和其中是否包含彩色成分来表明自己的收入和地位。

并非只有湖区的艺术家和书商看到了定制增厚书的市场潜力。19世纪，整个欧洲的商业化都伴随着蓬勃发展的旅游业和图像复制技术。陶赫尼茨公司出版的霍桑（Hawthorne）的《玉石雕像》（*The Marble Faun*，1860年）就是一个特别有启发性的例子，表明了19世纪旅游业发展壮大所带来的增厚文化流行。陶赫尼茨是一家德国出版公司，专门从事已出版书籍的廉价再版。该公司位于莱比锡，是欧洲大陆图书贸易的十字路口，其地理位置优越，能够利用迅速扩张的铁路网络。陶赫尼茨版的《玉石雕像》之所以有趣，是因为在19世纪60年代末，意大利书商开始转换市场定位，把廉价的再版书重新用白色牛皮纸（取代原来的布包装）装订，再加上装饰浮雕和镀金的书页，将其转变为一本有价值的纪念品。他们还添加了大理石纹路的衬纸，插入霍桑所描述的场景图片。

如果顾客不喜欢预先挑选的图画，也可以购买带有空白页的版本，自行添加内容。他们可以购买插画，或是那些符合霍桑所描述的场景的图画，亦或是对购买者本人有特殊意义的图画。这种自我选择的过程越来越优先于购买一份预先选择好图画类书籍，这表明，即使是批量生产的商品也可以达到非常强程度的个性化改变。

如今，各图书馆收藏的大量陶赫尼茨版《玉石雕像》表明，在意大利书商看来，增厚作用有两种：一是邀请读者与印刷书籍进行交互，二是作为一种地方性的体验载体。书中的图片代表了读者在罗马的个人经历，这一过程产生了一种参与性体验，读者由此成为一名合著者，受邀参与文本，为其创造意义，由此制作出一份罗马景点的个人幻灯片。越来越多的旅行者通过霍桑的讲述来体验真实的景观环境，霍桑的小说因此成为一种升级了的旅行指南，而观光也成为一种与印刷品进行交互的方式。在这样的叙述中我们看到，19世纪去罗马旅行的人是如何利用小说去理解他们自己的经历，反过来又利用他们的经历来构建小说的意义，并通过制作自己的旅行纪念品来表达这一切。但是，即使小说在民主扩张的过程中敞开了个性化的大门，但旅行的体验依旧被商品化和商业化市场操纵着，这个过程一定程度上约束了人们在罗马的旅行体验。霍桑小说中对罗马的个性化塑造往往仅限于意大利书商商店里出售的明信片，陶赫尼茨可供选择的图片仍然带有这种商业主义的痕迹，比如我们可以看到，书商在图画上刻了识别号码。正如许多现存的版本所表明的那样，选择图像的自由产生了一定程度的单调性和标准化，以至于我们经常在不同地区的收藏中发现相同的图画。

这并不是说陶赫尼茨这样的版本没能为小说叙事提供一种创新的参与方式——他们确实把阅读和旅行变成了一种自我表达和自我创造的形式。但我们也必须认识到，跟随这种参与而来的是另一种限制。如果一个人把自己限制在霍桑所呈现的场景中，仅仅因为霍桑选择描述这些场景就认为它们有价值，那么他对罗马的造访就不是一次无限发现之旅，而很多去往罗马的游客显然就是这样做的。陶赫尼茨的版本规范了人们去罗马旅行的经历，并纪念了一个非常特别的罗马形象，或者更宽泛地说，是欧洲的形象。

在这种背景下，陶赫尼茨版本中数以百计的图片几乎没有一张暗示现代罗马的日常生活。实际上，罗马的本地居民并非整天装饰古代遗址和文艺复兴宫殿，而是和整个欧洲的同时代人一样，进行贸易、行走和聊天。罗马抵制的正是那种系统化。但是，当人们跟随霍桑的叙述穿过城市，通过收集和增加一系列商业化生产的图片来增厚书籍时，则是在保存这种系统化。自1889年，霍顿·米夫林（Houghton Mifflin）出版社的《玉石雕像》印刷出版后，这种严格、净化和系统化的罗马变得更加明显。这个版本建立了一套所谓的权威50

幅摄影图像，说明中还包含其中的雕像、绘画和建筑物提到的文字。它被推销给游客，称这是对人们自己选择付小费方式的一种改进，并表示这种方式“可能会让挑剔的收藏者感到不愉快”。出版商承诺，这个版本的买家不需要收集他们自己的图片，因为霍顿已经不辞辛劳地为他们收集了一套权威的风景图。这些图片也许很美，但这样的美是以某种原始的特质为标志的，这种特质为了努力保持图片的独特形象，消除了图片周围真实罗马的痕迹。

虽然19世纪的增厚书籍将读者的经验导向特定的审美和文化规范，但我们不应忽视的一点是，许多规定性和商业化的增厚行为，通过移除和破坏，反而创造了更多的印刷品【泛滥】。正如18世纪的许多出版物专注于它们自身的重要性及其作为商品的意义，导致随后产生了更多的印刷品。同样，19世纪商业化的增厚做法也有自己的表现方式，比如威廉·迪安·豪威尔斯（William Dean Howells）对霍桑的小说特征进行扩充，最终写出他自己的小说《美国人的罗马、印度之夏》（*Americans in Rome, Indian Summer*，1886年）。增厚书籍中加入的插图所带有的潜在破坏性也促成了19世纪后期很多诗歌的形成，比如《世纪杂志》（*The Century Magazine*）在1891年发表的伊利亚·佩蒂（Elia Petie）的一首诗，题为《〈玉石雕像〉里的空白页》（*On a Blank Leaf in 'The Marble Faun'*）。尽管这首诗发表的日期要晚一些，但其标题所指的“玉石雕像”

并非霍顿·米夫林出版社的标准版本，更像是早期的陶赫尼茨版本。书中的某张空白页上有一首原创诗歌，而非一张事先选定的旅游风景图片。

读者与书籍接触的过程放大了与印刷品交互过程中的相互竞争，我们对增厚书籍的案例研究阐明了这一点。从布尔到沃姆斯利、贝多，再到湖区和罗马旅游业，其间与印刷品的交互作用可以被描述为一种历时性的运动，带着一种延续早期作品的明显意图。随着18世纪后期印刷品的饱和，《玉石雕像》被周围日益猖獗的消费文化吞噬，最终这一趋势被打破。这个例子说明18世纪的书籍文化也是疯狂的消费主义，更重要的是，我们提到的每一个例子中都包括完成、破坏和同质化的过程。从这个意义上说，增厚作为让书籍变得更加全面、成为百科全书的一种方式，既强调了印刷品激增所产生的动力，也揭示了完成这种工作的不可能性。

在这种背景下，德国植物学家格奥尔格·温德洛斯（Georg Wenderoth）在格兰杰式插入法装饰的基础上推动了一种更实用且更有纪律的形式。温德洛斯在1821年出版的《植物学》（*Lehrbuch der Botanik*）一书中，试图解决自18世纪以来困扰着植物学领域的分类学扩张主义。他建议读者在自己的书页中继续添加新材料，通过“系统地排序”来促进书本自身的生长，延迟被全新的系统或版本取代的时间。19世纪，学科知识以越来越快的速度扩张，挑战了典籍作为一种令人满意的知识工具的能力。典籍的约束性质意味着它难以进化，无法适应各种附属专业知识的快速增长【纸张】。图书用户相应地制订了类似的聚合策略，以保持图书的流通性。因此，温德洛斯的增厚方法成为保持印刷书籍及时性的一种重要手段。

此外，正如我们所展示的，扩展书籍的物理空间反复映射了读者—观众的时空位置。无论其目标是通过印刷系谱来加强王室统治的进程（就像布尔版的《传记史》那样）、中断连续阅读的线性进程、绘制一条穿越湖区的特定路线还是撰写游客在罗马的经历，书的空间拓展都构成了一种特殊的印刷交互形式，试图在整理、控制和修正印刷世界的同时，移动、规划、引导我们。

— Epilogue —

结 语

作为结论，我们针对本书的内容提供了两种不同的表述（图19.1和图19.2）。第一种，我们用“反致系统”展示了各章节之间的联系【广告】，以纪念狄德罗和达朗贝尔在18世纪这个印刷饱和时代出版的具有极强交互性的百科全书项目。第二种展示了使用主题建模算法生成的章节之间的关系。媒介（书籍、手稿和卷册）在整个18和19世纪都标记着隐性的路径和联系，这些网络也通过我们自己的文本提供了其他看不见的路径。这两种表述都指向同一个未来，在这个未来里，我们过去的印刷品将越来越多地通过数字媒介传递给我们，这是与印刷品交互的又一种方式。

正如越来越多的研究工作所表明的那样，印刷历史的计算表征可以告诉我们很多历史参与者和群体的实践、习惯和信仰。与构成书籍和印刷历史的人工制品的直接接触（我们可以称之为接触理论）肯定不会被与印刷品的数字交互所取

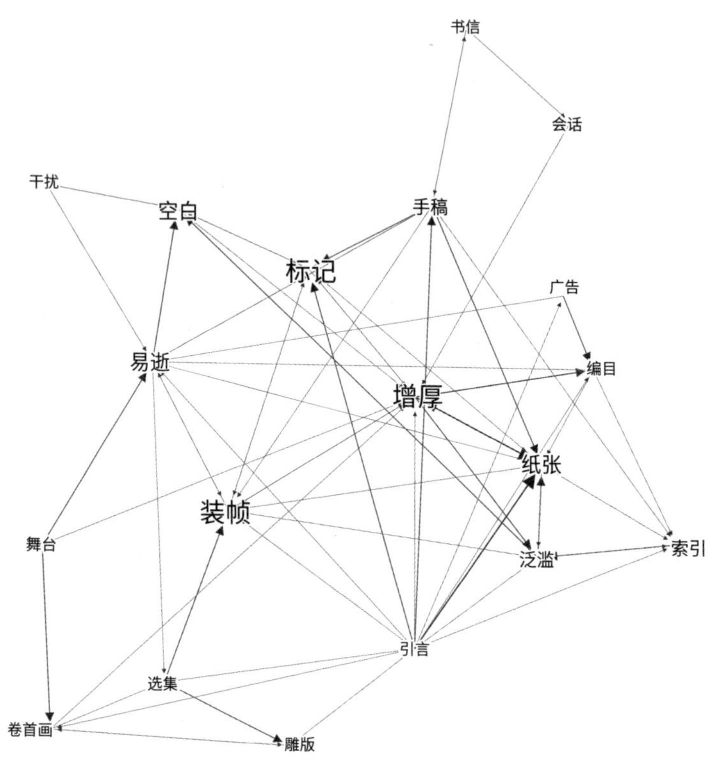

图19.1 基于反致系统的网络。章节之间的边界遵循反致系统的规则，从每个章节指向其他章节。在单个章节里，对目标章节的引用越多，线条就越粗。章节名称的大小由特征向量中心性确定。该方法可以检测不同章节之间的联系，以及不同章节互相联系形成的群体。该图由马克·阿尔吉·休伊特提供

代，但可以得到有益的补充。我们试图通过身临其境的方式来理解人工制品，这让我们对那些曾经存在过的更大的交互环境视而不见。印刷和媒介的全球性和复杂性一直是本书关

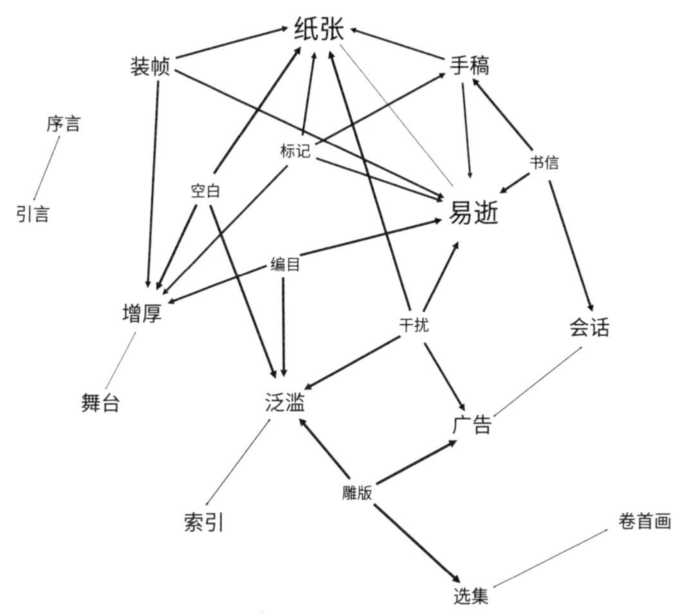

图19.2 基于主题相似性的网络。在这个网络中，章节之间的边界由章节共享相似主题的程度决定。算法为LDA主题模型算法，预设主题数量为15个。只有那些章节之间的相似度比所有章节之间的平均相似度高一个标准偏差的结果会被保留。线条的粗细程度取决于章节之间的相似程度，章节名称的大小也由特征向量中心性确定。该图由马克·阿尔吉·休伊特提供

注的重点，但这不是在区域范围内的研究可以达到的。如今，数字工具能够在更大、更详细的范围内运作，必将成为未来印刷历史研究的一个核心方向。

我们提出的两个所谓“网络”，是一项重新塑造目录甚至主题索引等印刷惯例的实验，目的是提供一个替代系统，来

导引书中的内容，第一种基于作者的自我意识标记，另一种基于章节内部的潜在主题。如果说第一种网络代表了作者对文本的整体理解，那么第二种网络则揭示了潜在的主题和共同关注点，从而使重新审视成为可能。人们可以想象第三种，甚至更为激进的网络，在那里，章节的划分可以完全丢弃，取而代之的是一个通道级别的导引地图。“章节”不再由作者决定，而是由产生主题簇的算法决定。无论如何，这些表现形式让我们认识到，数字工具可以帮助我们对自己的知识结构和过去的知识有更多的了解。

例如，作为作者，我们很感兴趣的是：根据反致系统的理论，“装帧”是书中联系最紧密的章节（其与其他章节的连接最多），而关于扩展书籍的“增厚”章紧随其后。虽然我们没有预料到这一点，但很明显，关于书籍构建的章节似乎在各章节之间产生了最多的联系。“打开”与“合上”一本书的模式，是本书的核心关注点。同样令人感兴趣的还有视觉主题的章节：“卷首画”“雕版”和“舞台”，它们占据了网络的一端，而“书信”“会话”和“手稿”等非印刷品内容占据了另一端。我们还注意到，网络的方向性似乎还表明了因果关系：书信引向了手稿；广告引向了编目；空白引向了干扰，然后又引向易逝。总体来说，动名词似乎更胜一筹，书中与行为相关的章节比与事物相关的章节更能体现各部分之间的联系。

转向第二种主题网络，我们会发现“易逝”和“纸张”

成了书中最核心的部分。在反致系统网络中，围绕着书籍制作的有意识的联系（由作者自己插入），在第二种网络中被潜在的主题联系所取代。这些主题联系使人们更加关注短暂的事物和纸张媒介。“易逝”“泛滥”和“干扰”等抽象概念取代了反致系统网络中的实践概念，处于中心地位。

主题式网络很有意思，因为人们可以在其中规划出路径。它们实际上是各种形式的导引，可以在最理想的情况下提供非线性阅读的新方法。例如，“编目”“空白”“干扰”“雕版”和“索引”都指向“泛滥”，其中一些是我们这个时代印刷泛滥的结果，比如“雕版”和“干扰”，另一些则是管理技术，比如“编目”“页面布局”（空白）和“索引”。

最后，我们还可以看到一些非常不同的路径。例如，一个人可以从“会话”到“书信”到“纸张”到“装帧”再到“增厚”，仿佛进入了兔子洞：我们从一个交互的口头空间开始，进入有助于支持前者的手写交互媒介，然后进入书写所基于的物理媒介，再到编辑、整理和扩展纸张，令其成为可识别、可分发的交互对象的过程——就比如你此刻手中拿着的这本书。这样的路径几乎完美地反映了我们这本书的创造过程。我们希望读者也能通过这种网络模式找到属于自己与印刷交互的路径。

— Works Cited —

参考文献

Accademia della Crusca. 1734. *Il Vocabolario degli Accademici della Crusca.* Vol. 1. Venice: Lorenzo Baseggio.

The Accomplished Letter-Writer,or Universal Correspondent. 1779. London:n.p.

Addison, Joseph, and Richard Steele. 1712—1715. *The Spectator (1711—1714).* 8 vols. London: Printed for S. Buckley and J. Tonson.

Adelung, Johann Christoph. 1811. *Grammatisch-kritisches Wörterbuch der hochdeutschen Mundart.* Vienna: Bauer.

"Adventures of a Quire of Paper." 1779. *The Gentleman'and London Magazine.*

"Advertising Considered as an Art." 1844. *Chambers' Edinburgh Journal,* n.s., no. 52, 28 December: 401—3.

Aikin, John, and Anna Barbauld. 1792—1796. *Evenings at Home, or the Juvenile Budget Opened.* 6 vols. London: J. Johnson.

Algee-Hewitt, Mark. 2010. "Acts of Aesthetics: Publishing as Recursive Agency in the Long Eighteenth Century." *Ravon*: 57—58. http://www.erudit.org/revue/ravon/2010/v/n57-58/1006517ar.html.

Althaus, Karin. 2010. "'Die Physiognomik ist ein neues Auge.' Zum Porträt in der Sammlung Lavater." PhD diss., Universität Basel. http://archiv.ub.uni-heidelberg.de/artdok/1201/1/Althaus2010.pdf.

Althusser, Louis. 1971. *Lenin and Philosophy, and Other Essays.* Translated by Ben Brewster. New York: Monthly Review Press.

Altman, Janet Gurkin. 1982. *Epistolarity: Approaches to a Form.* Columbus: Ohio State University Press.

Anderson, Benedict. 1991. *Imagined Communities: Reflections on the Origin and*

Spread of Nationalism. London: Verso.

Apin, Sigmund Jacob. 1728. *Anleitung wie man die Bildnisse berühmter und gelehrter Männer mit Nutzen Sammlen soll.* Nürnberg: Adam Jonathan Felßecker.

Appadurai, Arjun. 1986. "Introduction: Commodities and the Politics of Value." In *The Social Life of Things,* edited by Arjun Appadurai,3 - 63. Cambridge: Cambridge University Press.

Asquith, Ivon. 1975. "Advertising and the Press in the Late Eighteenth and Early Nineteenth Centuries: James Perry and the *Morning Chronicle*, 1790—1821." *Historical Journal* 18.4: 703 - 24.

———. 1978. "The Structure, Ownership and Control of the Press, 1780—1855." In *Newspaper History: From the Seventeenth Century to the Present Day,* edited by George Boyce, James Curran, and Pauline Wingate, 98 - 116. London: Constable.

Athanassoglou–Kallmyer, Nina. 1992. "Géricault's Severed Heads and Limbs: The Politics and Aesthetics of the Scaffold." *Art Bulletin* 74.4: 599 - 618.

"At the Royall Coffee House at Charing are these following goods
to be sold in small lots. March 20th 1680." MS D25.F38, Forster and
Dyce Collection, National Art Library, Victoria and Albert Museum.

Audibert, Auguste, and Charles Philipon, eds. 1832. *La Caricature morale, politique et littéraire.* Vol. 2. Paris.

———, eds. 1832. *La Caricature morale, politique et littéraire.* Vol. 3. Paris.

———, eds. 1834. *La Caricature morale, politique et littéraire.* Vol. 4. Paris.

Austen, Jane. 1818. *Northanger Abbey and Persuasion.* 4 vols. London: Murray.

———. 2013. *The Cambridge Edition of the Works of Jane Austen: Juvenilia.* Edited by Peter Sabor. Cambridge: Cambridge University Press.

Baer, Marc. 1992. *Theatre and Disorder in Late Georgian London.* Oxford: Oxford University Press.

Baillie, Joanna. 1804. *Miscellaneous Plays.* London: Longman, Hurst, Rees and Orme.

Bakhtin, Mikhail. 1984. *Rabelais and His World.* Translated by Helen Iswolsky. Bloomington: Indiana University Press.

Banks, Joseph [and Daniel Solander]. "Manuscript lists of Plants collected during Cook's first voyage, in the order in which they were placed in the drying books for carriage home." mss banks coll sol. Botany Library, Natural History Museum, London.

Bann, Stephen. 2001. *Parallel Lines: Printmakers, Painters and Photographers in Nineteenth-Century France.* New Haven, CT: Yale University Press.

———. 2013. *Distinguished Images: Prints in the Visual Economy of Nineteenth-Century France.* New Haven, CT: Yale University Press.

Bannet, Eve Tavor. 2000. *The Domestic Revolution: Enlightenment Feminisms and the Novel.* Baltimore: Johns Hopkins University Press.

———. 2005. *Empire of Letters: Letter Manuals and Transatlantic Correspondence, 1680—1820.* Cambridge: Cambridge University Press.

Barbauld, Anna Letitia, ed. 1966. *The Correspondence of Samuel Richardson, Author of Pamela, Clarissa, and Sir Charles Grandison. Selected from the Original Manuscripts, Bequeathed by Him to His Family. To Which Are Prefixed, A Biographical Account of That Author, and Observations on His Writings.* 6 vols. London: Richard Phillips, 1804; New York: AMS Press.

———. 1773. "On Monastic Institutions." *Miscellaneous Pieces in Prose.* London: Joseph Johnson.

———. 1787. *Lessons for Children. Part 1. For Children Two to Three Years Old.* London: J. Johnson.

———. 1810. "On the Origin and Progress of Novel Writing." In *The British Novelists*, 1:1 - 62. London: Rivington

Barber, Alex W. 2013. "'It Is Not Easy What to Say of Our Condition, Much Less to Write It': The Continued Importance of Scribal News in the Early 18th Century." *Parliamentary History* 32.2: 293 - 316.

Barchas, Janine. 2003. *Graphic Design, Print Culture, and the Eighteenth Century Novel.* Cambridge: Cambridge University Press.

Barnes Rasmussen, Celia. 2009. "Hester Thrale Piozzi's Foul Copy of Literary History." *Philological Quarterly* 88.3: 283 - 304.

Barrell, John. 2000. *Imagining the King's Death: Figurative Treason, Fantasies of Regicide 1793–1796.* Oxford: Oxford University Press.

Basbanes, Nicholas. 2013. *On Paper: The Everything of Its 2000 Year History.* New York: Knopf.

Basedow, Johann B., and Daniel Chodowiecki. 1972. *Elementarwerk: Mit den Kupfertafeln Chodowieckis.* Edited by Theodor Fritzsch. Hildesheim, Germany: Olms.

Baudrillard, Jean. 1994. "The System of Collecting." In *Cultures of Collecting*, edited by John Elsner and Roger Cardinal, 7 - 24. Cambridge, MA: Harvard University Press.

Becker, Ferdinand, ed. 1897. *Auswahl deutscher Gedichte für höhere Schulen.* Halle, Germany: Waisenhaus.

Beckford, William. "A Letter from Geneva, May 22, 1778," MS Beckford d.9, fols. 34 - 43, Bodleian Library, Oxford. Available at Beckfordiana: The William Beckford Website, http://www.beckford.c18.net/wbgenevaletter.html.

Belo, André. 2004. "Between History and Periodicity: Printed and Hand-Written News in 18th-Century Portugal." *E-Journal of Portuguese History* 2.2.

Benedict, Barbara. 1996. *Making the Modern Reader: Cultural Media-tion in Early Modern Literary Anthologies*. Princeton, NJ: Princeton University Press.

———. 2001. *Curiosity: A Cultural History of Early Modern Inquiry*. Chicago: University of Chicago Press.

Benstock, Shari. 1983. "At the Margins of Discourse: Footnotes in the Fictional Text." *PMLA* 98.2: 204 - 25.

Bentham, Jeremy. 1983. *Chrestomathia: The Collected Works of Jeremy Bentham*. Edited by M. J. Smith and W. H. Burston. Oxford: Clarendon.

Bern, Maximilian, ed. 1887. *Am eignen Herd. Ein deutsches Hausbuch*. Leipzig: Tietze.

Bertola, Aurelio. Letters to Isabella Teotochi Marin, Biblioteca Nazionale Centrale di Firenze, Carteggi vari, 448, 7.

———. Letters to Saverio Bettinelli, Fondo Bettinelli, Biblioteca Teresiana, Mantova, fasc. Bertola, Aurelio.

Bertuch, Friedrich Justin, and Georg Melchior Kraus, eds. 1793. *Intelligenz=Blatt, Journal des Luxus und der Moden*.

Biesalski, Ernst. 1964. *Scherenschnitt und Schattenrisse. Kleine Geschichte der Silhouettenkunst*. Munich: Callwey Verlag.

Black, Adam. 1850. *Black's Picturesque Guide to the English Lakes, including an Essay on the Geology of the District by John Phillips, F.R.S, G.L., Late Professor of Geology and Mineralogy in the University of Dublin*. 5th ed. Edinburgh: Adam and Charles Black.

———. 1854. Black's Picturesque Guide to the English Lakes, including an Essay on the Geology of the District by John Phillips, M.A., F.R.S, F.G.S., Deputy Reader in the University of Oxford. 6th ed. Edinburgh: Adam and Charles Black.

Blair, Ann. 2000. "Annotating and Indexing Natural Philosophy." In Books and Sciences in History, edited by Marina Frasca-Spada and Nick Jardine, 69 - 89. Cambridge: Cambridge University Press.

———. 2007. "Errata Lists and the Reader as Corrector." In Agent of Change: Print Culture Studies after Elizabeth L. Eisenstein, edited by Sabrina Alcorn Baron, Eric N. Lindquist, and Eleanor F. Shelvin, 21 - 41. Amherst: University of Massachusetts Press.

———. 2011. Too Much to Know: Managing Scholarly Information before the Modern Age. New Haven, CT: Yale University Press.

Blair, Hugh. 1783. Lectures on Rhetoric and Belles Lettres. 3 vols. Dublin.

Boll è me, Genevi è ve. 1971. La Biblioth è que bleue: Litt é rature populaire en France du XVIIe au XIXe si è cle. Paris : Julliard.

Bolter, J. David, and Richard A. Grusin. 1999. *Remediation: Understanding New Media*. Cambridge, MA: MIT Press.

Boothby, Miss Hill. 1805. *An Account of the Life of Dr. Samuel Johnson*. London: Phillips.

Borchert, Angela. 2004. "Ein Seismograph des Zeitgeistes. Kultur, Kulturgeschichte und Kulturkritik." In *Das Journal des Luxus und der Moden: Kultur um 1800*, edited by Angela Borchert and Ralph Dressel, 73 - 105. Heidelberg: Universitätsverlag.

Bosch-Abele, Susanne. 1997. *La Caricature (1830—1835): Katalog und Kommentar*. 2 vols. Weimar, Germany: Verlag und Datenbank f ü r Geisteswissenschaften.

Boswell, James. 1763. *Letters between the Honourable Andrew Erskine, and James Boswell, Esq*. London: W. Flexney.

Bots, Hans. 2005. "Communication et instruments d'échanges dans la République des Lettres." In *Les grand intermédiaires culturels de la République des Lettres: Études de réseaux de correspondances du XVIe au XVIIIe siècles. Presented by Christiane Berkvens-Stevelinkck, Hans Bots, and Jens Häseler*, 9 - 24. Paris: Honoré Champion Éditeur.

Brant, Clare. 2006. *Eighteenth-Century Letters and British Culture*. Houndmills, UK: Palgrave Macmillan.

Brewer, John. 1995. "'The Most Polite Age and the Most Vicious' : Attitudes towards Culture as a Commodity, 1660 - 1800." In *The Consumption of Culture 1600—1800: Image, Object, Text*, edited by Ann Bermingham and John Brewer, 341 - 61. London: Routledge.

———. 1997. *The Pleasures of the Imagination: English Culture in the Eighteenth Century*. New York: Farrar, Straus & Giroux.

Brown, W. G. 1806. *Travels in Africa, Egypt and Syria from the year 1972 to 1789*. 2nd ed. London: T. Cadell and Orme. Copy inscribed by Robert Southey. Jerwood Center, Wordsworth Trust, Grasmere.

Browning, Robert. 2007. "Garden Fancies." In *Robert Browning's Poetry*, edited by James Loucks and Andrew Stauffer. New York: Norton.

Bruntjen, Herman Arnold. 1974. "John Boydell (1719—1804): A Study of Art Patronage and Publishing in Georgian London." Thesis, Stanford University.

Bruttini, Adriano. 1982. "Advertising and Socio-Economic Transformations in England, 1720 - 1760." *Journal of Advertising History* 5: 8 - 26.

Buringh, Eltjo, and Jan Luiten van Zanden. 2009. "Charting the "Rise of the West' : Manuscripts and Printed Books in Europe, a Long-Term Perspective from the Sixth through the Eighteenth Centuries." *Journal of Economic History* 69: 409 - 45.

Burke, Peter. 1993. *The Art of Conversation*. Ithaca, NY: Cornell University Press.

Burney, Frances. 1778. *Evelina*. London: Lowndes.

Burnim, Kalman A., and Philip H. Highfill Jr. 1998. *John Bell, Patron of British Theatrical Portraiture: A Catalog of the Theatrical Portraits in His Edition of Bell's Shakespeare and Bell's British Theatre*. Carbondale: Southern Illinois University Press.

Burns, Robert. 1825. *The Poetical Works of Robert Burns* (London, 1825). John McSparran's copy, Alderman Library, University of Virginia.

Buschmeier, Matthias. 2008. *Poesie und Philologie in der Goethe-Zeit. Studien zum Verhältnis der Literatur mit ihrer Wissenschaft*. Tübingen: Niemeyer.

Byrne, Paula. 2013. *The Real Jane Austen: A Life in Small Things*. New York: Harper.

Byron, Lord. 1821. *Sardanapalus, a Tragedy; The Two Foscari, a Tragedy; Cain, a Mystery*. London: John Murray.

———. 1980—1993. *The Complete Poetical Works*. 7 vols. Edited by Jerome J. McGann. Oxford: Clarendon.

Calhoun, Craig, ed. 1993. *Habermas and the Public Sphere*. Cambridge, MA: MIT Press.

Campbell, R. [1747] 1969. *The London Tradesman: Being a Compendious View of All the Trades, Professions, Arts, Both Liberal and Mechanic, Now Practised in the Cities of London and Westminster. Calculated for the Information of Parents, and Instruction of Youth in Their Choice of Business*. Devon, UK: David & Charles Reprints.

Carlson, Julia. 2010. "Topographical Measures: Wordsworth's and Crosthwaite's Lines on the Lake District." *Romanticism* 16.1: 72 – 93.

———. 2016. *Romantic Marks and Measures: Wordsworth's Poetry in Fields of Print*. Philadelphia: University of Pennsylvania Press.

Caroline; or, The History of Miss Sedley. By a Young Lady. 1787. Dublin: W. Sleater.

Cesarotti, Melchiorre. 1762. *Ragionamento sopra il diletto della Tragedia*.

Chartier, Roger. 1994. *The Order of Books: Readers, Authors and Libraries in Europe between the Fourteenth and the Eighteenth Centuries*. Translated by Lydia G. Cochrane. Cambridge, UK: Polity Press.

———. 2007. "The Order of Books Revisited." *Modern Intellectual History* 4:3: 509 – 19.

Chartier, Roger, Alain Boureau, and Cécile Dauphin. 1997. *Correspondence: Models of Letter-Writing from the Middle Ages to the Nineteenth Century*. Translated by Christopher Woodall. Cambridge, UK: Polity Press.

Chesterfield, Lord. 1774. *Letters Written by the Late Right Honourable Philip Dormer Stanhope, Earl of Chesterfield, to his Son, Philip Stanhope, Esq*. 2 vols. London.

Churchill, Charles. 1764. *Gotham. A Poem. Book III. By [ ]*. London: J. Almon.

Claydon, Tony. 2013. "Daily News and the Construction of Time in Late Stuart England, 1695 - 1714." *Journal of British Studies* 52.1: 55 - 78.

Clayton, Timothy. 1997. *The English Print 1688—1802*. New Haven, CT: Yale University Press.

"*Clio: or, a Discourse on Taste* (review)." 1767. *Critical Review* 23: 422 - 24.

Cobbett, William. 1828. *Paper against Gold*. London: Wm. Cobbett.

Coleridge, Samuel Taylor. 1956—1971.*Collected Letters of S. T. Coleridge*. Edited by E. L. Griggs. 6 vols. Oxford: Oxford University Press.

Colman, George, and Bonnell Thornton. 1754. *The Connoisseur. By Mr. Town, Critic and Censor-General* 29 (15 August): 169 - 74.

Connell, Philip. 2000. "Bibliomania: Book Collecting, Cultural Politics, and the Rise of Literary Heritage in Romantic Britain." *Representations* 71: 24 - 47.

Conrad, Joseph. 2003. *Heart of Darkness*. Edited by D.C.R.A. Goonetilleke. 2nd ed. Peterborough, ON: Broadview Press.

Contarini, Elisabetta Mosconi. Letters to Aurelio Bertola, Biblioteca Comunale Aurelio Saffi, Carte Romagna, collection Piancastelli, b. 61.

———. Letters to Clementino Vanetti, Biblioteca Civica G. Tartarotti (in the town of Rovereto), Collezione Vannetti, reel 25, collection Bevilacqua–Tiraboschi.

———. Letters to Saverio Bettinelli, Biblioteca Teresina, fond. Bettinelli, fasc. Mosconi Contarini, Elisabetta.

Conti, Antonio. 1773. "Lettera dell' Abate Antonio Conti." In *Saggio sopra il carattere, i costumi e lo spirito delle donne*, edited by Lodovico Antonio Loschi. Venice: Giovanni Vitto.

Cosgrove, Peter. 1999. *Impartial Stranger: History and Intertextuality in Gibbon's Decline and Fall of the Roman Empire*. Newark: University of Delaware Press.

Cowan, Brian. 2005. *The Social Life of Coffee: The Emergence of the British Coffeehouse*. New Haven, CT: Yale University Press.

Cowper, William. 1798. *Poems by William Cowper, of the Inner Temple, Esq. In Two Volumes. A New Edition*. London: J. Johnson.

Cox, Jeffrey N. 1999. "Spots of Time: The Structure of the Dramatic Evening in the Theater of Romanticism." *Texas Studies in Literature and Language* 41.4: 403 - 25.

Crosby, Mark. 2011. "Blake and the Banknote Crises of 1797, 1800, and 1818." *University of Toronto Quarterly Review* 80.4: 815 - 36.

Cumberland, John. 1829—1875. *Cumberland's British Theatre*. 48 vols. London: John Cumberland.

Dalton, Susan. 2003. *Engendering the Republic of Letters: Reconnecting Public and Private Spheres in Eighteenth-Century Europe*. Montreal: McGill–Queens University Press.

Dane, Joseph A. 2011. *Out of Sorts: On Typography and Print Culture*. Philadelphia: University of Pennsylvania Press.

D'Arcy Wood, Gillen. 2001. *The Shock of the Real: Romanticism and Visual Culture, 1760—1860*. Basingstoke, UK: Palgrave.

Darnton, Robert. 1979. *The Business of Enlightenment: A Publishing History of the Encyclopédie, 1775—1800*. Cambridge, MA: Belknap Press of Harvard University Press.

———. 1982. "What Is the History of Books?" *Daedalus* 111.3: 65 – 83.

———. 2007. "'What Is the History of Books?' Revisited." *Modern Intellectual History* 4.3: 495 – 508.

Darwin, Erasmus. 1789. *The Botanic Garden, Part II. Containing the Loves of the Plants*. Lichfield.

DeJean, Joan. 1991. *Tender Geographies: Women and the Origins of the Novel in France*. New York: Columbia University Press.

Deleuze, Gilles. 1993. *The Fold: Leibniz and the Baroque*. Translated by Tom Conley. Minneapolis: University of Minnesota Press.

De Quincey, Thomas. 1851. *Literary Reminiscences*. 2 vols. Boston: Ticknor, Reed, and Fields.

Derrida, Jacques. 1998. *Of Grammatology*. Translated by Gayatri Chakravorty Spivak. Baltimore: Johns Hopkins University Press.

———. 2005. "Paper or Me, You Know . . ." In *Paper Machine*, translated by Rachel Bowlby. Stanford, CA: Stanford University Press.

Dickens, Charles. 1853. "Received, a Blank Child" *Household Words* 7: 49 – 53.

Diderot, Denis, and Jean Le Rond d' Alembert. 1751—1765. *Encyclopédie, ou, Dictionnaire raisonné des sciences, des arts et des métiers*. Paris: Briasson.

Dierks, Konstantin. 2009. *In My Power: Letter Writing and Communications in Early America. Philadelphia*: University of Pennsylvania Press.

D' Israeli, Isaac. 1795. *An Essay on the Manners and Genius of the Literary Character*. London: Cadell and Davies.

Drucker, Johanna. 2010. *Graphesis, Poetess Archive Journal* 2.1. http://journals.tdl.org/paj/index.php/paj/article/view/4.

Dubos, Jean–Baptiste. 1719. *Réflexions critiques sur la poésie et sur la peinture*. Paris: Jean Mariette.

Duguid, Paul. 1996. "Material Matters: The Past and Futurology of the Book." In *The Future of the Book,* edited by Geoffrey Nunberg, 63 - 102. Berkeley: University of California Press.

Düring, Jürgen. 1980. "'Die Presse ist vollkommen frei.' La Caricature und die Zensur." In *La Caricature: Bildsatire in Frankreich 1830—1835 aus der Sammlung von Kritter*, 27 - 39. Göttingen: Kunstgeschichtliches Seminar der Universität Göttingen.

East India House sales catalog. 1689. Thomas Bowrey correspondence, diaries, drawings, charts, maps and other papers (1671—1713), CLC/424/MS 24177/004/1278, London Metropolitan Archives.

Edgeworth, Maria. 1800. *Castle Rackrent, an Hibernian Tale. Taken from facts, and from the manners of the Irish squires, before the year 1782*. London: Joseph Johnson.

Egan, Gerald. 2009. "Radical Moral Authority and Desire: The Image of the Male Romantic Poet in Frontispiece Portraits of Byron and Shelley." *Eighteenth Century: Theory and Interpretation* 50.2 - 3: 185 - 205.

Eger, Elizabeth. 2008. "The Bluestocking Circle: Friendship, Patronage and Learning." In *Brilliant Women: 18th-Century Bluestockings*, edited by Elizabeth Eger and Lucy Pelz, 20 - 55. New Haven, CT: Yale University Press, 2008.

Eisenstein, Elizabeth. 1979. *The Printing Press as an Agent of Change: Communications and Cultural Transformations in Early Modern Europe*. Cambridge: Cambridge University Press.

Ellis, Markman. 2009. "Coffee-House Libraries in Mid-Eighteenth-Century London." *Library*, 7th ser., 10.1: 3 - 40.

Encyclopedia Metropolitana, or System of Universal Knowledge. 1849. 2nd ed. London: John Joseph Griffin.

Engelsing, Rolf. 1974. *Der Bürger als Leser. Lesergeschichte in Deutschland 1500—1800*. Stuttgart: Metzler.

Erickson, Lee. 1996. *The Economy of Literary Form: English Literature and the Industrialization of Publishing, 1800—1850*. Baltimore: Johns Hopkins.

Erlin, Matt. 2010. "How to Think about Luxury Editions in Late-Eighteenth-Century Germany." In *Publishing Culture and the "Reading Nation": German Book History in the Long Nineteenth Century*, 25 - 55. Rochester, UK: Camden House.

Ersch, Johann Samuel, ed. 1793. *Allgemeines Repertorium der Literatur für die Jahre 1785 bis 1790*. Jena.

Esterhammer, Angela. 2008. *Romanticism and Improvisation, 1750—1850*. Cambridge: Cambridge University Press.

Ezell, Margaret J. M. 1999. *Sociable Authorship and the Advent of Print*. Baltimore:

Johns Hopkins University Press.

———. 2009. "Invisible Books." In *Producing the 18C Book: Writers and Publishers in England, 1650—1800*, edited by Laura Runge and Pat Rogers, 53 - 69. Newark: University of Delaware Press.

Fabricius, Johann Andreas. 1752. "Vorrede." *Abriß einer allgemeinen Historie der Gelehrsamkeit* 1:4.

Fairer, David. 2003. *English Poetry of the Eighteenth Century, 1700—1789*. Edinburgh: Longman.

"*Fanny; or, The Amours of a West-Country Young Lady. Contained in a Series of Genuine Letters* (review)." 1755. *Monthly Review* 12.3: 237.

Febvre, Lucien, and Henri-Jean Martin. 1999. *L'apparition du livre*. Paris: Albin Michel.

Feilchenfeldt, Konrad. 1983. "Rahel Varnhagens Ruhm und Nachruhm." In *Gesammelte Werke*, edited by Konrad Feilchenfeldt, Uwe Schweikert, and Rahel Steiner, 1:128 - 78. Munich: Matthes & Seitz Verlag.

Felton, Marie-Claude. 2014. *Maîtres de leurs Ouvrages: L'édition à compte d'auteur à Paris au XVIIIe siècle*. Oxford: Oxford University Studies in the Enlightenment.

Ferris, Ina. 2015. *Book-Men, Book Clubs and the Romantic Literary Sphere*. Basingstoke: Palgrave.

Ferris, Ina, and Paul Keen, eds. 2009. *Bookish Histories: Books, Literature, and Commercial Modernity, 1700—1900*. Hampshire, UK: Palgrave Macmillan.

Feyel, Gilles. 2000. *L'annonce et la nouvelle: La presse d'information en France sous l'Ancien Régime, 1630—1788*. Oxford: Voltaire Foundation.

———. 2003. "Presse et publicité en France (XVIIIe et XIXe siècles)." *Revue Historique* 4.628: 837 - 68.

Finch, Anne. [c. 1685—1702]. "Miscellany poems with two plays by Ardelia" [manuscript]. N.b.3, Folger Shakespeare Library.

Finch, Anne, Countess of Winchilsea. 1713. *Miscellany poems, on several occasions. Written by a lady*. London.

———. *Miscellany Poems with Two Plays by Ardelia*. London.

"Fine Book-Bindings at the British Museum." 1888. *The Bookworm: An Illustrated Treasury of Old-Time Literature*, 297 - 99.

Fliegende Blätter. 1844—1845. Vol. 1. Munich: Braun and Schneider.

———. 1846. Vol. 4. Munich: Braun and Schneider.

Florey, Kitty Burns. 2009. *Script and Scribble: The Rise and Fall of Handwriting*. Brooklyn, NY: Melville House Press.

The Foundling Hospital for Wit. Intended for the Reception and Preservation of such Brats of Wit and Humour whose Parents chuse to Drop them. Number III. By Timothy Silence, Esq. 1746. London: W. Webb.

Friedland, Paul. 2002. *Radical Actors: Representative Bodies and Theatricality in the Age of the French Revolution. Ithaca*, NY: Cornell University Press.

Fuchs, Eduard. 1921. *Die Karikatur der europäischen Völker*. 4th ed. Vol. 1. Munich: Langen.

Fumaroli, Marc. 1994. *Trois institutions littéraires*. Paris: Gallimard.

Furst, Lilian. 1998. "The Salons of Madame de Stael and Rahel Varnhagen." In *Cultural Interactions in the Romantic Age: Critical Essays in Comparative Literature*, edited by Gregory Maertz, 95 - 104. Albany: State University of New York Press.

Fyfe, Aileen. 1999a. "Copyrights and Competition: Producing and Protecting Children's Books in the Nineteenth Century." *Publishing History* 45: 35 - 39.

———. 1999b. "How the Squirrel Became a Squgg: The Long History of a Children's Book." *Paradigm* 27: 25 - 37.

Gallagher, Catherine. 1994. *Nobody's Story: The Vanishing Acts of Women Writers in the Marketplace, 1670—1820*. Berkeley: University of California Press.

Gardiner, Ann T. 1999. "Games in the Salon: J ü rgen Habermas on Madame de Stael." In *Europa—ein Salon? Beiträge zur Internationalität des literarischen Salons*, edited by Roberto Simanowski, Horst Turk, and Thomas Schmidt, 214 - 31. Göttingen: Wallstein Verlag.

Garrioch, David. 1994. "House Names, Shop Signs and Social Organization in Western European Cities, 1500 - 1900." *Urban History* 21.01:20 - 48.

Garvey, Ellen Gruber. 2012. *Writing with Scissors: American Scrapbooks from the Civil War to the Harlem Renaissance*. Oxford: Oxford University Press.

Gellner, Ernest. 1983. *Nations and Nationalism*. Ithaca, NY: Cornell University Press.

Genette, Gérard. 1997. *Paratexts: Thresholds of Interpretation*. Cambridge: Cambridge University Press.

Gentleman's Magazine and Historical Chronicle. 1804. London, J. Nichols and Son.

Gerhardt, Claus. 1989. "Druckfehler." In *Lexikon des gesamten Buchwesens, 2nd ed.*, edited by Severin Corsten, Stephan Füssel, Günter Pflug, and Friedrich Adolf Schmidt–Künsemüller, vol. 2. Stuttgart: Hiersemann.

Gidal, Eric. 2001. *Poetic Exhibitions: Romantic Aesthetics and the Pleasures of the British Museum*. Lewisburg, PA: Bucknell University Press.

Giesecke, Michael. 2006. *Der Buchdruck in der Frühen Neuzeit. Eine historische Fallstudie über die Durchsetzung neuer Informations-und*

Kommunikationstechnologien. 4. durchgesehene und um ein Vorwort erweiterte Auflage. 1991. Frankfurt: Suhrkamp.

Gigante, Denise. 2005. Taste: *A Literary History*. New Haven, CT: Yale University Press.

Gitelman, Lisa. 2014. *Paper Knowledge: Toward a Media History of Documents*. Durham, NC: Duke University Press.

Gitelman, Lisa, and Geoffrey B. Pingree, eds. 2003. *New Media*, 1740—1915. Cambridge, MA: MIT Press.

Goethe, J. W. 1989. *Wilhelm Meisters Wanderjahre. Sämtliche Werke*, Bd. 10, edited by Gerhard Neumann. Frankfurt: Deutscher Klassiker Verlag.

Golden, Catherine J. 2009. *Posting It: The Victorian Revolution in Letter Writing*. Gainesville: University Press of Florida.

Goldgar, Anne. 1995. *Impolite Learning: Conduct and Community in the Republic of Letters, 1680—1750*. New Haven, CT: Yale University Press.

Goldsmith, Kenneth. "The Artful Accidents of Google Books." *New Yorker*. 10 December 2013. http://www.newyorker.com/online/blogs/ books/2013/12/the–art–of–google–book–scan.html.

Goldsmith, Oliver. 1757. "*A Philosophical Enquiry into the Origin of Our Ideas of the Sublime and Beautiful* (review)." Monthly Review 16: 473 – 80.

Goodman, Dena. 1994. *The Republic of Letters: A Cultural History of the French Enlightenment*. Ithaca: Cornell University Press.

Gosse, Edmund. 1914. *Gossip in a Library*. New York: Charles Scribner's Sons.

Goudie, Allison. 2013. "The Wax Portrait Bust as Trompe–l'Oeil? A Case Study of Queen Maria Carolina of Naples." *Oxford Art Journal* 36.1:55 – 74.

Granger, James. 1769. *Biographical History of England from Egbert the Great to the Revolution, from Egbert the Great to the Revolution, consisting of Characters dispersed in different Classes, and adapted to a Methodical Catalogue of Engraved British Heads. Intended as an Essay towards reducing our Biography to System, and a help to the knowledge of Portraits; with a variety of Anecdotes and Memoirs of a great number of persons not to be found in any other Biographical Work. With a preface, showing the utility of a collection of Engraved Portraits to supply the defect, and answer the various purposes of Medals*. London: William Baynes and Son.

Grant, Anne MacVicar. 1806. *Letters from the Mountains; Being the Real Correspondence of a Lady, Between the Years 1773 and 1803*. 3 vols.London: Longman, Hurst, Rees, and Orme.

Greer, Germaine. 2002. "Anne Finch, Countess of Winchilsea." In "*The Pen's Excellencie": Treasures from the Manuscript Collection of the Folger Shakespeare*

Library, ed. Heather Wolfe. Seattle: University of Washington Press.

Gretton, Tom. 2000. "Difference and Competition: The Imitation and Reproduction of Fine Art in an Illustrated Weekly News Magazine." *Oxford Art Journal* 23.2: 143 – 62.

Griffin, Dustin. 1996. *Literary Patronage in England, 1650—1800*. Cambridge: Cambridge University Press.

Groth, Helen. 2004. *Victorian Photography and Literary Nostalgia*. Oxford: Oxford University Press.

Habermas, Jürgen. 1989. *The Structural Transformation of the Public Sphere: An Inquiry into a Category of Bourgeois Society*. Translated by T. Burger and F. Lawrence. Cambridge, MA: MIT Press.

Hahn, Barbara, ed. 2011. *Rahel: ein Buch des Andenkens für ihre Freunde*. 6 vols. With an essay by Brigitte Kronauer. Göttingen: Wallstein–Verlag.

Hallett, Mark. 1997. "The Medley Print in Early Eighteenth–Century London." *Art History* 20.2: 214 – 37.

Häntzschel, Günter. 1997. *Die deutschsprachigen Lyrikanthologien 1840 bis 1914. Sozialgeschichte der Lyrik des 19. Jahrhunderts*. Wiesbaden: Buchwissenschaftliche Beiträge aus dem Deutschen Bucharchiv M ü nchen.

Hardy, Thomas. 1898. *Wessex Poems and Other Verses*. London: Harper and Brothers.

Harth, Erica. 1992. *Cartesian Women: Versions and Subversion of Rational Discourse in the Old Regime*. Ithaca, NY: Cornell University Press.

Harthan, John. 1981. *The History of the Illustrated Book: The Western Tradition*. London: Thames and Hudson.

Haslett, Moyra. 2003. *Pope to Burney, 1714—1779: Scriblerians to Bluestockings*. Basingstoke, UK: Palgrave Macmillan.

Hauke, Marie–Kristin. 2000. "'Wenns nur Lärmen macht ...' : Friedrich Justin Bertuch und die (Buch–) Werbung des späten 18. Jahrhunderts." In *Friedrich Justin Bertuch: (1747—1822); Verleger, Schriftsteller und Unternehmer im klassischen Weimar*, edited by Gerhard R. Kaiser and Siegfried Seifert, 369 – 80. Tübingen: Niemeyer.

Hazlitt, William. 1822. "On Patronage and Puffing." In *Table Talk; or, Original Essays on Men and Manners*, 2:303 – 34. 2nd ed. London: Colburn.

———. 1998. "On Reading New Books." In *The Selected Writings of William Hazlitt*, edited by Duncan Wu, 141 – 51. London: Pickering and Chatto.

Hebel, Johan Peter. 1981. "Des Hausfreunds Vorrede und Neu– Jahrswunsch." In *Der Rheinländische Hausfreund. Faksimiledruck der Jahrgänge 1808—1815 und 1819*, edited by Ludwig Rohner, 115 – 17. Wiesbaden: Akademische Verlagsgesellschaft Athenaion.

Heesen, Anke te. 2002. *The World in a Box: The Story of an Eighteenth-Century Picture Encyclopedia*. Chicago: University of Chicago Press.

———. 2006. *Der Zeitungsausschnitt. Ein Papierobjekt der Moderne*. Frankfurt: Suhrkamp.

Heine, Heinrich. 1827. *Ideen: Das Buch le Grand*. Reisebilder Bd 2. Hamburg.

———. 2001. *Ideen: Buch Le Grand*. Vol. 1, Sämtliche Werke. Düsseldorf: Artemis and WinklerVerlag.

Heinzmann, Johann Georg. 1795. *Appel an meine Nation: Ubër die Pest der deutschen Literatur*. Bern.

Helfand, Jessica. 2008. *Scrapbooks: An American Institution*. New Haven, CT: Yale University Press.

Henkin, David. 2006. *The Postal Age: The Emergence of Communications in Nineteenth-Century America*. Chicago: University of Chicago Press.

Henry, Anne C. 2000. "'The Re–mark–ableRise of...': Reading Ellipsis in Literary Texts." In *Ma(r)king the Text: The Production of Meaning on the Literary Page*, edited by Joe Bray, Miriam Handley, and Anne C. Henry. Aldershot, UK: Ashgate.

Hesse, Carla Allison. 2001. *The Other Enlightenment: How French Women Became Modern*. Princeton, NJ: Princeton University Press.

Hoagwood, Terence Allan, and Kathryn Ledbetter. 2005. *"Colour'd Shadows": Contexts In Publishing, Printing, And Reading Nineteenth-Century British Women Writers*. New York: Palgrave Macmillan.

Hoche, J. G. 1794. *Vertraute Briefe über die jetzige Lesesucht und iber den Einfluß der-selben auf die Verminderung des häuslichen und öffentlichen Glücks*. Hanover: Ritscher.

Holmes, Richard. 1994. *Shelley: The Pursuit*. New York: New York Review Books.

Huet, Marie–Hélène. 1982. *Rehearsing the Revolution: The Staging of Marat's Death, 1793—1797*. Berkeley: University of California Press.

Hughes, Leo. 1971. *The Drama's Patrons*. Austin: University of Texas Press.

Hughes–Warrington, Marnie. 2012. "Writing on the Margins of the World: Hester Lynch Piozzi's Retrospection (1801) as Middlebrow Art?" *Journal of World History* 23.4: 883 - 906.

Hume, David. 1985. "Of the Rise and Progress of the Arts and the Sciences." 1742. In *Essays, Moral, Political and Literary*, edited by Eugene F. Miller, 111 - 37. Indianapolis: Liberty Fund.

Hume, Robert D. 2005. "Drama and Theatre in the Mid and Later Eighteenth Century." In *The Cambridge History of English Literature, 1660—1780*, edited by John Richetti, 316 - 39. Cambridge: Cambridge University Press.

Hunfeld, Barbara. 2008. "Die Autographen sind schuld: Jean Pauls (un) absichtliche Errata." In *Autoren und Redaktoren als Editoren*, edited by Jochen Golz and Manfred A. Koltes, 204 - 14. T ü bingen: Niemeyer.

Hunt, Leigh. 1823. "My Books." *Literary Examiner* 1: 1 - 6.

———. 1827. "Pocket-Books and Keepsakes." In *Keepsake for 1828*, 1 - 18. London: Davison.

Hunt, Tamara L. 2003. *Defining John Bull: Political Caricature and National Identity in Late Georgian England*. Aldershot, UK: Ashgate.

Hurd, Richard. 1766. *A Dissertation on the Idea of Universal Poetry*. London.

"Introduction." 1820. *Retrospective Review* 1: i - iii.

Irving, Washington. 1820. "The Mutability of Literature." In *The Sketchbook of Geoffrey Crayon*, 1:251:76. London: John Murray.

Iser, Wolfgang. 1976. *Der Akt des Lesens: Theorie ästhetischer Wirkung*. Munich: Fink.

Isselstein, Ursula. 1997. "Die Titel der Dinge sind das F ü rchterlichste! Rahel Levins 'Erster Salon.'" In *Salons der Romantik: Beiträge eines Wiepersdorfer Kolloquiums zu Theorie und Geschichte des Salons*, edited by Hartwig Schultz, 171 - 212. Berlin: de Gruyter.

Jackson, Heather J. 2001. *Marginalia: Readers Writing in Books*. New Haven, CT: Yale University Press.

Jagodzinski, Cecile M. 1999. *Privacy and Print: Reading and Writing in Seventeenth-Century England*. Charlottesville: University of Virginia Press.

Jajdelska, Elspeth. 2007. *Silent Reading and the Birth of the Narrator*. Toronto: University of Toronto Press.

Jarvis, Charlie. 2007. *Order out of Chaos: Linnaean Plant Names and Their Types*. London: Linnaean Society of London.

Jenkins, Henry. 2006. *Convergence Culture: Where Old and New Media Collide*. New York: New York University Press.

Johns, Adrian. 1998. *The Nature of the Book: Print and Knowledge in the Making*. Chicago: University of Chicago Press.

Johnson, Samuel. 1751. *The Rambler* 145 (6 August): 863 - 68.

———. 1755. *A Dictionary of the English Language*. London.

———. 2006. "The Life of Pope." In *The Lives of the Most Eminent English Poets; With Critical Observations on Their Works*, edited by Roger Lonsdale, 4:1 - 93. Oxford: Clarendon Press.

Johnstone, Charles. 1760—1764. *Chrysal; or, The Adventures of a Guinea. Wherein are exhibited Views of several striking Scenes with Curious and interesting Anecdotes of the most noted Persons in every Rank of Life, whose Hands it passed through in America, England, Holland, Germany, and Portugal. By an Adept*. London.

Jones, Richard. 1852. "Palgrave's Normandy and England." *Edinburgh Review* 95: 153 - 79.

Jones, Robert W. 1998. *Gender and the Formation of Taste in Eighteenth-Century Britain: The Analysis of Beauty*. Cambridge: Cambridge University Press.

Jonson, Ben. 1996. *The Complete Poems*. Edited by George Parfitt. London: Penguin.

Jordheim, Helge. 2010. "The Present of the Enlightenment." In *This Is Enlightenment*, edited by Clifford Siskin and William Warner, 189 - 208. Chicago: University of Chicago Press.

Justice, George, and Nathan Tinker, eds. 2002. *Women's Writing and the Circulation of Ideas: Manuscript Publication in England, 1550—1800*. Cambridge: Cambridge University Press.

Kaeppler, Adrienne. 2011. *Holophusicon: The Leverian Museum, an Eighteenth-Century English Institution of Science, Curiosity, and Art*. N.p.: ZKF Publishers.

Kafka, Ben. 2012. *The Demon of Writing: Powers and Failures of Paperwork*. New York: Zone.

Kale, Steven D. 2004. *French Salons: High Society and Political Sociability from the Old Regime to the Revolution of 1848*. Baltimore: Johns Hopkins University Press.

Kalisch, David, ed. 1848. Kladderadatsch, vol. 1. Berlin.

———. 1849. *Kladderadatsch*, vol. 2. Berlin.

———. 1851. *Kladderadatsch*, vol. 4. Berlin

Kames, Henry Home, Lord. 1765. *Elements of Criticism*. 2 vols. 3rd ed. Edinburgh.

Kant, Immanuel. 1902—.*Gesammelte Schriften*. Edited by Königliche-preußischen Akademie der Wissenschaften. 29 vols. Berlin: Walter de Gruyter.

Kastan, David Scott. 2001. *Shakespeare and the Book*. Cambridge: Cambridge University Press.

Keating, Jessica, and Lia Markley. 2011. "Introduction: Captured Objects." *Journal of the History of Collections* 23.2: 209 - 13.

Keats, John. 1958. *The Letters of John Keats, 1814—1821*. Edited by HyderEdward Rollins. 2 vols. Cambridge, MA: Harvard University Press.

Keen, Paul. 1999. *The Crisis of Literature in the 1790s*. Cambridge: Cambridge University Press.

———, ed. 2004. *Revolutions in Romantic Literature: An Anthology of Print Culture, 1780—1832*. Peterborough, ON: Broadview Press.

———. 2012. *Literature, Commerce, and the Spectacle of Modernity*. Cambridge:

Cambridge University Press.

Kent, Allen, Harold Lancour, and Jay E. Daily, eds. 1975. *Encyclopedia of Library and Information Science*. New York: Marcel Dekker.

Kent, David A., and D. R. Ewen, eds. 1992. *Romantic Parodies*, 1797—1831. Cranbury, NJ: Associated University Presses.

Kernan, Alvin. 1987. *Printing Technology, Letters, and Samuel Johnson*. Princeton, NJ: Princeton University Press.

———. 1989. *Samuel Johnson and the Impact of Print*. Princeton, NJ: Princeton University Press.

Kichuk, Diana. 2007. "Metamorphosis: Remediation in Early English Books Online (EEBO)." *Literary and Linguistic Computing* 22.3: 291 – 303.

Kiesel, Helmut. 1977. *Gesellschaft und Literatur im 18. Jahrhundert. Voraussetztung und Entstehung des literarischen Markts in Deutschland*. Munich: Beck.

Kittler, Friedrich. 1987. *Aufschreibesysteme*. 1800/1900. Munich: Fink.

Kleist, Heinrich von. 1985. "The Marquise of O—." Translated by David Luke. In *Heinrich von Kleist and Jean Paul: German Romantic Novellas*, edited by Frank G. Ryder and Robert M. Browning, 1 – 38. New York: Continuum.

Klemann, Heather. 2011. "The Matter of Moral Education: Locke, Newbery, and the Didactic Book-Toy Hybrid." *Eighteenth-Century Studies* 44.2: 223 – 44.

Klussmann, Paul Gerhard, and York-Gotthart Mix, eds. 1998. *Literarische Leitmedien: Almanach und Taschenbuch in kulturwissenschaftlichen Kontext*. Wiesbaden: Harrassowitz.

Knox, Vicesimus. 1972. *Winter Evenings: or, Lucubrations on Life and Letters*. 3 vols. 1779. London: Printed for Charles Dilly. Reprint, New York: Garland Publishing.

Kolk, Rainer. 1994. "Liebhaber, Gelehrte, Experten: Das Sozialsystem der Germanistik bis zum Beginn des 20. Jahrhunderts." In *Wissenschaftsgeschichte der Germanistik im 19. Jahrhundert*, edited by Jürgen Fohrmann und Wilhelm Voßkamp, 48 – 114. Stuttgart: Metzler.

Koschorke, Albrecht. 1999. *Körperströmer und Schriftverkehr: Mediologies des 18.* Jahrhunderts. Munich: Fink.

Krajewski, Markus, and Peter Krapp. 2011. *Paper Machines: About Cards and Catalogs, 1548—1929*. Cambridge, MA: MIT Press.

Kriz, Kay Dian. 2000. "Curiosities, Commodities, and Transplanted Bodies in Hans Sloane's Natural History of Jamaica." *William and Mary Quarterly* 57.1: 35 – 78.

Kronick, David A. 1988. "Anonymity and Identity: Editorial Policy in the Early Scientific Journal." *Library Quarterly* 58.3: 221 – 37.

Labbe, Jacqueline. 2000. "'Transplanted into more congenial soil' : Footnoting the Self in the Poetry of Charlotte Smith." In *Ma(r)king the Text: The Presentation of Meaning on the Literary Page*, edited by J. Bray, M. Handley, and A. Henry, 71 - 86. Aldershot, UK: Ashgate.

Lamb, Charles. 1811. "On Garrick, and Acting; and the Plays of Shakespeare, considered with reference to their fitness for Stage Representation." *The Reflector* 10: 298 - 313.

———. 1822. "Detached Thoughts on Books and Reading." *London Magazine* 6: 33 - 36.

Lanckoronska, Gräfin Maria, and Arthur Rümann. 1954. *Geschichte der deutschen Taschenbücher und Almanache aus der klassisch-romantischen Zeit*. Munich: Ernst Heimeran.

Landseer, John. 1807. *Lectures on the Art of Engraving, Delivered at the Royal Institution of Great Britain*. London: Longman, Hurst, Reese and Orme.

———. 1808. *Review of the Publication of Art*. London: Samuel Tipper.

La Roche, Sophie von. 1933. *Sophie in London, Being a Diary of Sophie v. La Roche*. 1786. Translated and with an introduction by Clare Williams. London: Jonathan Cape.

Lavater, John Caspar. 1980. *Aphorisms on Man*. 1788. London: Printed for J. Johnson. A facsimile reproduction of William Blake's copy of the first English edition with an introduction by R. J. Shroyer, New York: Scholars' Facsimiles & Reprints.

Lawson, Alexander. 1990. *Anatomy of a Typeface*. Boston: Godine.

Leith, James. 1989. "Ephemera: Civic Education Through Images." In *Revolution in Print: The Press in France, 1775—1800*, edited by Robert Darnton and Daniel Roche, 270 - 89. Berkeley: University of California Press.

Le Men, Ségolène. 1987. "Quelques definitions romantiques de l'album." *Art et Métiers du Livre* (January): 40 - 47.

Lethbridge, Stefanie. 2000. "Anthological Reading Habits in the Eighteenth Century: The Case of Thomson's *The Seasons*." In *Anthologies of British Poetry: Critical Perspectives from literary and Cultural Studies*, edited by Barbara Korte, Ralf Schneider, and Stephanie Lethbridge. Amsterdam: Rodopi.

"Letter." 1794. *Gentleman's Magazine* 64 (January): 47.

"*Letters Written by the Late Right Honourable Lady Luxborough to William Shenstone, Esq*. (review)." 1776. *Monthly Review* 54.1: 58 - 65.

Leutbrewer, Christoph. 1677. *La confession coupée; ou, La méthode facile pour se préparer aux confessions particulieres & générales: Dans laquelle est renfermé l'examen general de les plus peches qui se commettent par les personnes de toutes sortes d'états & conditions, lesquels sont tous coupés*. Paris.

Levy, Michelle. 2008. *Family Authorship and Romantic Print Culture.* Basingstoke, UK: Palgrave Macmillan.

Lilti, Antoine. 2005. *Le monde des salons: Sociabilité et mondanité à Paris au XVIIIe siècle.* Paris: Fayard.

Lipking, Lawrence. 1977. "The Marginal Gloss: Notes and Asides on Poe, Valery, 'The Ancient Mariner,' the Ordeal of the Margin, Storiella as She Is Syung, Versions of Leonardo, and the Plight of Modern Criticism." *Critical Inquiry* 3: 609 – 55.

Literary Fly. 1779. (6 March): 47.

Liu, Alan. 2013. "From Reading to Social Computing." *Literary Studies in the Digital Age: An Evolving Anthology.* https://dlsanthology.commons.mla.org.

Locke, John. *Some Thoughts Concerning Education.* London: A. and J. Churchill, 1693.

Looby, Christopher. 1987. "The Constitution of Nature: Taxonomy as Politics in Jefferson, Peale, and Bartram." *Early American Literature* 22.3: 252 – 73.

Love, Harold. 1998. *The Culture and Commerce of Texts: Scribal Publication in Seventeenth-Century England.* Oxford: Clarendon. (First published in 1993 as *Scribal Publication in Seventeenth-Century England.*)

———. 2004. *English Clandestine Satire.* Oxford: Oxford University Press.

Lupton, Christina. 2012. "The Theory of Paper." In *Knowing Books: The Consciousness of Mediation in Eighteenth-Century Britain*, 70 – 95. Philadelphia: University of Pennsylvania Press.

Lüsebrinck, Hans-Jürgen. 2000. "La littérature des almanachs: Réflexions sur l'anthropologie du fait littéraire." *Études Françaises* 36.3: 47 – 63.

Lyell, Charles. 1830—1833.*Principles of Geology, Being an Attempt to Explain the Former Changes ofthe Earth's Surface, by Reference to Causes Now in Operation.* 3 vols. London: Murray.

Lyman, Rollo LaVerne. 1922. "English Grammar in American Schools before 1850." Special issue, *Bulletin ofthe Department of the Interior: Bureau of Education*, no. 12. Washington, DC: Government Printing Office.

Lynch, Deidre S. 2015. *Loving Literature: A Cultural History.* Chicagor University of Chicago Press.

Maber, Richard. 2005. "Knowledge as Commodity in the Republic of Letters, 1675—1700." *Seventeenth-Century French Studies* 27: 197–208

Macovski, Michael. 200g. "Imagining Hegel: Bookish Forms and the Romantic Synopticon." In *Bookish Histories: Books, Literature, Commercial Modernity, 1700—1900*, edited by Ina Ferris and Paul, and Keen, 196–212. Basingstoke, UK: Palgrave Macmillan.

Male, G. One *Foot by Land, & One Foot by Sea; Or, The Tartar's Tartar'd*. Larpent MS No. 1695. Huntington Library, San Marino, CA.

Manning, Susan. 1996. "Naming of Parts; or, The Comforts of Classi fication: Thomas Jefferson's Construction of America as Fact and Myth." *Journal of American Studies* 30.3: 345–64.

Marin, Isabella Teotochi. Letters to Aurelio Bertola, Biblioteca Comunale Aurelio Saff (in the city of Forli), Carte Romagna, collection Piancastelli, b. 61.

Martin, Henri–jean. 1994. *The History and Power of writing*. Translated by Lydia G. Cochrane. Chicago: University of Chicago Press.

Mason, John. 1968. *An Essay on Elocution and Pronunciation*. 1748. Menston, UK: Scolar Press

Mason, Nicholas. 2013. *Literary Advertising and the Shaping of British Romanticism*. Baltimore: Johns Hopkins.

Matheson, C. S. 2001. "A Shilling Well Laid Out': The Royal Academy's Early Public." In *Art on the Line: The Royal Academy Exhibitions at Somerset House, 1780—1836*, edited by David Solkin, 39–53. New Haven, CT: Yale University Press."

Mayer, David, III.169. *Harlequin in His Element: The English Pantomime 1806—1836*. Cambridge, MA: Harvard University Press.

McCarthy, william. 1985. *Hester Thrale Piozzi: Portrait of a Literary Woman*. Chapel Hill: University of North Carolina Press.

———.2001. "What Did Anna Barbauld Do to Samuel Richardson's Correspondence? A Study of Her Editing." *Studies in Bibliography* 54: 191–223.

McClellan, Andrew. 1996. "Watteau's Dealer: Gersaint and the Marketing of Art in Eighteenth–Century Paris." *Art Bulletin* 78.3: 439–53.

McCreery, John. 1803. *The Press a Poem: Published as a Specimen of Typography*. London: Cadell and Davies.

McDowell, Paula. 2010. Mediating Media Past and Present: Toward a Genealogy of Print Culture' and 'Oral Tradition." In *This Is Enlightenment*, edited by Clifford siskin and William Warner, 229–46. Chicago: University of Chicago Press.

McGill, Meredith. 2003. *American Literature and the Culture of Reprinting, 1834—1853*. Philadelphia: University of Pennsylvania Press.

McKendrick, Neil. 1982. The Commercialization of Fashion. In *The Birth of a Consumer Society: The Commercialization of Eighteenth Century England*, edited by Neil McKendrik, John Brewer, and J. H Plumb. London: Europa.

McKenzie, D. F. 1999. *Bibliography and the Sociology of Texts*. Cambridge: Cambridge University Press.

McKeon, Michael. 2005. *The Secret History of Domesticity: Public, Private, and the Division of Knowledge*. Baltimore: Johns Hopkins University Press.

McKitterick, David. 2003. *Print, Manuscript and the Search for Order, 1450—1830*. Cambridge: Cambridge University Press.

McLaughlin, Kevin. 2005. *Paperwork: Fictions of Mass Mediacy*. Philadelphia: University of Pennsylvania Press.

McLeod, Randall. 1994. "FIAT fLUX." In *Crisis in Editing: Texts of the English Renaissance*, edited by Randall McLeod, 61–172. New York: AMS Press.

———.1998. "Enter Reader." In *The Editorial Gaze: Mediating Texts in Literature and the Arts*, edited by Paul Eggert and Margaret Sankey, 3–50. New York: Garland.

Mee, Jon. 2011. *Conversable Worlds: Literature, Contention, and Commu nity, 1762—1830*. New York: Oxford University Press.

Meehan, Johanna, ed. 1995. *Feminists Read Habermas: Gendering the Subject of Discourse*. New York: Routledge.

Meredith, Owen (pseud.). 1869. *Lucile*. Boston: Fields, Osgood & Co. Jennie Taylor copy, Alderman Library, University of Virginia.

Midgley, C. 1996. "Slave Sugar Boycotts, Female Activism and the Domestic Base of British Anti–Slavery Culture." *Slavery and Abolition* 17.3: 137–62.

Mole, Tom. 2007. *Byron's Romantic Celebrity: Industrial Culture and the Hermeneutic of intimacy*. Basingstoke, UK: Palgrave.

Mörike, Eduard. 1968. *Werke und Briefe*. Edited by Hanns Henrik Krummacher, Herbert Meyer, and Bernhard Zeller. Vol. 16. Stuttgart: Klett–Cotta.

Moureau, François. 1999. "Préface." In *Répertoire des nouvelles à la main. Dictionnaire de la presse manuscrite clandestine XVIe-XVIIe siècle*, vii–xlvi. Oxford: Voltaire Foundation.

———.2006. *La plume et le plomb: Espaces de l'imprimé et du manuscrit au siècle des Lumières*. Paris: PUPS.

Mozer, Hadley J. 2005. "I Want a Hero': Advertising for an Epic Hero in Don Juan." *Studies in Romanticism* 44.2: 239–60

Müller, Lothar. 2012. *Weßse Magie: Die Epoche des Papiers*. Munich: Hanser.

Munby, A. N. L. 1962. *The Cult of the Autograph Letter in England*. London: University of London.

Myers, Robin, Michael Harris, and Giles Mandelbrote, eds. 2005. *Owners, Annotators, and the signs of Reading*. New Castle, DE: Oak Knoll Press.

Nace, Nicholas. 2010. "Filling Blanks in the Richardson Circle: The Unsuccessful Mentorship of Urania Johnson." In *Mentoring in Eighteenth-Century British*

Literature and Culture, edited by Anthony W. Lee, 109–30. Burlington, VT: Ashgate.

Nash, Ray. 1969. *American Penmanship 1800—1850*. Worcester, MA: American Antiquarian Society.

National Art Library, Victoría & Albert Museum, London, MS D25.F38, 556–60.

Neefs, Jacques. 1986. "Stendhal, sans fins." In *Le manuscrit inachevé*. edited by Louis Hay, 15–43. Paris: ECNRS.

Neumann, Gerhard, and Günter Oesterle, eds. 1999. *Bild und Schrift in der Romantik*. Würzburg: Königshausen und Neumann.

Nevett, Terry. 1982. *Advertising in Britain: A History*. North Pomfret, VT: Heinemann.

Newlyn, Lucy. 2000. *Reading, Writing and Romanticism: The Anciety of Reception*. Oxford: Oxford University Press.

Newman, Steve. 2007. *Ballad Collection, Lyric, and the Canon: The Call of the Popular from the Restoration to the New Criticism*. Philadelphia: University of Pennsylvania Press.

Noggle, James. 2012. *The Temporality of Taste in Eighteenth-Century British Writing*. Oxford: Oxford University Press.

O'Brien, John. 2004. *Harlequin Britain: Pantomime and Entertainment 1690—1760*. Baltimore: Johns Hopkins University Press.

Oesterle, Günter, and Ingrid Oesterle. 1980. "Gegenf ü ssler des Ideals"—Prozeβgestalt der Kunst–"Memoire processive" der Geschichte. Zur ästhetischen Fragwürdigkeit von Karikatur seit dem 18. Jahrhundert." *Nervöse Auffangsorgane des inneren und äußeren Lebens. Karikaturen*, edited by Klaus Herding and Gunter Otto, 87–130. Giessen: Anabas Verlag.

O'Malley, Andrew. 2003. *The Making of the Modern Child: Children's Literature and Childhood in the Late Eighteenth Century*. New York: Routledge.

Q'Neill, Lindsay. 2013. "Dealing with Newsmongers: News, Trust, and Letters in the British World, ca. 1670—1730." *Huntington Library Quarterly* 76.2: 215–33.

On the Decline of Poetical Taste and Genius." *Town and Country Magazine* 24 (1792): 85–87.

O'Quinn, Daniel. 2005. *Staging Governance: Theatrical Imperialism in London, 1770—1800*. Baltimore: Johns Hopkins University Press.

Otley, Jonathan. 1830. *A Concise Description of the English Lakes, and Adjacent Mountains: with General Directions to Tourists; Notices of the Botany, Minerology, and Geology of the District; Observations or Meteorology; the Floating Island in Derwent Lake; and the Black-Lead Mine in Borrowdale*. 4th ed. Keswick, England: Published by the Author; by John Richardson, Royal Exchange, London; and Arthur Foster, Kirkby Lonsdale

"A Paper on Puffing." 1842. *Ainsworth's Magazine* 2: 42–47.

Park, Roy. 1982. "Lamb, Shakespeare, and the Stage." *Shakespeare Quarterly* 33.2: 164–77.

Pasanek, Brad, and Chad Wellmon. 2015. "The Enlightenment Index." *Eighteenth Century Theory and Interpretation* 56.3: 357–80.

———.Forthcoming. "Enlightenment, Some Assembly Required." In *The Eighteenth Centuries*, edited by David Gies and Cynthia Wall Charlottesville: University of Virginia Press.

Patten, Robert L. 1992. *George Cruikshank's Life, Times, and Art*. Vol. 1, 1792—1835. New Brunswick, N: Rutgers University Press.

Paulson, Ronald. 1993. *Hogarth: Art and Politics, 1750—1764*. New Bruns wick, NJ: Rutgers University Press.

Peale, Charles Wilson. 1796. *A Scientific and Descriptive Catalogue of Peale's Museum*. Philadelphia.

Pearsall, Derek. 1977. "The Troilus Frontispiece and Chaucer's Audience." *Yearbook of English studies* 7: 68–74.

Pearsall, Sarah M. S. 2008. *Atlantic Families: Lives and Letters in the Later Eighteenth Century*. Oxford: Oxford University Press.

Peltz, Lucy. 1997. "The Extra–Illustration of London: Leisure, Sociability and the Antiquarian City in the Late Eighteenth Century." PhD diss., Manchester University.

———."Engraved Portrait Heads and the Rise of Extra–llustration: The Eton Correspondence of the Revd James Granger and Richard Bull 1769—1774." *Walpole Society Publications* 66: 1–161.

Pelz, Annagret. 1996. "Der schreibtisch. Ausgrabungsort und Depot der Erinnerungen." In *Autobiographien von Frauen. Beitrage zu inh rer Geschichte*, edited by Magdalena Heuser, 233–46. Tubingen: Nimmer

Petiver, James. 1715. *Herbari Britannici...Rai Catalogus (A Catalogue of Mr: Ray's English Herbal)*. Shelf mark 724.k.(1), British Library.

———. *Hortus siccus Capensis: Plants gathered at the Cape of good hope by Mr Oldenland and sent to Mr Petiver and disposed by him*. Hans sloane's bound herbarium volumes, H.S. 156:36 (BM), Sloane Her barium, Natural History Museum, London.

Phelan, Peggy. 2003. *Unmarked: The Politics of Performance*. New York:Routledge

Philipon, Charles, ed. 1834. *Le Charivari*. Vol. 3. Paris.

Phillips, Mark Salber. 2000. *Society and Sentiment: Genres of Historica Writing in Britain*. Princeton, N: Princeton University Press.

Pindemonte, Ippolito. 2000. *Lettere a Isabella, 1784—1828*. Florence: L.S. Olschki.

Piozzi, Hester. 1942. *Thraliana: The Diary of Mrs. Hester Lynch Thrale (Later Mrs. Piozzi), 1776—1809*. Edited by Katharine C. Balderston. Oxford: Clarendon

Piozzi, Hester, Bertie Greatheed, Robert Merry, and William Parsons. 1985. *The Florence Miscellany*. 1785; Florence: G. Cam Printer to his royal Highness.

Piper, Andrew. 2006. "The Making ofTransnational Textual Communi ties: German Women Translators 1800—1850."In *Women in Germar Yearbook*, edited by Helga Kraft and Maggie McCarthy, 22:19–44 Lincoln: University of Nebraska Press.

———. 2009a. "The Art of Sharing: Reading in the Romantic Miscel lany." In *Bookish Histories: Books, Literature, and Commercial Moder nity, 1700—1900*, edited by Paul Keen and Ina Ferris, 126–47. New York: Palgrave.

———. 2009b. *Dreaming in Books: The Making of the Bibliographic imagination in the Romantic Age*. Chicago: University of Chicago Press.

———. 2012. *Book Was There: Reading in Electronic Times*. Chicago: University of Chicago Press.

———. 2013. "Deleafing: The History ofLosing Print." *Gramma* 21: 13–25.

Pittock, Murray. 2013. *Material Culture and Sedition, 1688—1760: Treacherous Objects, Secret Places*. Basingstoke, UK: Macmillan.

Plumb,J. H. 1973. *The Commercialisation of Leisure in Eighteenth-Century England*. Reading, UK: University of Reading.

Pointon, Marcia. 1993. *Hanging the Head: Portraiture and Social Formaion in Eighteenth-Century England*. New Haven, CT: Yale University Press.

Porter, Dahlia. 2007. "Scientific Analogy and Literary Taxonomy in Darwin's Loves of the Plants." *European Romantic Review* 18.2: 213–21.

———. 2009. "Formal Relocations: The Method of Southey's Thalaba the Destroyer." *European Romantic Review* 20.5: 671–79.

———. 2011. "Poetics of the Commonplace: Composing Robert Southey." *Wordsworth Circle* 42.1: 27–33.

Porter, Dorothy, and Roy Porter. 1989. *Patient's Progress: Doctors and Doctoring in Eighteenth-Century England*. Stanford, CA: Stanford University Press.

Postman, Neil. 1993. *Technopoly: Surrender of Culture to Technology*. New York: Vintage.

Price, Leah. 2000. *The Anthology and the Rise ofthe Novel: From Richardson to George Eliot*. Cambridge: Cambridge University Press.

———. 2012. *How to Do Things with Books in Victorian Britain*. Princeton, NJ: Princeton University Press.

"Puffing and the Puffiad." 1828. *Westminster Review 9*: 441–50.

Punch; or, The London Charivari. 1844. Vol. 4. London: Punch Publ. Ltd.

Rajan, Tilottama. 2000. "System and Singularity from Herder to Hegel." *European Romantic Review* 11.2: 137–49.

Randall, David. 2008. "Epistolary Rhetoric: The Newspaper and the Public Sphere." *Past and Present* 198: 3–32.

Raven, James. 2003. "The Book Trades." In *Books and Their Readers in Eighteenth-Century England: New Essays*, edited by Isobel Rivers, 1–34. London: Continuum.

———. 2007. *The Business of Books: Booksellers and the English Book Trade, 1450-1850*. New Haven, CT: Yale University Press.

Ray, Gordon N. 1982. *The Art of the French Illustated Book 1700—1914*. New York: Pierpont Morgan; Ithaca, NY: Cornell University Press.

Redford, Bruce. 1986. *The Converse of the Pen: Acts of Intimacy in the Eighteenth-Century Familiar Letter*. Chicago: University of Chicago Press.

Reiman, Donald. 1993. *The Study of Modern Manuscripts: Public, Con fidentia, and Private*. Baltimore: Johns Hopkins University Press.

Rich, John. 1723. *The vocal parts of an entertainment, called the Nec romancer or Harlequin Doctor Faustus. As perform'd at the Theatre Royal in Lincoln's-Inn-Fields. To which is prefix'd, a short account o Doctor Faustus; and how he came to be reputed a magician*. London Printed and sold at the Book–Seller's Shop, at the Corner of Searle–Street, Lincoln's–Inn–Fields and by A. Dodd at the Peacock, withou Temple–Bar.

Richardson, Samuel. 1741. *Pamela; or, Virtue Rewarded. In a series of familiar letters from a beautifulyoung damsel, to her parents*. London.

———.1964. *Selected Letters*. Edited by John Carroll. Oxford: Clarendon.

Rippon, John. 1796. *A Brief Essay Towards an History of the Baptis Academy at Bristol; Read Before the Bristol Education Society, at their Annual Meeting, in Broadmeed, August 26th, 1795*. London: Sold by Messrs. Dilly and Button, London; and by Brown, James and Cotte Bristol.

Roach, Joseph. 1996. *Cities of the Dead: Circum-Atlantic Performance*. New York: Columbia University Press.

Robbins, Bruce, ed. 1993. *The Phantom public sphere*. Minneapolis: University of Minnesota Press.

Rollins, Hyder Edward, ed. 1965. *The Keats Circle: Letters and Papers ano More Letters and Poems ofthe Keats Circle*. 2nd ed. 2 vols. Cambridge. MA: Harvard University Press.

Rönnepeter, Joachim, ed. 1992. *Gedankenstrich. Gedichte-Bilder-Essays*. Giessen: Anabas Verlag.

Rose, Mark. 1993. *Authors and Owners: The Invention of Copyright*. Cambridge, MA: Harvard University Press.

Ross, Trevor. 1992. "Copyright and the Invention of Tradition." *Eighteenth-Century Studies* 26.1: 1–28.

Roy, Stéphane. 2012. *Making the News in 18th-Century France*. Ottawa: Carleton University Art Gallery.

Russell, Gillian.1995. *The Theatres of War: Performance, Politics, and Society, 1793—1815*. Oxford: Oxford University Press.

Sadleir, Michael. 1930. *The Evolution of Publishers' Binding styles, 1770—1900*. London: Constable; New York: Richard R. Smith.

Sands, Benjamin. 1816 *Metamorphosis*. New York: Samuel Wood & Sons.

Saunders, J. W. 1951. "The Stigma of Print: A Note on the Social Bases of Tudor Poetry." *Essays in Criticism* 1: 139–4.

Schechner, Richard. 1977. *Essays on Performance Theory, 1970—1976*. New York: Drama Book Specialists.

Schlegel, Friedrich. 1795. "Etwas úber die Mode litterarische Producte mit Kupferstichen zu begleiten." In *Neue Miscellaneen artistischen Inhalts für künstler und Kunstliebhaber, no*. 1. Leipzig.

Schmidt, Rachel. 1998. "The Romancing of Don Quixote: Spatial Innovation and Visual Interpretation in the Imagery of johannot, Doré and Daumier." *Word and Image* 14.4: 354–70.

Schmitt, Hanno. 2007. "Daniel Nikolaus Chodowiecki (1726—1801) als Illustrator der Aufklärungspädagogik." 1997. In *Vernunft und Menschlichkeit: Studien zur philanthropischen Erziehungsbewegung*, edited by Hanno Schmitt, 131–49. Bad Heilbrunn: Klinkhardt.

Schneider, Gary. 2005. *The Culture of Epistolarity: Vernacular Letters and Letter-writing in Early Modern England, 1500—1700*. Newark: University of Delaware Press.

Schön, Erich. 1987. *Der Verlust der Sinlichkeit, oder, die Verwandlungdes Lesers*. Stuttgart: Klett–Cotta.

Schönfuß, Walther. 1914. *Das erste jahrzehnt der Allgemeinen Literatur zeitung*. Dresden: Lehnert.

Scott–Warren, Jason. 2010. "Reading Graffiti in the Early Modern Book." *Huntington Library Quarterly* 73.3: 363–81.

Seibert, Peter. 1993. *Der literarische Salon: Literatur und Geselligkeit zwischen*

Aufkläirung und Vormäirz. Stuttgart: Metzler.

Selfridge-Field, Eleanor. 2007. *Song and Season: Science, Culture, and Theatrical Time in Early Modern Venice*. Stanford, CA: Stanford University Press.

Sharpe, Kevin. 2000. *Reading Revolutions: The Politics ofReading in Early Modern England*. New Haven, CT: Yale University Press.

Shelley, Percy. 1820. *Prometheus Unbound, a lyrical Drama in Four Acts with Other Poems*. London: C. and J. Ollier.

Sherburn, George, ed. 1956. *The Correspondence of Alexander Pope*. 5 vols. Oxford: Clarendon Press.

Sheridan, Richard Brinsley, and George Colman the Elder. 2012. *The Rivals and Polly Honeycombe*. Edited by David A. Brewer. Peterbor ough, ON: Broadview Press.

Sherman, Stuart. 2011. "Garrick among Media: The Now Performer Navigates the News." PMILA 126.4: 966-82.

Siegert, Bernhard. 1999. *Relays: Literature as an Epoch of the Postal System*. Translated by Kevin Repp. Stanford, CA: Stanford University Press.

Sillars, Stuart. 2008. *The Ilustrated Shakespeare, 1709—1875*. Cambridge Cambridge University Press.

Simonsen, Peter. 2007. *Wordsworth and the Word-Preserving Arts: Typo graphic Inscription, Ekphrasis and Posterity in the Later Work*. Basingstoke, UK: Palgrave Macmillan.

Simpson, Erik. 2008. *Literary Minstrelsy, 1770—1830: Minstrels and Im provisers in British, Trish, and American Literature*. Basingstoke, UK Palgrave Macmillan.

Siskin, Clifford. 1998. *The Work of Writing: Literature and Social Change in Britain, 1700—1830*. Baltimore: Johns Hopkins University Press.

Siskin, Clifford, and William Warner. 2010. *This Is Enlightenment*. Chicago: University of Chicago Press.

Smentek, Kristel. 2003. "An Exact Imitation Acquired at Little Expense: Marketing Color Prints in Eighteenth-Century France." In *Colorful Impressions: The Printmaking Revolution in Eighteenth-Century France*. Washington, DC: National Gallery of Art.

Smith, Charlotte. 1789. *Elegiac Sonnets*. 5th ed. London: T. Cadell. William Wordsworth's copy, inscribed.Jerwood Center, Grasmere, UK.

———. 2003. *The Collected Letters of Charlotte Smith*. Edited by Judith Phillips Stanton. Bloomington: Indiana University Press.

Solander, Daniel. 1768—1771. *Manuscript lists of Plants collected during Cook's first voyage, in the order in which they were placed in the drying books for carriage home*. MSS BANKS COLL SOL, Natural History Museum, London.

Solomon, Diana. 2011. "Anne Finch, Restoration Playwright." *Tulsa Studies in Women's Literature* 30.1: 37–56.

Souter, John. 1818. *The Book of English Trades: And Library of the Useful Arts*. London: J. Souter.

Southey, Robert. 1804—1809. *The Collected Letters of Robert Southey*. Part3. Edited by Carol Bolton and Tim Fulford. Romantic Circles Electronic Editions. http://www.rc.umd.edu/editions/southey_letters/Part_Three

———. 1797. *Poems*. Bristol: Joseph Cottle

———. 1849–1850a. "Letter from Robert Southey to John May, 30 January 1836." In *The Life of and Correspondence of Robert Southey*, edited by Charles Cuthbert Southey, 6:284. London: Longman, Brown, Green, and Longmans.

———. 1849–1850b. *The Life and Correspondence of Robert Southey*. 6vols. Edited by Charles Cuthbert Southey. London: Longman, Brown, Green, and Longmans.

Speaight, George, and Brian Alderson. 2008. "From Chapbooks to Pantomime." In *Popular Children's Literature in Britain*, edited by Julia Briggs, Dennis Butts, and M. O. Grenby. Aldershot, UK: Ashgate.

Spoerhase, Carlos. 2010. "Reading the Late-Romantic Lending Library: Authorship and the Anxiety of Anonymity in E. T. A. Hoffmann's Late Work." *Romanticism and Victorianism on the Net* 57–58.

Staiger, Emil, ed. 1966. *Der Briefwechsel zwischen Goethe und Schiller.* Frankfurt: Insel.

Stallybrass, Peter. 2007. "Little Jobs': Broadsides and the Printing Revolution." In *Agent of Change: Print Culture Studies after Elizabeth L. Eisenstein*, edited by Sabrina Alcorn Baron, Eric N. Lindquist, and Eleanor F. Shevlin, 315–41. Amherst: University of Massachusetts Press.

St. Clair, William. 2004. *The Reading Nation in the Romantic Period*. Cambridge: Cambridge University Press.

Stephanson, Raymond. 2007. "*Letters of Mr Alexander Pope* and the Curious Case of Modern Scholarship and the Vanishing Text." *Eighteenth-Century Life* 31.1: 1–21.

Stewart, Susan. 1984. *On Longing: Narratives ofthe Miniature, the Gigantic, the Souvenir, the Collection*. Durham, NC: Duke University Press.

Stillinger, Jack. 1991. *Multiple Authorship and the Myth of Solitary Genius*. Oxford: Oxford University Press.

Strachan, John. 2007. *Advertising and Satirical culture in the Romantic Period*. Cambridge: Cambridge University Press.

Striphas, Ted. 2009. *The Late Age of Print: Everyday Book Culture from Consumerism to Control*. New York: Columbia University Press.

Strunk, William, Jr. 1920. *The Elements of style*. New York: Harcourt. Brace, and Howe.

Sutherland, Kathryn. 2005. *Jane Austen's Textual Lives: From Aeschylus to Bollywood*. Oxford: Oxford University Press.

Taschenbuch für Damen auf das Jahr 1818. 1818. Stuttgart: Cotta.

Taws, Richard. 2013. *The Politics of the Provisional: Art and Ephemera in Revolutionary France*. University Park: Pennsylvania State University Press.

Thackeray, William Makepeace. 1837. "A Word on the Annuals." *Fraser's* 16: 757–63.

Thomas, Sophie. 2008. *Romanticism and Visuality: Fragments, History, Spectacle*. New York: Routledge.

Thomasen, I. Manuscript copy of *Eikon Basilike. The Pourtraicture of His Sacred Majestie in his Solitudes and Sufferings*. Beinecke Rare Book and Manuscript Library, Yale University.

Thomsen, Mette Ramsgard. 2002. "Positioning Intermedia: Intermedia and Mixed Reality." *Convergence* 8.4: 38–45.

Thornton, Sara. 2009. *Advertising, subjectivity and the NineteenthCentury Novel*. New York: Palgrave Macmillan.

Thornton, Tamara Plakins. 1996. *Handwriting in America: A Cultural History*. New Haven, CT: Yale University Press.

Timm, Regine. 1988. *Buchillustration im 19. Jahrhundert*. Wiesbaden: Harrassowitz.

Tinker, Chauncey Brewster. 1915. *The Salon and English Letters: Chapters on the Interrelations of Literature and Society in the Age of Johnson*. New York: MacMillan.

Tlusty, B. Ann. 2001. *Bacchus and Civic Order: The Culture of Drink in Early Modern Germany*. Charlottesville: University Press of Virginia.

Todd, Christopher. 1989. "French Advertising in the Eighteenth Century." *Studies on voltaire and the Eighteenth Century* 266: 513–47.

Trabert, Susann. 2008. "Zeitschriftenwerbung im "Journal des Luxus und der Moden" (1786–1795): Die Anf ά nge einer neuen Werbegatung." *Zeitschrift füir thüringische Geschichte* 62: 179–94.

Trolander, Paul, and Zeynep Tenger. 2007. *Sociable Criticism in England, 1625—1725*. Newark: University of Delaware Press.

Tsien, Jennifer. 2012. *The Bad Taste of Others: judging Literary Value in Eighteenth-Century France*. Philadelphia: University of Pennsylvania Press.

Tucker, Susan, Katherine Ott, and Patricia P. Buckler, eds. 2006. *The Scrapbook in American Life*. Philadelphia: Temple University Press.

Ultee, Maarten. 1987. "The Republic of Letters: Learned Correspondence, 1680—1720." *Seventeenth Century* 2.1: 95–112.

Unfer Lukoschik, Rita. 2008. "Einf ü hrung". In *Der Salon als kommunikations-und transfergenerierender Kulturraum =Ilsalotto come spazio culturale generatore diprocessicomunicativie dinterscambio*, edited by Rita Unfer Lukoschik, 17–68. Munich: Meidenbauer.

Valenze, Deborah. 2007. *The Social Life of Money in the English Past*. Cambridge: Cambridge University Press.

Varnhagen, Rahel. 1983. *Gesammelte Werke*. Edited by Konrad Feilchen feldt, Uwe Schweikert, and Rahel Steiner. 10 vols. Munich: Matthes & Seitz Verlag.

———. 2001. *"Ich will noch leben, wenn man's liest": Journalistische Beitrage aus den Jahren 1812—1829*, edited by Lieselotte Kinskofer. Frankfurt: Lang.

Viscomi, Joseph. 1993. *Blake and the Idea of the Book: The Production, Editing, and Dating of lluminated Books*. Princeton, NJ: Princeton University Press.

Wadsworth, Sarah. 2006. *In the Company of Books: Literature and Its "Classics" in Nineteenth-Century America*. Amherst: University of Massachusetts Press.

Wagner, Walter. 1967. *Die Geschichte der Akademie der bildenden Kúnste in Wien*. Vienna: Rosenbaum.

Walpole, Horace. 1784. *A Description ofthe Villa ofMr: Horace Walpole...at Strawberry-Hill near Twickenham, Midlesex. With an Inventory of the Furniture, Pictures, Curiosities, &c*. Strawberry–Hill.

Warde, Beatrice. 1956. *The Crystal Goblet: Sixteen Essays on Typography*. Cleveland, OH: World Publishing.

Wark, Robert R. 1993. "The Gentle Pastime of E Extra–lllustrating Books." *Huntington Library Quarterly* 56.2: 151–65.

Warner, Michael. 1990. *The Letters of the Republic: Publication and the Public sphere in Eighteenth-Century America*. Cambridge, MA: Har vard University Press.

———. 2002. *Publics and Counter-Publics*. New York: Zone Books

Watson, Cecilia. 2012. "Points of Contention: Rethinking the Past, Present, and Future of Punctuation." *Critical Inquiry* 38: 649–72.

Wehde, Susanne. 2000. *Typographische Kultur: Eine zeichentheoretische un kulturgeschichtliche Studie zur Typographie un ihrer Entwicklung*. Tüibingen, Germany: Niemeyr.

Wellmon, Chad. 2014. "Big Humanities." *Infernal Machine*. http:/ iasc–culture.org/ THR/channels/Infernal_Machine/2014/0s/bighumanities/.

———. 2015. *Organizing Enlightenment: Information Overload and the Invention of the Modern Research University*. Baltimore: Johns Hopkins University Press.

Wenderoth, Georg Wilhelm Franz. 1821. *Lehrbuch der Botanik*. Marburg, Germany:

Kriegerschen Buchhandlung.

West, Thomas. 1793. *A Guide to the Lakes, in Cumberland, Westmorland, and Lancashire. By the Author of The Antiquities of Furness*. 5th ed. London: W. Richardson.

Wettlaufer, Alexandra K. 2001. *Penvs. Paintbrush: Girodet, Balzac and the, Myth of Pygmalion in Post-Revolutionary France*. New York: Palgrave.

White, Patricia. 1991. "Black and White and Read All Over: A Meditation on Footnotes." *Text: Transactions of the Society for Textual Scholarship* 5: 81–90.

Whyte, Ryan. 2013. "Exhibiting Enlightenment: Chardin as Tapissier." *Eighteenth-Century studies* 46.4: 532–54.

Wilhelmy–Dollinger, Petra. 2000. *Die Berliner Salons. Mit historisch literarischen Spaziergangen*. Berlin: de Gruyter.

William West & the Regency Toy Theatre. 2004. Exhibition catalog. Text by David Powell. London: Sir John Soane's Museum.

Williams, Raymond. 1993. *Writing in Society*. London: Verso.

Wittmann, Reinhard. 1991. *Geschichte des deutschen Buchhandels: ein Überblick*. Munich: C. H. Beck.

Wood, Marcus. 1994. *Radical Satire and Print Culture, 1790—1822*. Oxford: Clarendon.

Wordsworth, William. 1815. "Essay, Supplementary to the Preface." In *Poems*, 1:341–75. London.

Wordsworth, William, and Samuel Taylor Coleridge. 1798. *Lyrical Ballads with a few other poems*. Bristol, England: Briggs and Cottle; Longman. Reprint by London: Arch. Romantic Circles Electronic Edition edited by Bruce Graver and Ron Tetreault. http://archive.rc.umd.edu/editions/LB/index.html.

Wordsworth, William [and Samuel Taylor Coleridgel. 1800. *Lyrical Ballads, with Other Poems*. 2 vols. London: T. N. Longman and O. Rees.

Wrigley, Richard. 1998. "Between the Street and the Salon: Parisian Shop Signs and the Spaces of Professionalism in the Eighteenth and Early Nineteenth Centuries." *Oxford Art Journal* 21.1: 45–67.

Zionkowski, Linda. 2001. *Men's Work: Gender, Class, and the Professionalization of Poetry, 1660-1784*. New York: Palgrave Macmillan.

Zmölnig, Brigitte. 2008. "Jakob Matthias Schmutzer (1733—1811)– Die Landschaftzeichnungen aus dem Kupferstichkabinett der Akademie der bildenden Künste in Wien." PhD diss., University of Vienna.

— About the Multigraph Collective —

组论小组成员介绍

马克·阿尔吉·休伊特（Mark Algee-Hewitt）是斯坦福大学的英语副教授，同时也是斯坦福文学实验室的副研究主任。他的研究兴趣主要为18世纪和19世纪早期的英国和德国文学，并尝试将文学批评与文学文本的数字和定量分析相结合。他尤其对启蒙时期和浪漫主义时期的美学理论和美学哲学概念的发展和传播感兴趣。著有《上帝的来世》（*The Afterlife of the Sublime Is Forthcoming*）。

安吉拉·波切特（Angela Borchert）是西安大略大学德语和比较文学的副教授。她的研究集中在魏玛共和国1750年到1830年期间的日常文化和诗歌实践。她针对魏玛时期的时尚杂志《奢侈品与时尚杂志》（*DasJournaldes Luxus und der Moden*）中的时尚、舞蹈和休闲诗歌发表过研究论文。她出版了《诗歌实践：魏玛，埃特斯堡和蒂富特的休闲诗歌和社交诗歌》（*Geselligkeitsdichtung an Herzogin Anna Amalias Hofin Weimar, Ettersburg und Tiefurt*，2015年）一书。

大卫·布鲁尔（David Brewer）是俄亥俄州立大学的英语副教授。他的研究集中在18世纪和19世纪早期的文学、戏剧和视觉文化，以及那一时期的作家和读物的历史。他是《人物的来世1726—1825》（*The Afterlife of Character, 1726—1825*，2005年）一书的作者，也是理查德·布林斯利·谢里丹的《对手》（*The Rivals*）和乔治·科尔曼的《波莉·霍尼科姆》（*Elder's Polly Honeycombe*，2012年）两本书的编者。他目前正在调查18世纪英语世界中作者姓名的使用规律。

托拉·布莱罗伊（Thora Brylowe）是科罗拉多大学博尔德分校的英语副教授。她的研究重点是英国浪漫主义和印刷史。她目前在研究18世纪末和19世纪早期伦敦和周围的印刷者、作者、编辑、画家和雕刻家。她对浪漫主义时期从事文学、视觉和装饰艺术工作的创作者和从业人员很感兴趣。

朱莉娅·卡尔森（Julia Carlson）是辛辛那提大学英语和比较文学的副教授。她的研究重点是浪漫主义时期的制图学和历史诗学。她是《浪漫的标识和度量：华兹华斯诗歌的印刷》（*Romantic Marks and Measures: Wordsworth's Poetry in Fields of Print*，2015年）一书的作者，该书以华兹华斯的诗作为材料，研究不同地域和印刷方式中视觉、韵律和排版产生的变化。

布莱恩·考恩（Brian Cowan）是加拿大麦吉尔大学历史和古典研究的副教授，还是早期近代英国历史研究学会主席。他目前的研究涉及英国革命和美国革命中的政治名人。著作有《咖啡的社会生活：英国咖啡馆的崛起》（*The Social Life of Coffee: The Emergence of the British Coffee house*，2005年）和《亨利·萨切韦雷尔医生的审判》（*The State Trial of Doctor*

Henry Sacheverell，2012），前一本书获得了加拿大历史协会的华莱士·弗格森奖，后一本书为18世纪最重要的政治审判提供了新的认识。

苏珊·道尔顿（Susan Dalton）是蒙特利尔大学历史系副教授。她的研究涉及18世纪的妇女历史，特别关注性别问题以及公共和私人领域。她是“组论小组”的创始成员之一，并在2006年至2008年担任该小组的主要研究人员。著有《书信共和国：18世纪欧洲公共领域和私有领域的重新连接》（*Engendering the Republic of Letters: Reconnecting Public and Private Spheres in Eighteenth-Century Europe*，2003年）一书。她目前的写作计划涉及主持威尼斯沙龙的女性和去过威尼斯沙龙的男性之间所开展的社交活动。

玛丽-克劳德·费尔顿（Marie–Claude Felton）是麦吉尔大学的博士后。她的研究专注于18世纪自出版的历史，这反映在她的第一本书《大师作品：18世纪巴黎作者出版的兴起》（*Maîtres de leurs ouvrages: L'essor de l'édition à compte d'auteur à Paris au XVll' siècle*，2014年）中。她目前的写作计划包括对18世纪和19世纪欧洲（尤其是法国、英国和德国）自出版的比较研究，以及自出版在欧洲图书市场上的作用，作品的接受度以及他们的主张对现代版权起源的意义。

迈克尔·盖穆尔（Michael Gamer）是宾夕法尼亚大学英语系副教授。他目前的研究重点是英国戏剧的历史。著有《浪漫主义和哥特式：流派，接受和经典的形成》（*Romanticism and the Gothic: Genre, Reception and Canon Formation*，2000年）、《浪漫主义，自我圣化和诗歌》（*Romanticism, Self-Canonization, and the Business of Poetry*，2016年）和《宁静的

回忆：自我正典化的浪漫艺术1765—1832》（*Recollections in Tranquility: The Romantic Art of Self-Canonization*，1765—1832）。他还是《EIR：浪漫主义随笔》（*EIR: Essays in Romanicism*，2003年）的副主编，以及霍拉斯·沃波尔的《奥特朗托城堡》（*Castle of Otranto*，2002年）和夏洛特·史密斯的《"曼侬·埃斯科特"和浪漫现实》（*"Manon L'Escaut" and the Romance of Real Life*，2005）的编者。

保罗·基恩（Paul Keen）是卡尔顿大学的英语系教授。他的研究兴趣包括浪漫主义和18世纪的印刷文化、浪漫主义时期的文学和政治、商业现代性的文化影响以及不断变化的作者结构。著有《文学，商业和现代性，1750—1800》（*Literature, Commerce, and the Spectacle of Modernity, 1750—1800*，2012年）和《18世纪90年代的文学危机：印刷文化与公共领域》（*The Crisis of Literature in the 1790s: Print Culture and the Public Sphere*，1999年）。他和伊娜·费里斯同为《书史：书籍，文学和商业现代性，1700—1900》（*Bookish Histories: Books, Literature and Commercial Modernity, 1700—1900*，2009年）和《作者时代：18世纪版画文化选集》（*The Age of Authors: An Anthology of Eighteenth-Century Print Culture*，2013年）的编者。

米歇尔·利维（Michelle Levy）是西蒙·弗雷泽大学的英语系副教授和英语研究生课程的主席。她的研究重点是浪漫主义时期文学生产和传播的物质实践，尤其对女性写作和文学史感兴趣。著有《家庭著作权与浪漫印刷文化》（*Family Authorship and Romantic Print Culture*，2008年），也是《露西·艾金关于妇女的书信》（*Lucy Aikin's Epistles on Women and Other Works*，2011年）一书的编者（与安妮·梅洛尔一起）。

她目前的写作计划涉及18世纪末19世纪初未正式印刷但广泛流传的文学作品。

迈克尔·麦克维斯基（Michael Macovski）是乔治敦大学传播、文化和技术专业的副教授。他的研究涉及书籍历史和浪漫主义、物质文化和新媒体。著有《对话与文学：使徒，听众和浪漫主义话语的崩溃》（*Dialogue and Literature: Apostrophe, Auditors, and the Collapse of Romantic Discourse*，1994年），也是《对话与批判性话语：语言，文化，批判理论》（*Dialogue and Critical Discourse: Language, Culture, Critical Theory*，1997年）一书的编者。他还发表了有关文学对话学、19世纪出版史、版权法、翻译、审查制度、史学、超文本理论和数字文化的文章。

尼古拉斯·梅森（Nicholas Mason）是杨百翰大学的英语系教授和欧洲研究计划的协调员。他专门研究18世纪和19世纪的英国文学，尤其是浪漫主义时期，对当代欧洲文学史和英国小说有广泛的兴趣。著有《文学广告与英国浪漫主义塑造》（*Literary Advertising and the Shaping of British Romanticism*，2013年），曾参与制作威廉·华兹华斯的《湖泊指南》的数字版，他还是爱德华·金伯《生命与冒险史》（*The History of the Life and Adventures of Mr. Anderson*，2008年）一书的编者。

尼古拉·冯默费尔特（Nikola von Merveldt）是蒙特利尔大学世界文学系副教授。她的研究包括手稿和早期现代印刷文化，重点研究从中世纪到宗教改革时期的口头、视觉和文字交流方式的复杂交互作用。她是“组论小组”的创始成员之一。她目前正在撰写《阅读自然之书：儿童书籍中的自然历史，1650—1848》（*Reading the Book of Nature: Natural*

History in Books for Children，1650—1848）一书。

汤姆·摩尔（Tom Mole）是一名英语文学家，也是爱丁堡大学书史中心的主任。他的研究涉及英国浪漫主义时期的文学，尤其对拜伦勋爵的诗歌、书籍历史、印刷文化和期刊写作历史感兴趣。他是“组论小组”的创始成员之一，并且在2008年至2013年间担任该小组的主要研究人员。著有《拜伦的浪漫友人》（*Byron's Romantic Celebrity*，2007年），还是《浪漫主义与名人文化》（*Romanticism and Celebrity Culture*，2009年）一书的编者。他目前的写作计划涉及维多利亚时代英国对浪漫主义作家的态度。

安德鲁·派珀（Andrew Piper）是麦吉尔大学的德国和欧洲文学副教授兼威廉·道森学者，也是艺术史和传播学系的成员。他目前的研究涉及计算机文学分析、页面的视觉性质、小说中的字符网络以及18世纪感性语言群体的检测。他是“组论小组”的创始成员之一。著有《梦中的书：浪漫时代的书目想象力的形成》（*Dreaming in Books: The Making of the Bibliographic Imagination in the Romantic Age*，2009年）和《书的位置：电子时代的阅读》（*Book Was There: Reading in Electronic Times*，2012年），前一本书获得了现代语言协会奖。

戴利娅·波特（Dahlia Porter）是北得克萨斯大学的英语系副教授。她专门研究英国浪漫主义时期的文学，尤其对科学与文学、书籍与印刷史、儿童文学、女性作家和诗歌之间的关系等主题感兴趣。她是《华兹华斯和柯勒律治的抒情歌谣》（*Wordsworth and Coleridge's Lyrical Ballads*，2008年）一书的编者之一。她目前正在撰写一本有关18世纪文学内容的书。

乔纳森·萨克斯（Jonathan Sachs）是康考迪亚大学的英语系副教授。他专门研究18世纪和19世纪的英国文学，尤其着重于古物在文学和政治现代性以及印刷文化中的体现。他目前是“组论小组”的首席研究员，著有《浪漫的古物：英国想象中的罗马，1789—1832》（*Romantic Antiquity: Rome in the British Imagination, 1789—1832*，2010年）一书。他目前正在写一本关于1800年左右文化衰退的书。

戴安娜·所罗门（Diana Solomon）是西蒙弗雷泽大学的英语系副教授。她专门研究18世纪的英国文学、戏剧、女作家和印刷文化。著有《恢复剧院的序言和结尾：性别与喜剧，表演和印刷》（*Prologues and Epilogues to Restoration Theater: Gender and Comedy, Performance and Print*，2013年）。她目前正在撰写关于18世纪喜剧的书。

安德鲁·斯塔夫（Andrew Stauffer）是弗吉尼亚大学的英语系副教授。他专门研究19世纪文学和人文科学的数字化。他是NINES机构的负责人，著有《她：冒险史》（*She: A History of Adventure*，2006年）和《愤怒，革命和浪漫主义》（*Anger, Revolution, and Romanticism*，2005年），并且为罗伯特·勃朗宁和莱德·哈格德作品的编者。

理查德·陶瓦（Richard Taws）是伦敦大学艺术史教授。他的研究专注于18世纪和19世纪的法国和英国艺术，对法国大革命及其后果的视觉文化特别感兴趣。著有《临时政治：法国革命中的艺术与短篇小说》（*The Politics of the Provisional: Art and Ephemera in Revolutionary*

France，2013年），也是《错视画：高于自然》（*Le trompe-l'oeil: Plus vrai que nature*，2005年）一书的合著者。

查德 · 威尔曼（Chad Wellmon）是弗吉尼亚大学的德语副教授。他专门研究德国浪漫主义写作，对欧洲浪漫主义、启蒙运动、欧洲知识史、媒体研究以及社会文化理论有着广泛的兴趣。著有《成为人类：浪漫人类学与自由的体现》（*Becoming Human: Romantic Anthropolog and the Embodiment of Freedom*，2010年）和《组织启蒙：信息超载与现代研究型大学的发明》（*Organizing Enlightenment Information Overload and the Invention of the Modern Research University*，2015年）。

图书在版编目（CIP）数据

纸还有未来吗？：一部印刷文化史 / 组论小组著；傅力译. -- 北京：北京联合出版公司，2021.3
ISBN 978-7-5596-4670-5

Ⅰ. ①纸… Ⅱ. ①组… ②傅… Ⅲ. ①印刷史—文化史—世界—普及读物 Ⅳ. ①TS8-091

中国版本图书馆CIP数据核字（2020）第208304号

北京市版权局著作权合同登记 图字：01-2020-6635

纸还有未来吗？一部印刷文化史

作　　者：组论小组（The Multigraph Collective: Tom Mole, Richard Taws, etc.）
译　　者：傅　力
出 品 人：赵红仕
出版监制：刘　凯　马春华
选题策划：联合低音
特约编辑：唐乃馨
责任编辑：周　杨
封面设计：何　睦
内文排版：刘永坤

关注联合低音

北京联合出版公司出版
（北京市西城区德外大街83号楼9层　100088）
北京联合天畅文化传播公司发行
北京华联印刷有限公司印刷　新华书店经销
字数257千字　880毫米×1230毫米　1/32　13.5印张
2021年3月第1版　2021年3月第1次印刷
ISBN 978-7-5596-4670-5
定价：72.00元